普通高等教育“十四五”系列教材

大坝安全监测理论与方法

主　编　程　琳　宋锦焘
副主编　马春辉　许　萍　刘计良
主　审　杨　杰

·北京·

内 容 提 要

本书主要介绍大坝安全监测相关的理论方法和技术手段，反映相关技术规范的最新要求，反映相关技术手段的最新发展趋势。全书共分七章，包括绪论、大坝巡视检查与病害检测、大坝安全监测设计、监测仪器设备的安装与维护、大坝安全监测自动化系统、大坝安全监测资料分析、大坝安全评价等内容。

本书可作为全国高等院校水利水电工程专业本科生的学习用书，也可以作为相关专业研究生、本科生以及水利水电工程技术人员的参考书。

图书在版编目（CIP）数据

大坝安全监测理论与方法 / 程琳，宋锦焘主编. --
北京 : 中国水利水电出版社，2023.9
普通高等教育“十四五”系列教材
ISBN 978-7-5226-1385-7

Ⅰ. ①大… Ⅱ. ①程… ②宋… Ⅲ. ①大坝－安全监测－高等学校－教材 Ⅳ. ①TV698.1

中国国家版本馆CIP数据核字(2023)第163172号

书　　名	普通高等教育“十四五”系列教材 **大坝安全监测理论与方法** DABA ANQUAN JIANCE LILUN YU FANGFA
作　　者	主　编　程　琳　宋锦焘 副主编　马春辉　许　萍　刘计良 主　审　杨　杰
出版发行	中国水利水电出版社 （北京市海淀区玉渊潭南路1号D座　100038） 网址：www.waterpub.com.cn E-mail：sales@mwr.gov.cn 电话：(010) 68545888（营销中心）
经　　售	北京科水图书销售有限公司 电话：(010) 68545874、63202643 全国各地新华书店和相关出版物销售网点
排　　版	中国水利水电出版社微机排版中心
印　　刷	北京印匠彩色印刷有限公司
规　　格	184mm×260mm　16开本　14.5印张　353千字
版　　次	2023年9月第1版　2023年9月第1次印刷
印　　数	0001—1000册
定　　价	**45.00**元

前言

大坝安全监测贯穿于水利水电工程设计、施工和运行管理的全生命周期。大坝安全监测的理论与方法是水利水电工程专业学生必须掌握的专业知识，不仅与水工专业知识密切相关，还涉及传感技术、仪器仪表、计算机技术、自动控制、通信等多专业和多学科的知识，具有跨学科和多专业交叉的特点。这使得大坝安全监测相关专业知识分散、繁多，而且随着相关技术的迅速发展，知识更新较快，需要及时进行系统整理。

本书是结合大坝安全监测在水利工程中的发展情况，根据水利水电工程专业教学需要而编写的专业教材，可作为水利水电工程专业本科生学习用书，也可以作为相关专业研究生、本科生以及水利水电工程技术人员的参考书。目前市面上已有的大坝安全监测相关的教材普遍存在系统性差、知识陈旧等缺点。本教材的内容涉及大坝安全监测的各个关键环节，并依据最新的技术规范编写而成。为了方便学生理解掌握相关知识点，教材中提供了很多工程实例和直观的图表。每章配有思考题，方便学生课后复习。

本书共分七章，包括绪论、大坝巡视检查与病害检测、大坝安全监测设计、监测仪器设备的安装与维护、大坝安全监测自动化系统、大坝安全监测资料分析、大坝安全评价等内容。本书由西安理工大学程琳、宋锦焘担任主编，马春辉、许萍、刘计良担任副主编。全书由西安理工大学杨杰教授主审。具体编写分工如下：第1～2章由程琳编写，第3章由程琳、马春辉编写，第4章由许萍编写，第5～6章由宋锦焘编写，第7章由程琳、刘计良编写。河海大学赵二峰教授、南昌大学魏博文教授、常州大学王少伟副教授、长江科学院李波教授级高工、南京水科院胡江教授级高工等专家对本教材的编写提出了宝贵的意见，提供了部分编写资料。

对本书所参阅文献的所有作者致以衷心的谢意！

由于编者水平所限，书中错误与不当之处难免，恳请读者批评指正。

编者

2022年9月

目录

前言

第 1 章　绪论 …… 1
1.1　水利水电工程的特点与大坝安全管理 …… 1
1.2　大坝失事案例及经验教训 …… 3
1.3　大坝安全监测的原理、意义及发展 …… 14
思考题 …… 18

第 2 章　大坝巡视检查与病害检测 …… 20
2.1　大坝巡视检查概述 …… 20
2.2　土石坝巡视检查 …… 22
2.3　混凝土坝巡视检查 …… 26
2.4　大坝常见病害的检测方法 …… 30
思考题 …… 43

第 3 章　大坝安全监测设计 …… 44
3.1　概述 …… 44
3.2　安全监测项目和测值限差 …… 49
3.3　变形监测设计 …… 53
3.4　渗流监测设计 …… 85
3.5　混凝土温度、应力监测设计 …… 100
3.6　环境量监测设计 …… 106
3.7　大坝安全监测设计工程实例 …… 108
思考题 …… 131

第 4 章　监测仪器设备的安装与维护 …… 132
4.1　监测仪器设备的基本要求及分类 …… 132
4.2　传感器的工作原理 …… 134
4.3　大坝安全监测常用的监测仪器 …… 140
4.4　监测仪器的选择、安装与维护 …… 145
思考题 …… 159

第 5 章　大坝安全监测自动化系统 …… 160
5.1　概述 …… 160
5.2　大坝安全监测自动化系统的分类 …… 161
5.3　大坝安全监测自动化系统软件的功能 …… 164

5.4 大坝安全监测自动化系统的设计 …… 168
5.5 大坝安全监测自动化系统的技术要求 …… 170
5.6 大坝安全监测自动化系统的安装与调试 …… 172
5.7 大坝安全监测自动化系统的考核与验收 …… 173
5.8 大坝安全监测自动化系统实例 …… 175
思考题 …… 179

第6章 大坝安全监测资料分析 …… 180
6.1 监测资料分析内容 …… 180
6.2 监测资料的整理和整编 …… 180
6.3 监测数据的误差分析 …… 184
6.4 监测资料的定性分析 …… 187
6.5 安全监测的统计模型 …… 193
思考题 …… 206

第7章 大坝安全评价 …… 207
7.1 概述 …… 207
7.2 大坝安全的监控指标拟定 …… 208
7.3 大坝安全鉴定 …… 212
7.4 大坝风险分析 …… 217
思考题 …… 221

参考文献 …… 222

第1章 绪论

1.1 水利水电工程的特点与大坝安全管理

1.1.1 水利水电工程的特点

建造水利水电工程是改造自然、开发利用水资源的重大举措，能为社会带来巨大的经济效益和社会效益。但是，随着经济与社会的发展，城市化进程加快，人口与财产高度集中，这种紧密的城镇化结构有其脆弱的一面，难以承受水利水电工程设施失效带来的严重后果。作为国民经济的基础产业之一，水利水电工程性状失常会直接影响其经济收益，而工程一旦失事，将给国家财产和个人生命安全带来重大损失，严重时甚至会形成社会问题和环境问题。因此，应从社会、环境、经济等全局利益出发，高度重视水工程安全。

在水利水电工程中，水工建筑物与一般的土木建筑物不同，建设规模宏大，地形地质条件各异，结构型式多样，运行条件特殊，承受荷载复杂，从勘测设计到施工完建，历时长，经过的程序和环节非常多。因此，水利水电工程具有以下6个主要特点。

（1）多种荷载组合作用。水工建筑物和大多数建筑物一样，要承受自重、土压力、温度、风、地震等荷载与作用，此外水利工程还要承受水的各种作用。而水又是一种无孔不入的液体，它与坝体、地基中的混凝土和岩土体等共同构成一种多相介质，使结构的力学性能变得十分复杂。在水利工程建设和运行过程中，挡水建筑物长期承受反复作用的面力或体力，需要考虑结构的防渗、抗浮和抗冻问题；水作为一种溶剂可能弱化岩体或筑坝材料相关的物理力学性能，泄水建筑物长期面临高速水流的冲刷和空蚀问题。因此，与一般建筑物相比，水工建筑物除承受多种荷载组合作用外，其工作条件还因水的作用而变得更加恶劣。

（2）建筑物结构型式多样。水利水电工程一般包含挡水、泄水、平水、进水、引水及尾水、发电、变电和配电等主要水工建筑物，各类水工建筑物的结构型式虽有几种基本类型，但对每一个工程都要根据其地形、地质状况，挡水、泄流的要求和水力学条件等进行选择和设计。同一类型的水工建筑物会因所处位置不同而有不同的结构型式。

（3）工程地质条件复杂多变。工程地质条件是控制水工建筑物安全的首要因素。在选择枢纽建筑物位置和布置时常受到很多因素制约，导致最终确定的建筑物位置的地质条件时常不尽如人意。对地质缺陷的处理需要依据大量的地质勘探工作和岩石力学研究成果。然而水利工程的地质情况很复杂，地质钻探也仅能有限布置，一些不利的地质条件难以全部客观地揭示，这就使工程地基的处理存在不确定因素。

（4）工程建造技术难度大。水利水电工程的建设环节多，先要对工程的枢纽布局和选址合理性、可行性进行研究、论证，做大量的勘测规划工作，进行统一规划、科学论证，然后进行总体设计，确定工程规模、枢纽布置和水库特征水位等参数，对各建筑物做出总体布置。同时，因水工建筑物的结构型式和地质条件不同，其建设过程和工作环境也不同，使得水工建筑物的建造技术异常复杂且难度大。

（5）生态环境保护标准高。水工建筑物规模大，施工过程很复杂，但必须保护周边生态环境。因此，对于水利水电工程的建设，通常要进行施工设计，以便合理地布置和利用场地，有效地组织施工程序，减少水利水电工程在工程涉及区域对生态环境可能造成的影响。同时，修建的挡水建筑物还可能打破本流域的原有生态平衡等，这对库区水环境的保护提出新的问题。

（6）工程质量安全要求严。由于水利水电工程承担挡水、泄水、发电任务，其重要性和复杂性可见一斑，一旦失事将对坝体、下游人民群众生命财产的安全产生巨大威胁。而且工程的投资巨大，建设周期长，建成运行后的经济效益和社会效益显著。因此，工程质量应满足严格的安全性要求。

1.1.2 大坝安全管理的内涵

水利水电工程的上述特点决定了水利水电工程建成后，通过全面有效的管理，才能实现预期的工程效益，并验证工程规划、设计的合理性。国内外累积数十年的现代管理经验表明，大坝安全是水利水电工程管理工作的中心和重点。

国务院1991年颁布的《水库大坝安全管理条例》规定，必须按照有关技术标准，对大坝进行安全监测和检查，并指出，大坝包括永久性挡水建筑物以及与其配合运用的泄洪、输水和过船建筑物等。这里的“大坝”，实际上是指包括大坝在内的各种水工建筑物。在国际上“大坝”一词，有时也具有“水库”“水利枢纽”“拦河坝”等综合性含义。因此，这里讨论的大坝安全管理，可以理解为以大坝为中心的水利水电工程的安全监测和检查，属于水工建筑物的技术管理。加强大坝的安全管理是保证大坝安全运行的关键措施，主要包括加强和完善大坝安全管理体制、法规建设，定期检查（或鉴定），安全注册和补强加固（或除险）等环节。

1.1.3 大坝安全管理的体制、法规与内容

1.1.3.1 大坝安全管理体制

除少数由交通航运、农业等部门管理，目前我国的大坝大致分水利大坝和水电站大坝。其中，水利大坝以防洪、灌溉为主，由水利部负责管理；水电站大坝以发电为主，由国家能源局负责管理。水利部和国能源局分别下设水利部大坝安全管理中心和水电站大坝安全监察中心，分别代表水利部和国家能源局具体负责水利大坝的安全管理和水电站大坝的安全监察工作。在部分省（自治区、直辖市）设有水库大坝安全监测中心，各发电公司也相继成立大坝安全管理或监察分中心，形成了有中国特色的水利大坝和水电站大坝的管理体制。

1.1.3.2 大坝安全管理法规

水利大坝安全管理中心和水电站大坝安全监察中心成立后，着手制定了大坝安全管理的法规和规范，并经水利部和国家能源局审批后颁发执行，主要包括《水库大坝安全管理条例》、《水库大坝安全鉴定办法》、《水库大坝注册登记办法》、《土石坝安全监测技术规范》(SL 551—2012)、《水电站大坝安全管理办法》、《水电站大坝安全检查施行细则》、《水电站大坝安全注册规定》、《混凝土坝安全监测技术标准》(GB/T 51416—2020）等。这些法规和规范与《中华人民共和国水法》《中华人民共和国防洪法》等，构成我国大坝安全管理

的法规和规范体系，使大坝安全管理工作逐步走向法制化管理的轨道。

1.1.3.3 大坝安全管理内容

大坝安全管理的主要工作内容如下：

（1）检查与观测。通过管理人员现场观察和仪器测验，监视工程的状况和工作情况，掌握其变化规律，为有效管理提供科学依据；及时发现不正常迹象，采取正确应对措施，防止事故发生，保证工程安全运行；通过原型观测，对建筑物设计的计算方法和计算数据进行验证，根据水质变化做出动态水质预报。检查观测的项目一般有：观察、变形观测、渗流观测、应力观测、混凝土建筑物温度观测、水工建筑物水流观测、冰情观测、水库泥沙观测、岸坡崩塌观测、库区浸没观测、水工建筑物抗震监测、隐患探测、河流观测，以及观测资料的整编、分析等。

（2）养护修理。对水工建筑物、机电设备、管理设施以及其他附属工程等进行经常性养护，并定期检修，以保持工程完整、设备完好。养护修理一般可分为经常性养护维修、岁修、大修和抢修。

（3）调度运用。制订调度运用方案，合理安排除害与兴利的关系，综合利用水资源，充分发挥工程效益，确保工程安全。要根据已批准的调度运用计划和运用指标，结合工程实际情况和管理经验，参照近期气象水文预报情况，进行优化调度。

（4）水利管理自动化系统的运用。主要项目有：大坝安全自动监控系统、防洪调度自动化系统、调度通信和警报系统、供水调度自动化系统。

（5）科学实验研究。针对已经投入运行的工程，在安全保障、提高社会经济效益、延长工程设施的使用年限、降低运行管理费用，以及在水利工程中采用新技术、新材料、新工艺等方面进行试验研究。

（6）积累、分析和应用技术资料，建立技术档案。

1.2 大坝失事案例及经验教训

从灾害学的角度来看，大坝等水工建筑物失事是一种特殊的灾种。水工建筑物的特点不仅表现在规模大、投资大、效益高、技术复杂、标准高、要求严等方面，在时间尺度上涉及枢纽建筑物的设计、施工、管理及监测等全周期，空间尺度上包含挡水、泄水、引水、输水及电站厂房等建筑物布置，其工作环境具有不确定性，一旦失事后果十分严重。随着时间的推移，结构老化以及其他随机性因素致使水工建筑物发生事故是难以完全避免的。以下介绍三个经典的大坝失事的案例，并对我国大坝失事的情况进行统计分析，总结相关经验教训。

1.2.1 大坝失事案例

1.2.1.1 法国马尔帕塞拱坝失事

1959 年，法国马尔帕塞（Malpasset）拱坝发生溃坝事故，拱坝从中央断裂，490 万 m^3 的水体倾泻而下，水流速度约 70km/h，坝后下游水深 8m 左右，持续了约 15min。溃坝造成 421 人死亡，100 余人失踪，有 2000 多户居民流离失所，财产损失达 300 亿法郎，约是工程投资的 52 倍。它是当时全世界已建的 600 多座拱坝中，第一座失事的现代双曲拱坝，也是直到现在拱坝建筑史上唯一一座瞬间几乎全部破坏的拱坝。

马尔帕塞拱坝位于法国东部莱郎（Reyran）河上，坝址距出海口 14km，专为满足附近 70km 范围内供水、灌溉和防洪等需要而建成，堰顶高程相应的总库容为 5100 万 m^3，库容分配如下：高程 85m 相应的死库容 2200 万 m^3，高程 85～98.5m 的有效库容 2450 万 m^3，至堰顶的拦洪库容 450 万 m^3。大坝如图 1.1 所示。

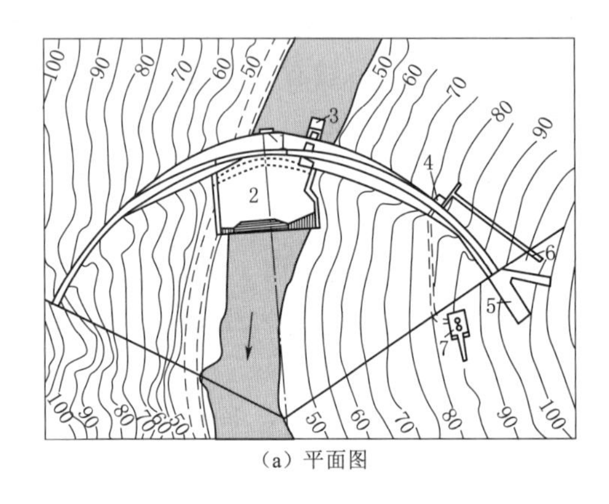

(a) 平面图

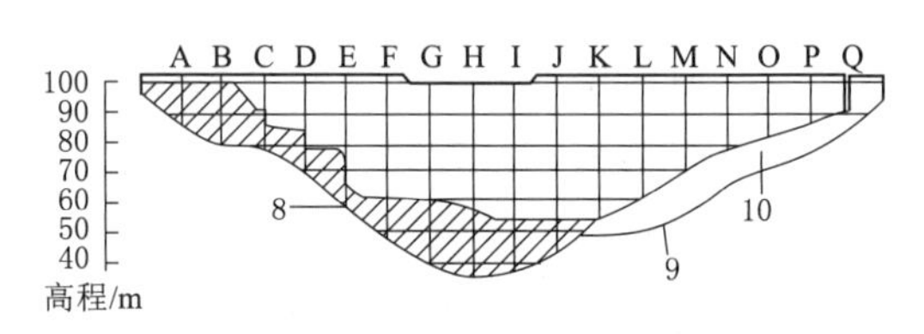

(b) 下游立面图（阴影部分为失事后残存坝体）

图 1.1　马尔帕塞拱坝示意图（单位：m）

1—溢洪道；2—护坦；3—泄水底孔；4—进水口；5—推力墩；6—翼墙；7—浮子控制室；8—坝基开挖线；9—失事后地面线；10—被冲走的坝基岩石部分；A～Q—横缝编号

该坝由法国著名的柯因-贝利艾公司设计，是一座双曲薄拱坝，坝顶高程为 102.55m，坝高 66.5m，坝顶长 223m，拱圈中心角为 135°，坝顶厚 1.5m，拱冠梁底厚 6.76m。在坝顶中部设无闸门控制的溢流堰，堰顶高程为 100.4m，堰长 29m。左岸有带翼墙的重力推力墩，长 22m，厚 6.5m，到地基面的混凝土最大高度为 11m，开挖深度为 6.5m。坝基为片麻岩，坝址范围内有两条主要断层：一条为近东西向的 F_1 断层，倾角为 45°，倾向上游，断层带内充填含黏土的角砾岩，宽度为 80cm；另一条为近南北向的 F_2 断层，倾向左岸，倾角为 70°～80°。工程于 1952 年开工，1954 年全部建成。工程总的土石方量 1.8 万 m^3，混凝土方量 4.8 万 m^3，工程总投资仅 5.8 亿法郎。

水库建成后 4 年一直未蓄满水，泄水底孔闸门已于 1954 年 4 月 20 日下闸蓄水；1955 年库水位稳定在高程 80m 左右；1956—1958 年，库水位保持在 83～87m 的高程。同各国同类工程的情况类似，由于土地征用的困难，水库推迟至 1959 年首次全部蓄满。1959 年 9 月 1 日—12 月 2 日，降雨日数共计 29 天，10 月 19 日—12 月 2 日记录到的降雨量为 490mm，其中 12 月 1 日 5 时—12 月 2 日 6 时的降雨量为 128mm。右岸下游距坝约 20m 处，在 11 月内出现了渗水，除了基础平面上的水流损失外，这些渗水被认为既是天然谷坡饱和后的下渗水，也是来自水库的渗漏水。从 11 月 27 日起渗水加剧，这也是由出现在库底而消失在右岸下游侧的上部岩层中的某些裂缝所致。因连降暴雨，在最后四天（11 月 29 日—12 月 2 日），水库迅速蓄满。12 月 2 日上午，库水位上涨至 100m 高程，于 18 点开启了泄水底孔闸门，闸门操作无困难，未观察到任何振动；在库水位达 100.12m 高程后，于 18 时—19 时 30 分水位下降 3cm；接近 21 时 10 分，顷刻间大坝发生溃决，溃坝洪流出现了 20min，流程约 7.4km，横跨莱郎河的输电线路遭切断。

如图 1.2 所示，溃坝后，除右岸侧和中间坝段底部残存的混凝土坝体外，在左岸仅仅残留了翼墙部分和重力墩的末端部分。重力墩与翼墙连接处折断的拱座混凝土块体倾覆并滑向河道，停留在距原先位置约 20m 的下面。左岸基岩已成为一深槽，呈“二面角”形，其几何形状由大致正交的两个明显的平面构成，并作为上、下游的界面。残留的重力墩末端部分沿其轴线及垂直方向分别移动了约 2m 及 0.7m，并向下游稍稍倾斜。重力墩位移 2m 包含了其相对基岩接触面移动的 0.8m，即混凝土坝身随深部岩层发生了 1.2m 的位移。右岸拱端实际未动，从该拱端开始的连接段的坝脚沿着其主要平行方向的位移越来越大，右岸侧残存混凝土坝体的移动是整体移动，仅伴随有一些裂缝。此外，对坝体残留部分各水准点的观测表明，每个坝段围绕其上端做转动，即在坝脚滑动期间，坝顶实际上仍处于原位。

图 1.2　溃坝后的马尔帕塞拱坝

法国政府先后三次组织调查委员会进行事故调查、鉴定，并由法庭进行审理，1962 年夏，对外公布了官方的最终报告。委员会委托法国电力公司对大坝应力做了复核，还对拱圈的独立工作工况进行了校核，对左岸重力墩也进行了复核。在拱圈单独作用下重力墩是安全的，对于冲走的基岩附近的大量混凝土块，均未发现混凝土与岩石接触面有破坏迹象，混凝土质量良好，由此判断，该坝失事是由坝基岩体引发的。委员会认为，水的渗流在坝下形成的压力引发了第一阶段的破坏。马尔帕塞拱坝失事至 2023 年已有 60 多年的时间，尽管如此，对其失事的原因一直未取得完全一致的认识，但坝工界绝大多数专家认为：坝基内过大的孔隙水压力引发坝肩失稳是造成失事的主要原因。

马尔帕塞拱坝的失事警示，必须十分重视拱坝坝肩的稳定问题，重视不利地质构造和长期运行的渗透水压力对坝肩稳定的不利影响。同时，根据实测资料，在拱坝挡水运行的 5 年多内，1959 年 7 月水库蓄水位 94.1m，比正常蓄水位（98.5m）低 4.4m，拱冠梁底部径向位移竟比同期增大 10mm，这意味着当时坝基已有较大的错动破坏，但是没有得到重视。因此，及时、有效地分析应用监测成果，并采取有效的措施，是防止事故的重要环节之一。

1.2.1.2　意大利瓦依昂拱坝失事

瓦依昂（Vajont）拱坝位于意大利东部阿尔卑斯山区派夫河的支流瓦依昂河下游，坝址河谷深而窄，坝顶弦长仅 160m，地基岩石为灰岩，节理发育。瓦依昂拱坝顶厚 3.4m，坝高 262m，坝顶弧长 190m，拱冠梁底厚 22.1m，厚高比仅为 0.08，是当时世界上已建最高的拱坝。瓦依昂拱坝于 1954 年施工，1960 年建成，边施工、边蓄水，混凝土量为 35.3 万 m^3，水库正常高水位为 722.5m，满库时库容为 1.69 亿 m^3；于 1960 年 2 月开始蓄水，1960 年 9 月完成蓄水任务，坝前水位已达到 130m 深度，水库最大水深为 232m。

瓦依昂拱坝由意大利著名坝工专家西门扎设计，尼西尼公司负责施工。大坝混凝土浇筑于1959年年底完成，同年12月，法国马尔帕塞拱坝失事后，考虑到瓦依昂坝址两岸坝座上部岩体内裂隙发育，采用100t预应力锚索对两岸坝肩部位岩体进行了加固，锚索长55m，左岸125根，右岸25根。此外，还使用了大量锚筋，对波速低于3000m/s的岩体进行固结灌浆加固，加固工程于1960年9月完成。

1963年10月9日22时38分（格林尼治时间），瓦依昂水库水位达700m，从大坝上游峡谷区左岸山体突然滑下体积为2.4亿m^3（或2.7亿～3亿m^3）的超巨型滑坡体。滑坡体的运动速度为15～30m/s（或25～50m/s），使5500万m^3的库水产生巨大涌浪。2km长的水库盆地在15～30s内被下滑岩体壅起巨浪，浪高175m。滑坡体激发了相当大的冲击震波，其震波在罗马、特里雅斯特、巴塞尔斯图加特、维也纳和布鲁塞尔等地均有记录，但仅仅观测到面波，与地震波有区别。在岩体下滑时形成了气浪，并伴随有落石和涌浪，涌浪传播至峡谷右岸，超出库水位达260m高。巨大的滑体落入水库时，涌浪高度超出坝顶100m。激起约有3000万m^3（也有人估计为1200万～1500万m^3）水量的水浪翻越坝顶泄入底宽仅20m、深200m以上的下游狭窄河谷中。水流前锋有巨大的冲击浪和气浪，与猛烈的水流一道，破坏了坝内所有的设施，正在发电厂内值班及住宿的60名技术人员全部遇难。过坝水流冲毁了位于其下游数千米之内的一切物体。9日22时45分，浪锋到达距大坝1.4km远的瓦依昂河口时，立波仍高达70m。继而涌入皮亚韦河，摧毁了下游3km处的隆加罗（Longarone）市及其下游数个村镇，隆加罗、皮触格、维拉诺瓦、里札里塔和法斯等村镇被冲走，死亡近3000人。这场灾难从滑坡发生到坝下游被毁灭，不到7min。

2.4亿～3亿m^3的岩土体滑入水库，致使坝前1.8km长的库段被填满成为“石库”，在滑坡与漫坝同时发生的情况下，主坝体经受住了远超过设计标准的巨大推力考验，并未倒塌，但大滑坡的石渣掩埋了水库，堆石高度超过坝顶百余米，使大坝、电站、水库完全报废，如图1.3所示。

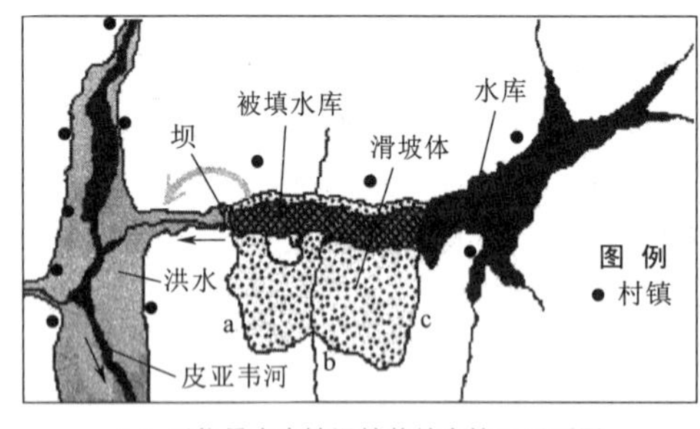

（a）瓦依昂水库被滑坡体填塞情况平面图

（b）报废后的瓦依昂拱坝

图1.3 意大利瓦依昂拱坝溃坝情况[9]

对于瓦依昂拱坝岸坡稳定性来说，滑坡区的自然地质环境是非常不利的，属于潜在的滑动区，这奠定了岸坡失稳的基础，是岸坡致滑的根本原因。其实，施工中已发现岸坡不稳定，该区多处存在老滑坡，在大滑动之前，滑坡区已陆续发生过几次局部的滑塌现象。有关人员做过一些稳定性研究工作，并做过比例尺为1∶200的水库滑坡模拟试验。根据试验，假设滑体落入水库的持续时间为1min，则引起的最大涌浪高度为22.5m。因而，误认为蓄水至700m高程是安全的，并于1963年发现有产生滑坡的危险时将库水位迅速地下降到了“安全”水位。

水库于1960年2月开始蓄水。自蓄水后，滑坡区岸坡即出现裂缝及局部崩塌现象，如1960年11月4日产生的体积为70万m^3的岸边崩滑体就是不祥之兆。而最终造成灾难的整体滑落是在库水长期作用下，岸坡岩层经过了三年蠕动变形之后才发生的。虽然1960年11月4日产生的崩滑体仅为后来的灾难性大滑坡（1963年10月9日）体积的2%，但它对岸坡整体平衡条件的破坏起了重大的不可忽视的作用。这就是即将导致岸坡整个失稳的预兆，对此，研究人员认识不足，未能当机立断。

在瓦依昂水库滑坡发生前三年，已开始进行滑坡位移长期观测工作。通过观测发现，该滑坡区已出现蠕动迹象。经分析，其变化大致具有如下规律：1963年春季以前大致保持等速蠕动变形；1963年春季至夏季测得的位移速率为0.14cm/d；自1963年9月18日起连续10天大雨之后，位移量逐日迅速增大（9月18日—9月24日约1cm/d；9月25日—10月1日10～20cm/d；10月8日约40cm/d），直至10月9日库岸发生滑坡，位移速率为80cm/d。这是个由岩层顺层理面滑移-弯曲变形发展为滑坡灾害的典型实例。构成滑移面的岩层层面呈“靠椅形”，其上半段倾角为40°，向下变缓，下半段近于水平。所以，虽然它在库岸出露临空，但下半部分岩体的抗滑力仍大于上半部分的推力，因滑移受阻，致使下部近水平的岩层受到挤压而褶曲。滑动前的位移长期观测资料已清楚地反映了这类变形特征，即滑体后半部岩体的位移量大于前半部岩体的位移量。

1963年7—10月，库水位上升到700m高程以上。当10月8日发现库岸发生整体性下滑时，由于对滑动的速度和滑动体体积无法估计，因而决定将两岸的两个泄水洞全部打开，并以140m^2/s的流量放水。但因滑落入水库的岩土体不断增加，库水位反而上升。当天22时41分40秒左岸突然整体下滑，由于滑体速度快，滑体前部越过80m宽的峡谷型河谷后，在对岸（即右岸）又继续前进了500m，并在岸坡上爬高140m，落入水库的滑体激起了巨浪。发生大滑动的当晚，库水位上升到河床以上235m高度时，整个滑体发生了极迅速的位移。体积为2.4亿～3.0亿m^3的岩土体在数分钟甚至数秒（确切的位移延续时间无人知道）内竟沿水平方向向西移动了530m、向东移动了720m。滑体越过了高出河床底部50～100m的河谷而未落入河床，却上升到对岸约140m高处，水库中的水也因此上升到对岸山坡260m高度，并破坏了大坝下游的河段，几乎完全毁灭了位于大坝下游的5个村镇。

瓦依昂坝的失事警示，库岸具有不利的地貌与地质构造是导致岸坡失稳的基本条件；不利构造结构面的切割，使之成为潜在的不稳定岸坡地段；水库蓄水改变了岸坡岩体的水动力条件，滑坡体因承受库水的扬压力和浮托力而降低了阻滑力，改变了岸坡的初始应力条件，增加了失稳因素，恶化了岸坡的地质环境，促使其稳定性降低，且不可逆转；勘察研究工作的失误又贻误了时机，缺乏对滑坡发展趋势果断的识别和必要的应急措施，致使一场灾难成为必然。因此，瓦依昂坝失事的人为因素主要在于：工程施工前没有查明库区岸坡的稳定性，没有对水库蓄水后库区地质条件的改变做出评估；在工程施工期和蓄水之后，未对岩体的位移和地下水位进行全面观测和认真研究；钻孔和探洞数量少，深度不够，影响到对滑坡范围和特性的正确了解。值得注意的是，岸坡有限的变形观测、测压管测值均反映了测值累计增加和速率激增现象，如引起重视，可有效预警。

1.2.1.3 沟后水库大坝失事

沟后水库位于我国青海省共和县恰卜恰镇，坝址控制流城面积 198km^2，恰卜恰河多年平均流量为 0.4m^2/s，位于高原干燥气候地区。主要建筑物有砂砾石钢筋混凝土面板坝，坝高 71m，坝顶长 265m，宽 7m；上游边坡坡比 1∶1.6，下游边坡坡比 1∶1.5，正常蓄水位和校核水位均为 3278m，总库容为 330 万 m^3。泄水建筑物为左岸输水隧洞，洞长 390m。工程于 1985 年 8 月开工，1990 年 10 月竣工，当即投入运行。大坝仅设较少的观测设备。

水库于 1989 年 9 月 28 日蓄水，当水位在 3258m 时，大坝右侧比坡脚约高 1.5m（高程 3223m）处出现一漏水点，当时采用填补的方法进行处理，涌水消失。翌年 10 月水位升高时，在同一部位又出现渗漏。1993 年 7 月 14 日开始，水位从 3261m 上升，到 8 月 26 日（失事前一天），水位约 3277.3m（这是管理人员回忆及对垮坝后防浪墙残留水印测量数值），接近或超过防浪墙底板。8 月 27 日 13 时，值班人员见到库水漏进裂缝和水平缝，下游坡多处漏水，坝脚以上有 9 处漏水，“如瓶口大”，下游坡台阶上能听到坝内有喷气声和水跌落声；20 时 30 分，村民见下游坡 3260m 和 3240m 戗道之间涌水；21 时，值班人员在值班室听到闷雷般巨响，出门用手电筒照时，看到坝上喷水，土石翻滚，水雾中见到石块相碰的火花，声音很大，去开闸放水，无电，再去值班室打电话，线路不通；此时坝上的声音更大，水、石头已达坝下；约 22 时 40 分，大坝溃决；约 23 时，水到达下游 13km 的恰卜恰镇，300 多人死亡。沟后水库大坝溃决情况见图 1.4。

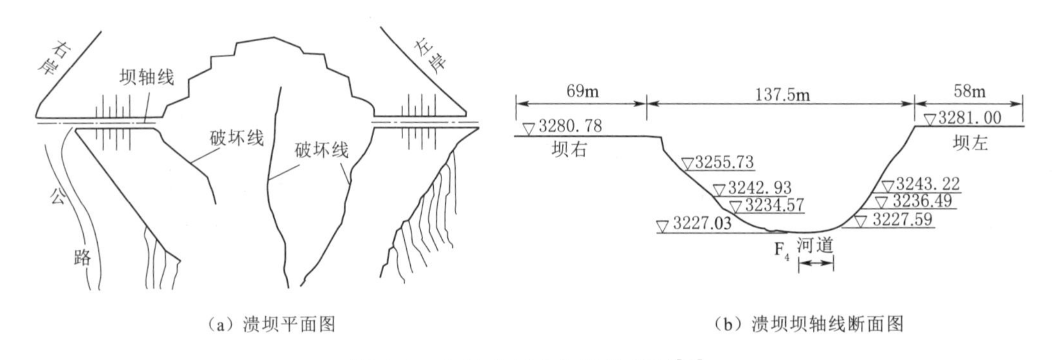

(a) 溃坝平面图　　(b) 溃坝坝轴线断面图

图 1.4 沟后水库大坝溃决情况[21]

大坝失事原因如下：

(1) 钢筋混凝土面板漏水是大坝破坏的主要原因之一。造成面板漏水的因素有：①混凝土面板有贯穿性蜂窝；②面板分缝之间有的止水与混凝土连接不好，有的甚至已脱落；③防浪墙上游水平防渗板与面板之间的水平缝只设一道橡胶片止水，而且有的部位只按搭接铺设，并未嵌入混凝土中；④防浪墙上游水平防渗板在施工后就发生裂缝，后来仅采用简单的抹砂浆的表面处理方法，达不到堵漏效果。

(2) 坝体排水不畅是造成大坝破坏的另一重要原因。从坝体设计断面上看，虽然设有四个分区，但分区不明显，大坝实际为“均质”砂砾石面板坝。砂砾石中直径小于 5mm 的颗粒含量平均为 37.8%，直径小于 0.1mm 颗粒的含量为 4.1%，致使填筑体的渗透性不够好。水库经过45天高水位运行，因面板漏水，渗水越来越多，而坝体中又没有设置排水，渗水排不出去，使坝体逐渐饱和及浸润线不断抬高，从而降低了坝体的强度和稳定性。经验算，坝体稳定性最差的部位（坝的上部）稳定安全系数已小于1。因此，在坝的上部首先产生滑坡，随溃口水流冲刷，其范围迅速扩大，从而使混凝土面板因失去支撑而断裂，水流随即涌出将下坝冲决。此外，库水位到达3274m，出现明显漏水已两年多，运行管理人员未重视漏水问题。

沟后水库大坝的失事警示，面板堆石坝顶上的高挡墙不是防浪墙而是挡水墙，混凝土及接缝都不允许漏水，许多设计和施工人员对此不够重视，防浪墙底部的大量漏水正是诱发沟后水库大坝垮坝的首要原因。

1.2.2 我国大坝失事情况统计

截至2018年年底，我国已建各类水库大坝98822座，总库容达到8953亿m^3。其中大型水库736座，占水库总数的0.74%，库容7117亿m^3，占水库总库容的79.49%；中型水库3954座，占水库总数的4.00%，库容1126亿m^3，占水库总库容的12.58%；小型水库94132座，占水库总数的95.25%，库容710亿m^3，占水库总库容的7.93%。

1.2.2.1 中国历史上溃坝发生的阶段划分

基于水利部大坝安全管理中心大坝基础数据库，对1954—2018年的溃坝数据进行了统计，65年间共溃坝3541座，年均54.5座，年均溃坝率6.3/10000。表1.1为不同规模水库溃坝数量和年均溃坝率特征统计。由表1.1可知，在全部溃坝事件中，小型水库溃坝占绝大部分，溃坝总数3409座，占比达到96.27%。若以年均溃坝率作为判别指标，我国溃坝特征呈现出了明显的年代阶段特征，这种演变趋势与国家社会经济发展和管理水平提升密切相关，可将其分为三个阶段。

表1.1　　1954—2018年三个阶段的溃坝统计

阶段	年份	溃坝数/座					占溃坝总数的百分比/%	年均溃坝率/%
		大型	中型	小（1）型	小（2）型	合计		
溃坝高发阶段	1954—1960		64	156	129	349	9.86	0.0574
	1961—1970		27	156	407	590	16.66	0.0679
	1971—1980	2	26	282	1728	2038	57.55	0.2347
显著下降阶段	1981—1990		4	46	214	264	7.46	0.0317
	1991—1999		2	28	186	216	6.10	0.0282
趋于稳定阶段	2000—2009		5	9	34	48	1.35	0.0055
	2010—2018		2	10	24	36	1.02	0.0040
合计		2	130	687	2722	3541	100	0.0629

（1）溃坝高发阶段（1954—1980年），共计溃坝2977座，占溃坝总数的84%。20世纪50年代和60年代的年均溃坝率约为5/10000，而70年代的年均溃坝率高达23.5/10000，其中高峰期1973年当年溃决水库554座。在70年代发生了“75·8”特大洪水，导致我国历史上仅有的两座大型水库（板桥水库、石漫滩水库）溃决事件，造成重

大的公众生命财产损失。

（2）显著下降阶段（1981—1999 年），共计溃坝 480 座，占溃坝总数的 14%，较溃坝高发阶段的年均溃坝率下降一个数量级，降至 3/10000，这得益于相关法律、规章制度不断颁布与完善，以及大坝设计、施工、安全监测、维修养护等体制机制的不断规范。

（3）趋于稳定阶段（2000—2018 年），共计溃坝 84 座，占溃坝总数的 2%，该阶段溃坝统计如图 1.5（b）所示。这一阶段年均溃坝率进一步显著下降，2010—2018 年的年均溃坝率已降至 0.4/10000，低于世界公认的 2/10000 的低溃坝率水平，这与 21 世纪以来我国水库安全管理规范化、法制化、现代化、信息化进程的不断推进密切相关。

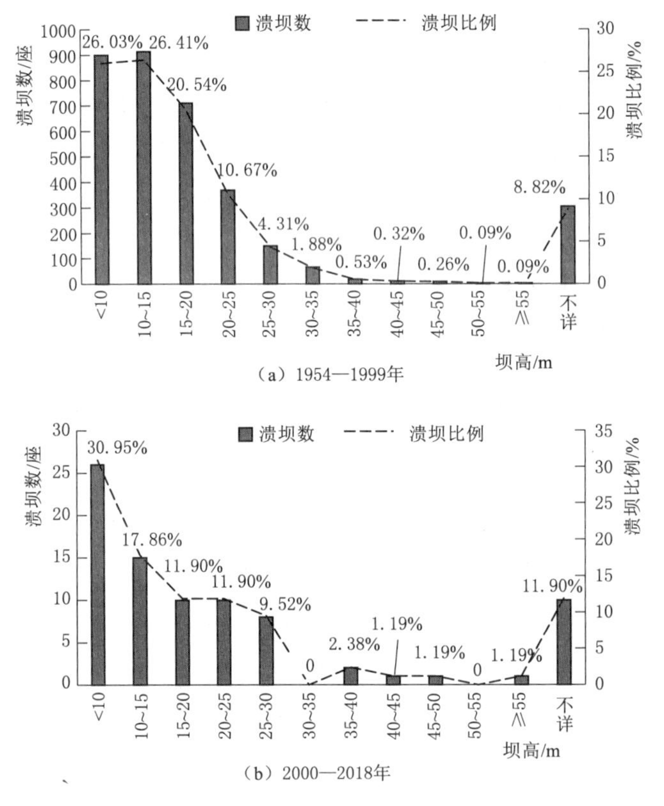

（a）1954—1999年

（b）2000—2018年

图 1.5　按坝高统计的溃坝分布

1.2.2.2　按坝型统计

表 1.2 对 2000—2018 年溃坝坝型进行了统计，从溃坝的大坝类型看，土坝占比为 88.1%，较 1999 年以前的 93.17%有所降低，这与我国土坝分布广泛、数量众多的现状直接相关，土石坝溃决问题是我国大坝安全管理中首要重视的问题。其他溃坝坝型包括双曲拱坝［2000 年，贵州小冲沟水库，坝高 28.0m，小（2）型］、堆石坝［2004 年，广西百色市沿小水库，坝高 11.5m，小（2）型］、浆砌石坝［2006 年，广东英德市白水寨电站，坝高 14.1m，小（2）型］、混凝土闸坝［2006 年，广东英德市锦潭三级，坝高 8.5m，小（2）型］等，说明由于我国 20 世纪 50—70 年代修建的水库大部分已达到或超过设计年限，由砌石体、混凝土等工程的结构老化问题而引发的溃坝风险值得重视。

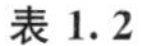

表 1.2 溃坝坝型统计

序号	坝型	1984—1999 年		2000—2018 年	
		溃坝数/座	百分比/%	溃坝数/座	百分比/%
1	混凝土坝	12	0.35	1	1.19
2	浆砌石坝	33	0.95	1	1.19
3	土坝	3221	93.17	74	88.1
①	均质土坝	2977	86.12	59	70.24
②	黏土斜墙坝	11	0.32	—	—
③	黏土心墙坝	181	5.24	8	9.52
④	土石混合坝	19	0.55	1	1.19
⑤	其他	1	0.03	1	1.19
⑥	不详	32	0.93	5	5.95
4	堆石坝	31	0.9	1	1.19
5	其他	4	0.12	2	2.38
6	不详	156	4.51	5	5.95
合计		3457	100	84	100

1.2.2.3 按库容和坝高统计

按库容统计，在 2010—2018 年的 84 起溃坝事件中，小型水库溃坝占比相比 1954—2018 年有所下降，而中型水库溃坝比例明显上升。近年来，国家加大了对小型水库工程运行管理和暗访督察力度，大型水库管理基础普遍较好，因此在水库管理人员、经费、物资等保障资源分配方面，中型水库容易被忽视，部分地区中型水库陷入“比上不足，比下也相对不足”的困境，溃坝风险升高。

单纯从库容角度并不能完全反映水库的溃坝风险，因此根据坝高进一步进行统计分析，如图 1.5 所示。若按国际大坝委员会 ICOLD 对高坝的定义，坝高超过 15m 即为高坝。在 2000—2018 年溃决的 84 起溃坝案例中，有 33 座可被定义为高坝，占比达到 39.3%；而在 1954—1999 年溃决的 3457 座水库中坝高 15m 以上的水库占 38.74%。由于我国目前仍采用以库容为水库规模定级的主要依据，因此在前述 44 座高坝溃决事件中仅有 4 座为中型水库，溃坝事件中存在的“小库高坝、低标准、高风险”的问题值得特别重视。类似于 1993 年青海共和县沟后水库［小（1）型水库，但坝高达到 71m］的惨痛案例仍难以避免。在 2000—2018 年的溃坝事件中，有 5 座水库的坝高超过 30m，设计、施工、运行管理的相关标准明显偏低，说明我国现行按照库容划分大坝标准等级的方式亟待进一步探讨与完善。

1.2.2.4 溃坝成因特征

在深入分析任何单一溃坝事件时发现，溃坝都是由多种因素耦合叠加导致的，本书中溃坝成因指某起溃坝事件中占主导作用的溃坝因素。国内外众多组织、学者对溃坝成因进行过分类，一般将溃坝成因归纳为 3 大类，即自然因素、工程因素和人为因素。其中，人为因素包括运行管理不当、人为破坏等，围绕溃坝的人因可靠性研究取得了一定进展，从广义人因可靠性的定义看，工程因素和人为因素可统一纳入人因因素。水利部曾将水库溃坝成因细分为5大类15小类，多位学者在研究我国溃坝成因规律时一直采用这一分类方法。本书为了对比研究近20年我国溃坝成因的变化趋势，对溃坝成因分类也基本沿用了该方法。溃坝成因统计见表1.3。

表1.3　1954—2018年我国溃坝成因统计

序号	分类	溃坝成因	1954—1999年				2000—2018年			
			所有溃坝		运行中溃坝		所有溃坝		运行中溃坝	
			溃坝数/座	比例/%	溃坝数/座	比例/%	溃坝数/座	比例/%	溃坝数/座	比例/%
1	漫顶	超标准洪水	424	12.26	293	12.43	45	53.57	42	55.26
		泄洪能力不足	1348	38.99	832	35.30	2	2.38	2	2.63
		稳定问题	121	3.50	93	3.95	5	5.95	5	6.58
2	质量问题	渗流问题	889	25.72	713	30.25	20	23.81	18	23.68
		工程缺陷	281	8.13	163	6.92	4	4.76	4	5.26
		超蓄	40	1.16	32	1.36	2	2.38	2	2.63
3	管理不当	维护运行不良	62	1.79	31	1.32	1	1.19		
		溢洪道未及时拆除	15	0.43	11	0.47				
		无人管理	51	1.48	38	1.61				
		库区或溢洪道塌方	66	1.91	50	2.12	1	1.19	1	1.32
4	其他	人工扒坝	81	2.34	58	2.46				
		工程设计布置不当	20	0.58	14	0.59	1	1.19		
		上游垮坝	5	0.14	2	0.08				
		其他	5	0.14	2	0.08	3	3.57	2	2.63
5	原因不详		49	1.42	25	1.06				
合　计			3457	100	2357	100	84	100	76	100

1.2.3　大坝失事的经验和教训

从国内外大坝失事事故的分析总结来看，大多数事故与地质勘探深度不够、设计阶段的失误、施工过程遗留下的隐患以及运行管理中的差错等因素有关，造成工程失事的重要原因常常表现在以下几个方面：

(1) 基础资料不实、可靠性差，如水文系列短、代表性差，又不进行历史洪水调查，因而估算的设计洪水偏小或防洪标准偏低。

(2) 未做全面深入的地勘工作，遗漏了重大工程地质问题；或虽已揭露，但对地质缺陷重视不够、处理不当而留下隐患。

(3) 对软弱结构面或节理裂隙的性状缺乏深刻认识，尤其未考虑到渗水或卸荷作用对软弱结构面或节理裂隙的不利影响，设计强度参数取值偏高。

(4) 未做细致的计算分析和试验研究，仅凭“经验”设计，坝型适应性差、结构体型不当，又忽视构造设计，导致结构缺陷。

(5) 不重视设计对施工技术和建筑材料的要求，任意放宽技术标准；为图施工方便，允许随意改变设计，违背原有设计意图。

(6) 对复杂地基条件、近坝库岸滑坡体、高边坡、泄洪消能雾雨影响、水库诱发地震等技术难题，不做深入研究，没有采取有效的防范措施。

(7) 其他如施工质量低劣、运行管理不规范等因素，也是造成大坝失事的重要原因。

随着社会的发展和公共安全观念的普及，对水电站大坝的安全可靠性有了更高的要求，未来的坝工建设更需要强调大坝的安全，强化设计、施工、运行全过程的风险意识和安全管理，对运行中的大坝要坚持实施定期检查，及时维修加固和改造，制订严密的汛期和低水位时的防范措施，加大科研力度和开展险情预计，以防止重大事故的突然发生。避免水工结构工程失事的措施如下：

(1) 积极吸取工程实践经验和成熟的科研成果，加快制定、修订规范规程的步伐，进一步完善标准化设计体系。

(2) 在勘测、试验、设计和科研等领域，推广应用先进的计算机技术、网络技术和信息技术，改善勘测设计手段和方法，提高勘测设计水平和成果质量。

(3) 结合重大工程项目的勘测设计，广泛开展科技攻关，研究和解决高坝设计、施工中的关键技术难题，促进新技术、新材料、新工艺和新方法的应用。

(4) 设计方案研究要实事求是，比较要客观公正，决策要科学。应该选择最优方案，保证大坝设计的安全可靠性、经济合理性和技术先进性。

(5) 大坝设计应该考虑建筑材料供应条件、施工企业的技术水平和管理水平，提出相应的施工技术要求，并在工程施工中加强监督和控制。

(6) 水库大坝建成投入运行后，需要建立专门管理机构，明确水库大坝安全责任单位及责任人，健全水库调度运行规章制度，加强安全管理。

(7) 完善水库大坝安全监测系统，加强对大坝监测资料的分析，用监测成果反馈、指导设计工作，改进设计理论，提高设计水平。

(8) 要经常例行检修，建立健全定期检查和维护检修制度，对大坝异常状况及缺陷问题及时检修、消除病险，并进行补强加固处理。

(9) 制订极端天气、局部强降雨导致突发山洪、滑坡和泥石流等地质灾害的应急抢险预案，这是保障重点小型水库及低坝安全的重要措施。

可见，大坝安全理论与技术蕴含内容丰富，不仅涉及水文、气象、地质、地震、水工建筑物、大坝性态分析技术、大坝病害诊断技术、大坝修补材料和施工技术等诸多学科，还与系统决策学、工程经济学、社会管理学等密切相关。为此，必须要求水库大坝工程精心设计、精心施工、严格监理，保证工程质量，同时建立健全水库调度及大坝运行、维护、监测、检修等规章制度。强化水库大坝安全管理，精心维护检修，对水库大坝运行状况适时监控，发现病害及潜在隐患问题要及时处理，消除病害隐患，加强水库大坝风险分析工作，提高对其安全风险预防和监控能力，以确保水库大坝建设及运行安全，做到万无一失。

1.3　大坝安全监测的原理、意义及发展

1.3.1　大坝安全监测基本原理

任何建筑物在荷载变化的情况下，都会出现自身响应，表现出变形、渗流、震动、内部应力应变变化、外部裂缝和错动等不同的性态反映。这些性态反映可以被量化为建筑物的变形量、渗流量、扬压力、应力应变、压力脉动、水流流速、水质等各种物理量的变化，并且这种变化有一个从量变到质变的过程，任何一种大坝失事破坏都不是突然发生的。例如：坝体滑动失稳，就会反映在持续变形、内部应力变化上；坝基破坏，就会在坝基变形、渗透压力、坝基与接合面应力、接缝开度上表现出来；防渗、排水系统损坏，就会在漏水量和渗透压力上表现出来；结构破坏，就会在应力应变等方面表现出来。

大坝安全监测是通过仪器观测和巡视检查对水利工程主体结构、地基基础、两岸边坡、相关设施以及周围环境所做的测量及观察；既包括对建筑物固定测点按一定频次进行的仪器观测，也包括对建筑物外表及内部大范围对象的定期或不定期的直观检查和仪器探查。通过各种监测仪器和设备，可以捕捉到上述物理量的变化信息，再对比设计情况和历史情况就能判断大坝当前的工作状态，及早发现问题并采取措施，防患于未然。

综上，大坝安全监测的原理可概括为通过仪器监测和现场巡视检查的方法，全面捕捉大坝施工期和运行期的性态反映，分析评判大坝的安全性状及其发展趋势。

我国大坝安全监测分为设计、施工、运行三个主要阶段，贯穿于坝工建设与运行管理的全生命周期。监测工作包括监测设计，观测方法的研究，仪器设备的研制与生产，监测设备的埋设安装与维护，数据的采集、传输和存储，资料的整理和分析，水工建筑物实测性态的分析与评价等。本书对这些工作中的基础理论和方法进行讲解，以便为水利水电工程专业和其他相关专业的学生从事大坝安全监测相关工作提供基础。

由于大坝安全监测的对象既包括永久性挡水建筑物，也包括与其配合运用的泄洪、输水和过船建筑物，库岸边坡，水电站厂房等，种类繁多，本教材仅对作为挡水建筑物的三种主要坝型，即混凝土重力坝、拱坝和土石坝的安全监测问题进行讲解，对其他类型的水工建筑物的安全监测问题，仅简单介绍一些内容。

1.3.2　大坝安全监测的意义

水利工程历史悠久，尽管已积累了丰富的实践经验，但由于地质、水文、气象的复杂性，即使掌握了现代最先进的勘探技术，采取了周密详尽的调查研究，仍然难以彻底掌握坝址区工程地质、水文、气象等情况；任何地质勘探和水文、气象调查的结果，最后都是通过理论计算而成为设计的依据，因此在某些情况下，这种数据与实际情况可能有很大的出入。设计中既可能存在对水工建筑物工作条件估计偏差或对运行情况考虑不全的问题，也可能存在因引用假设进行简化而使结果偏离实际的情况，设计很难做到完美无缺。施工中，也可能因施工方法不当，如混凝土振捣不均匀，温度控制、选用材料不严，堆石体碾压不密实等，从而引发一系列质量问题。竣工运行后，大坝受各种力的作用和自然环境的影响，筑坝材料逐渐老化，加之高压水不断渗透溶蚀，使得大坝及其地基的物理力学性能逐渐变异，偏离设计要求。因此，在荷载长期作用以及洪水、地震等恶劣环境因素影响

下，水工建筑物结构不断老化，发生事故乃至失事的可能性长期存在，具有事故的风险性。

大坝安全监测是为了解大坝运行状态及发展趋势，是保证大坝安全运行的重要措施，也是检验设计成果、检查施工质量和认识大坝各种参量变化规律的有效手段，起到“耳”和“目”的作用。大坝安全监测贯穿于大坝施工、首次蓄水、运行整个过程中（全生命周期），具有如下几方面的意义：

（1）满足施工要求，改进施工技术。大坝施工期间的安全监测可以反映施工质量，便于及时掌握施工期大坝的实际性状，可为在后续施工过程中修改、补充设计和改进施工技术方案提供依据。例如，溪洛渡水电站在坝体混凝土浇筑施工过程中，基于坝体埋设的3496支安全监测仪器、4723支混凝土温度计以及2.4万m的测温光纤的实测数据，指导工程施工，创造了浇筑混凝土680万m^3未出现温度裂缝的世界纪录，获得了素有国际工程咨询领域“诺贝尔奖”之称的“菲迪克2016年工程项目杰出奖”。

（2）监控运行状态，保证大坝安全。一般来说，大坝在运行中的变化都是缓慢和微小的，变化一旦明显异常，往往已经对大坝安全构成严重威胁，甚至会迅速发展到无法挽救的地步。通过分析监测数据可以掌握大坝实际工作性态与各种环境影响因素之间的关系，了解大坝各观测变量的波动范围和正常变化规律，当异常情况或不利发展态势发生时可以及时察觉并采取相应的补救措施，从而防止大坝从量变发展到质变破坏，避免重大事故的发生。在遇到大洪水、地震等特殊情况时，可以通过大坝安全监测及时评价大坝的安全状态，做到心中有数，从容调度。

例如，安徽省梅山连拱坝，坝为高88.4m的连拱坝，由15个垛、16个拱组成。1962年10—11月，通过垂线坐标仪观测到13号垛的变形发生异常，11月9日向左岸位移达42.06mm，向下游位移14.53mm。同时巡视检查发现，该垛附近坝基有大量漏水。右岸14～16号垛基也出现大量渗漏水，最大渗漏量达70L/s，其中14号垛基一个未封堵的固结灌浆孔产生喷水，射程达11m。监测数据表明，14号、15号垛基向上抬动，最大上升值达14.1mm，随着库水位下降又转变为下沉趋势；13号垛顶在上下游方向和左右方向强烈摆动，2天之内上下游方向摆动幅度达10mm，3天之内左右方向摆动幅度达58.14mm。巡视检查结果：右侧坝顶、坝垛及拱台陆续出现几十条裂缝，15号垛裂缝最为严重，最长达28m，缝宽6.6mm；坝基和岸坡节理张开，防渗帷幕遭到破坏。监测数据和巡视检查成果均表明，大坝处于危险状态，水库管理人员及时放空水库，采取预应力锚索、灌浆等加固措施，避免了一场运行事故的发生。再如浙江省乌溪江湖南镇支墩坝。1983年4月21日，当该坝库水位超过220.00m时，12号坝段灌浆廊道渗漏量突然大幅度增加，与1982年相近库水位时的数据对比，增大约6倍；随着库水位的继续升高，渗漏量以更大幅度增加，当库水位首次达到正常蓄水位230.00m时，渗漏量超过50m^3/d，其中有一个排水孔单孔渗漏量达32.83m^3/d，在这期间帷幕后的扬压力测孔水位也逐渐上升，有的孔扬压力系数超过设计采用值。通过帷幕前后测孔间的现场连通放水试验，证实12号坝段坝基接触面帷幕已被拉开。采用水溶性聚氨酯群孔灌浆技术，对12号坝段帷幕损坏部位进行补强灌浆后，帷幕后部的渗流状态恢复正常。

（3）检验设计成果，提高设计水平。在坝工设计中，对大坝未来状况的分析和判断，目前还不能做到与工程实际完全吻合，甚至有时会有较大偏差。由于认识的局限性和实际情况的复杂多变，还不能完全准确地算出大坝上的作用荷载，坝体及基础的物理力学参数更是难以精确确定，坝工设计理论也尚欠成熟完善，结构破坏机理和安全界限等都还不够清楚明确。某些设计常基于某种程度的假定性前提，有些复杂因素也常常加以简化考虑。通过大坝安全监测，就可以检验设计成果是否正确，判断大坝设计情况和实际情况偏差的大小，从而帮助人们提高对有关问题的认识，完善设计理论，提高设计水平。

（4）提供科研资料，发展坝工理论。坝工技术和理论的研究主要依靠理论计算、模型试验和原型观测等手段，由于研究对象的影响因素较多，一般理论计算和模型试验都存在一些假设或简化，新型、复杂结构更是如此。大坝原型监测则反映了各种因素的影响，通过对监测结果的分析与反演，可以修正、完善理论的不足和模型试验的局限性，进一步提高坝工理论水平。因此，大坝安全监测也是坝工理论革新发展的有效手段。

1.3.3 大坝安全监测的发展

1.3.3.1 发展阶段

大坝安全监测工作始于坝工建设。首个进行外部变形观测的大坝是德国建于1891年的埃施巴赫（Eschbach）混凝土重力坝。瑞士在1920年第一次用大地测量法测量大坝变形，建立的大坝变形观测系统包括基准点和观测点标架、大坝下游面的觇标和沿坝顶一系列的水准标点，该系统沿用至今。而最早利用专门仪器进行观测的大坝是1903年瑞士蒙萨温斯（Montsalvens）重力坝（高55m），埋设了电阻式遥测仪器。总的来看，大坝安全监测经历了大坝原型观测、大坝安全监测、大坝安全监控和大坝安全智能化监控4个发展阶段。

1. 大坝原型观测阶段

大坝原型观测始于20世纪20年代，当时主要采用大地测量方法观测大坝的变形，20世纪30年代初美国利用卡尔逊式（国内称差动电阻式）仪器开展了大坝的内部观测。几乎同时，欧洲部分国家以及日本、苏联等国也相继采用埋入式应力、应变传感器和内部变形监测仪器开展原型观测工作。当时原型观测的主要目的是研究大坝的实际变形、温度和应力状态，其重点在于验证设计，改进坝工理论。我国大坝安全监测工作始于20世纪50年代中期。60年代，水利部有关主管部门就着手编制了水工建筑物观测工作暂行办法草案以及有关技术规范初稿。70年代，在监测项目确定、仪器选型、仪器布置、仪器埋设、观测方法、监测资料整理分析、信息反馈等方面的研究工作取得了一定的成果。但是，由于当时监测经验不足和认识水平的限制，在监测设计的项目选择和仪器布置上，只注重内部监测仪器的布置。

2. 大坝安全监测阶段

随着认识的不断提高和筑坝技术的成熟，大坝“原型观测”由原先主要为设计、施工、科研等技术服务，发展到监控大坝安全运行，关系到社会公共安全，是不容忽视的重要工作，因而改名为“安全监测”。20世纪30—70年代，各国筑坝达到高潮以及大坝失事事件时有发生，如果能在事故发生前得到信息，并进行准确的分析和判断，及时采取有效的防范措施，可以防止或减少大坝失事事故发生。世界各国均致力于大坝安全监测技术的研究和开发，各类新型的监测仪器设备和数据处理方法大量涌现，使得大坝安全监测的理论和方法得到不断完善。70 年代中期，中国科学院成都分院与龚嘴水电厂共同研制了我国第一台应变计自动化监测装置，使 163 支仪器的检测数据于 1980 年首次实现自动采集。随后，借助国家“七五”科技攻关项目“大坝安全自动监控微机系统及仪器研制”，中国第一套软硬件齐全的 DAMS-1 型自动化大坝安全监测系统于 1989 年 12 月在辽宁参窝水库投入运行，标志着中国大坝安全监测自动化已进入实用阶段。但当时计算机和信息化技术还不发达，虽然理念上已经完成了从大坝原型观测到大坝安全监测的转变，但实际上还不能做到及时、动态、远程反馈和监控，仍停留在测得数据、事后了解和评价建筑物运行性态的阶段。

3. 大坝安全监控阶段

20 世纪 80 年代以来，随着科技攻关不断深入以及工程实践经验的不断积累，大坝安全监测工作中存在的问题得到了逐步解决，监测设计和监测资料分析反馈方法不断改进。同时，水力发电工程学会大坝安全监测专业委员会和电力行业大坝安全监测标准化技术委员会相继成立，对工程安全监测理论和实践经验进行了充分的总结，一些安全监测设计规范、仪器标准、资料整编规程相继颁布实施，填补了我国大坝安全监测领域有关技术标准的空白，健全、完善了大坝安全监测技术标准体系，为大坝安全监测工作的规范化、标准化创造了条件。同时，监测设计和监测资料分析反馈方法的不断改进、计算机和信息化技术的应用，使得及时分析反馈监测信息、及时了解建筑物运行性态、及时针对发现的问题采取防范措施等成为可能，也使得动态安全监控成为可能。如图 1.6 所示，吴中如等提出并开发了建立在“一机四库”（综合推理机、数据库、知识库、方法库和图库）基础上的大坝安全综合评价专家系统，应用模式识别和模糊评判，通过综合推理机，对四库进行综合调用，将定量分析和定性分析结合起来，实现对水工建筑物安全状态的在线实时分析和综合评价。该系统在龙羊峡、二滩、水口等水工建筑物工程中得到实际应用，并取得了良好的应用效果。

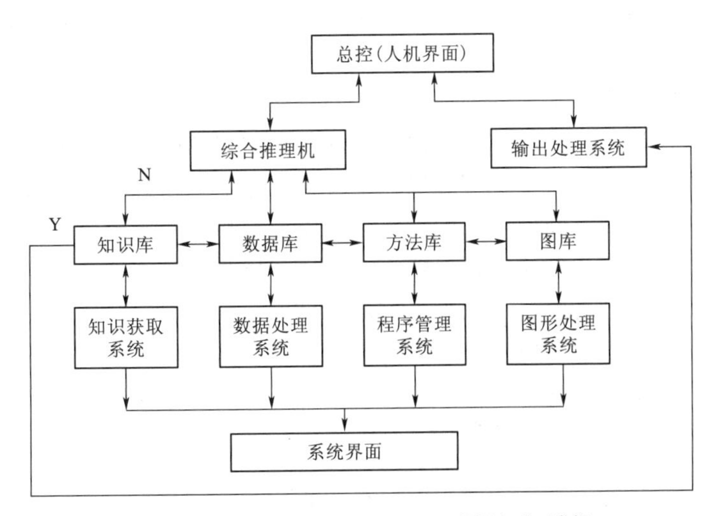

N—疑点测值或病险坝；Y—正常测点或正常坝

图 1.6 基于“一机四库”的大坝安全综合评价专家系统

4. 智能化大坝安全监测阶段

21 世纪以来，随着人工智能（AI）技术及相关的云计算、智能传感、机器人、物联网等技术的快速发展，智能化的大坝安全监测应运而生。智能化大坝安全监测是当前对传统大坝监测系统最具革命性的突破，它的重要意义不仅在于对水电站大坝等水工建筑物的安全评估更加快速、及时，安全保障性显著提高，更在于能够在日常运行管理和维护中为非专业的管理层人士提供决策支持，作为智能水电厂的一部分，为整个水电厂的统一调度管理提供了更完整的依据，实现了管理效率和水平的质的飞跃。人工智能与大坝安全监测深度融合，产生了智能大坝（图 1.7）、大坝智能巡检、大坝安全监测云平台和大坝数字孪生模型等一系列先进技术。目前，这些新技术正处于不断发展完善之中，未来有良好的应用前景。

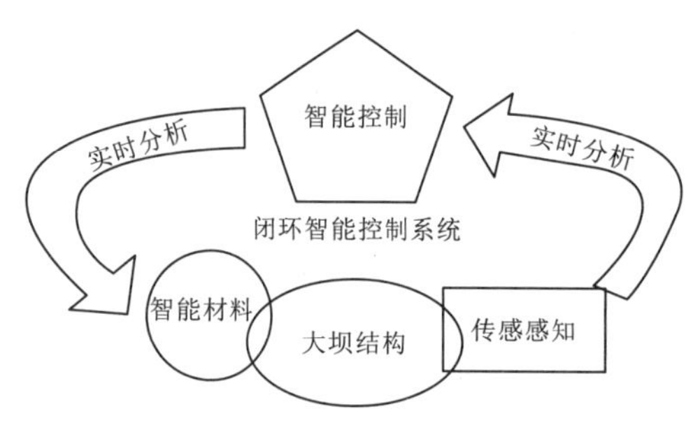

图 1.7 智能大坝示意图[20]

1.3.3.2 监测资料分析的发展

有关大坝安全监测资料分析的研究工作可以大致分为以下几个方面：监测资料的误差处理与分析；监测资料与水工建筑物运行性态的正分析；监测资料与水工建筑物结构性态的反分析；反馈分析与安全监控指标的拟定；大坝安全综合评判与决策。

意大利的 Faneli 和葡萄牙的 Rocha 等从 1955 年开始应用统计回归方法定量分析水工建筑物的变形观测资料。1977 年 Faneli 等又提出了混凝土大坝变形的确定性模型和混合模型，将有限元理论计算值与实测数据有机地结合起来，以监控大坝的安全状况。我国大坝安全监测的资料分析工作起步相对较晚，最初只以定性分析为主，通过绘制过程线和简单的特征值统计分析水工建筑物的运行状况。1974 年后，陈久宇等开始应用统计回归分析安全监测资料，并对分析成果加以物理成因的解释。自此，资料分析工作在纵深方面不断发展。20 世纪 80 年代中期，吴中如等从徐变理论出发推导了坝体顶部时效位移的表达式，用周期函数模拟温度、水压等周期荷载，并用非线性二乘法进行参数估计；同期还提出裂缝开合度统计模型的建立和分析方法、坝顶水平位移的时间序列分析法以及连拱坝位移确定性模型的原理和方法，并在实际工程中得到了成功应用。顾冲时等通过引入空间三维坐标，提出了混凝土坝空间位移场的时空分布模型，将单测点模型拓宽至空间三维。80 年代以来，模糊数学、灰色理论、神经网络、小波分析等各种方法和理论也纷纷被引入水工建筑物安全监测资料分析中，并取得了一定成果。近些年来，随着人工智能领域内机器学习算法的兴起，将机器学习应用于水工建筑物监测数据处理与分析方面的研究也逐步展开，发展出了监测数据智能清洗、智能安全监控模型、参数智能反演和施工智能反馈等新方法，为相关研究展现了广阔的前景。

思 考 题

（1）水利水电工程的特点有哪些？

（2）大坝安全监测中的大坝指什么？

（3）简述我国大坝安全管理的体制。

（4）大坝安全管理的内容有哪些？

（5）大坝失事的教训有哪些？

（6）避免大坝失事的措施有哪些？

（7）大坝安全监测的原理是什么？

（8）大坝安全监测工作的内容有哪些？

（9）大坝安全监测的意义有哪些？

（10）大坝安全监测的发展可以分成哪几个阶段？

第 2 章 大坝巡视检查与病害检测

2.1 大坝巡视检查概述

2.1.1 总体要求

安全巡视检查是水利工程安全管理的重要工作之一。巡视检查简称巡查，可以较为直观地反映水工建筑物的安全性态。经验表明，水工建筑物出现的安全问题往往不是首先被仪器监测发现的，相当一部分安全问题是在巡视检查时被发现的。

在施工期及运行期均需对建筑物进行巡视检查。巡视检查与仪器监测分别为定性和定量了解建筑物安全状态的两种手段，互为补充，其作用在于宏观掌握建筑物的状态，弥补监测仪器覆盖面的不足，及时发现险情，并系统地记录、描述工程随开挖揭示的实际地质情况，及时了解施工开挖、支护和周边环境变化等过程，为监测资料的分析和评价提供客观的依据。巡视检查应根据预先制定的巡视检查程序携带必要的工器具进行。参与现场巡视检查的人员应具备相关专业知识和工程经验。巡视检查中若发现大坝有损伤，或原有缺陷有进一步发展，以及近坝岸坡有滑移崩塌征兆或其他异常迹象，应分析原因。现场巡视检查后应及时编写巡视检查报告。

2.1.2 一般规定

巡视检查分为日常检查、定期检查和特别检查。日常检查是一种经常性、巡回性的制度式检查；定期检查需要一定的组织形式，进行较全面的检查，如每年汛期前后的检查；特别检查是发现建筑物有破坏、故障，对安全有疑虑时组织的专门性检查。

（1）日常检查。应由大坝运行维护专业人员对大坝进行日常巡查。正常运行期的日常检查次数：每月不少于 2 次，每次间隔不少于 7 天。检查结果以表格方式记载。

（2）定期检查。定期检查于每年汛前（3 月）、汛中（7 月）、汛后（11 月）各进行 1 次。工程管理单位应组织大坝运行维护专业人员，按照国家和省现行的相关法规以及本单位的规章制度，查阅大坝检查、运行、维护记录和监测数据等档案资料，对大坝进行全面详细的巡查。

（3）特别检查。坝区或坝址附近发生地震，遭遇大洪水、台风、库水位骤变、高水位、低气温、水库放空以及其他影响大坝安全运行的特殊情况时，工程管理单位应组织安全检查组并及时进行检查。

巡查中如发现大坝枢纽工程有异常现象，应及时作出研判并上报，必要时还应派专人进行连续监视，做好应急抢险准备工作。

2.1.3 方法和要求

2.1.3.1 方法

（1）日常检查：主要采用眼看、耳听、手摸、鼻嗅、脚踩等直观方法，或辅以锤、钎、钢卷尺、放大镜、石蕊试纸等简单工具器材，对工程表面和异常现象进行检查。对于

已安装视频监控系统的工程，可利用视频图像辅助跟踪检查。

（2）定期检查和特别检查：除采用日常检查的方法外，还可根据检查的目的和要求，采用开挖探坑（或槽）、探井、钻孔取样或孔内电视、注水或抽水试验、投放化学试剂、超声波探测、潜水员探摸或水下电视、水下摄影或录像等有效的探测技术和方法进行。

2.1.3.2 要求

（1）日常检查人员在轮换班时应做好交接工作，检查时应带好必要的辅助工具和记录笔、记录簿以及照相机、摄像机等设备。

（2）在汛期高水位情况下巡查时，宜由数人列队进行拉网式检查，防止疏漏。

（3）定期检查和特别检查，工程管理单位均应制定详细的检查计划和临时调度方案，并做好如下准备工作：①安排好水库调度，为检查输水、泄水建筑物或开展水下检查创造条件；②做好电力安排，为检查工作提供必要的动力和照明；③排干检查部位的积水，清除检查部位的堆积物；④安装或搭设临时交通设施，便于检查人员行动和接近检查部位；⑤采取安全防范措施，确保检查工作、设备及人身安全；⑥准备好检测所需工具、设备、车辆或船只等，以及量测工具、记录表格、草图、照相机、摄像机等。

2.1.4 记录和报告

2.1.4.1 记录

（1）每次巡查均应按巡查表格做好翔实的现场记录。如发现异常情况，除应详细记录时间、部位、险情并绘制草图外，必要时应测图、摄像，并在现场做好标记。

（2）每次巡查后应在1～2个工作日内对巡查原始记录进行整理，并作出初步分析判断。

（3）应将现场记录与上次或历次巡查结果进行比较分析，如有异常现象，应立即进行复查确认。

2.1.4.2 报告

（1）日常检查中巡查人员若发现工程存在隐患或险情，应立即报告工程管理单位负责人，工程管理单位应在24h内上报到上级水行政主管部门；视工程隐患或险情危急情况，水行政主管部门可直接处理或逐级上报，紧急情况下也可越级上报。

（2）定期检查和特别检查中发现异常情况时应及时上报，并在现场工作结束后5个工作日内提交详细报告。

（3）报告内容应简洁、扼要说明问题，必要时附上照片及示意图。定期检查和特别检查报告一般应包括以下内容：①检查日期；②本次检查的目的和任务；③检查组参加人员名单及其职务；④对规定项目的检查结果（包括文字记录、略图、素描或照片）；⑤历次检查结果的对比、分析和判断；⑥对不属于规定检查项目的异常情况的分析及判断；⑦有必要加以说明的特殊问题；⑧检查结论（包括对某些检查结论的不一致意见）；⑨检查组的建议；⑩检查组成员的签名。

2.1.5 资料整编与归档

（1）工程管理单位每年应进行资料整编，形成工程巡查资料汇编报告。

（2）整编成果应做到项目齐全，考证清楚，数据可靠，图表完整，规格统一，说明扼要，按年度集中成册。

（3）各种巡查记录、图纸和报告的纸质及电子文档等成果均应及时整理归档备查。

2.2 土石坝巡视检查

据不完全统计，我国已建的各种类型的坝共有9.8万余座，其中95%以上为土石坝。土石坝为水库枢纽工程常用的挡水建筑物，对其基本要求主要有安全和功能两方面，包括坝顶高程、抗滑稳定、渗流（包括渗流量和渗流稳定）和变形要求。对于强震区，土石坝还应满足抗震要求。土石坝缺陷是指影响或干扰大坝正常运行的异常状况，土石坝巡视检查的目的是尽早发现缺陷，以便在大坝安全受到危害之前采取措施。土石坝工程的组成及常见缺陷见图2.1。这些缺陷是否存在、程度如何，是土石坝巡视检查的重点。

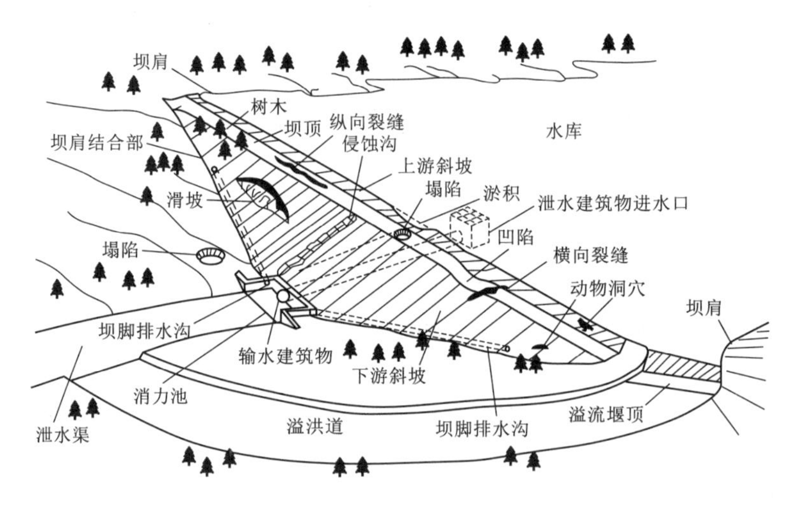

图2.1 土石坝工程的组成及常见缺陷

有效的检查需要全面的准备，检查过程中应多人配合，以便能够更仔细地检查。检查人员必须遵守所有适用的安全标准。通常应在一年中不同时段开展检查，以便让检查人员在不同水库蓄水条件和不同植被覆盖条件下对大坝进行全面检查。另外，在库水位相近时对大坝进行检查，可以确定相近荷载作用下的变化趋势。隐患检查时，除了注意不同类型的缺陷之外，还要注意特征的变化，详见表2.1。

表2.1　　土石坝工程主要安全隐患及其特征

隐患类型	特　征
渗流	（1）水流或坝体土料出现在下游坝坡或坝趾下部，尤指在两岸坝肩与岸坡接触处。 （2）输泄水建筑物周围出现渗漏。 （3）下游坝坡或坝趾散浸或植物生长较茂盛。 （4）坝脚排水沟和减压井堵塞。 （5）从坝脚排水沟和减压井中排出的水量增加（要考虑水库水位的变化）。 （6）渗水浑浊

续表

隐患类型	特　征
开裂	（1）横向裂缝：垂直于坝体轴线的裂缝，通常出现在坝顶。 （2）纵向裂缝：与坝轴线平行的裂缝。纵向裂缝可能与坝坡的稳定性问题有关。 （3）干缩裂缝：通常在坝顶和下游坡上的不规则蜂窝状裂缝
失稳	（1）上游和下游坝坡上的滑坡、陡坡或裂缝。 （2）沿固定点观测，发现坝顶及土石坝坝坡未对准。 （3）隆起，尤其出现在坝趾处
落水洞与塌陷	（1）沿固定点观测，发现坝顶及坝坡的不平整处。 （2）通过检查和探测每个塌陷部位寻找落水洞。落水洞通常有陡峭的、像漏斗一样的边缘，而塌陷则有平缓的、碗状的边缘
其他	（1）护坡保护不足：检查无护坡或护坡较少及已损坏区域。 （2）地表径流侵蚀：检查冲沟或其他侵蚀迹象，确保检查坝体与岸坡连接完整，因为地表径流可能在这些地区聚集。 （3）植物滋生：检查过度生长的植物和深根植物。 （4）杂物：检查大坝及其周围的碎屑。 （5）洞穴：检查穴居动物造成的破坏

2.2.1 检查范围

土石坝的检查范围包括坝体，坝基，坝区，输、泄水洞（管），溢洪道，工程结合部，闸门及金属结构，白蚁危害，监测设施，工程管理和保护范围，水体水质，与坝的安全有直接关系的输、泄水建筑物和设备，以及对土石坝安全有重大影响的近坝区岸坡。

检查大坝坝坡时，多次往返巡查，以便清楚地观察到坝坡整个表面区域。在坝坡上的某个固定点，通常可以在每个方向上看到1～30m范围内的细节，具体范围取决于坝坡表面的粗糙度、植被和其他环境影响因素。因此，为了确保巡视检查人员完整检查大坝的表面，必须在坝坡上反复地行走，直到清楚地巡视整个区域。表2.2中的方法可以用于观察坝坡和坝顶。

表 2.2　　典型的大坝坝坡检查方法

方　法	描　述
“之”字形路径检查法	“之”字形路径能够确保覆盖了坝坡和坝顶。最好在小范围内或不太陡峭的填坡上使用“之”字形路径。图2.2展示了使用“之”字形路径在坡面上行走检查
平行形路径检查法	平行形路径是在坝坡上走一条与坝顶平行的路径。通常在非常陡的坡度上使用平行形路径。图2.3说明了如何使用平行通道检查大坝坝坡

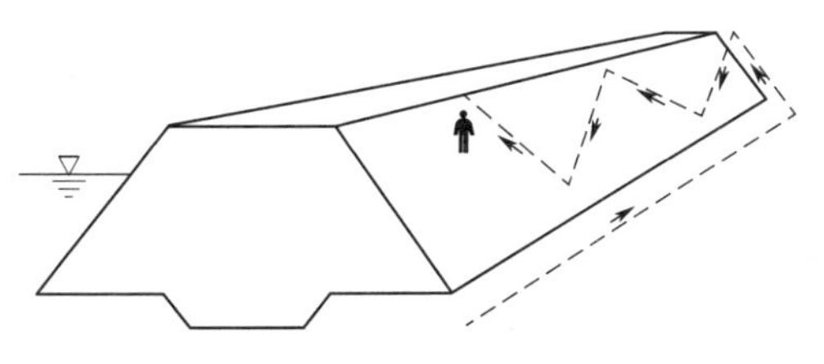
图 2.2　“之”字形检查坝坡

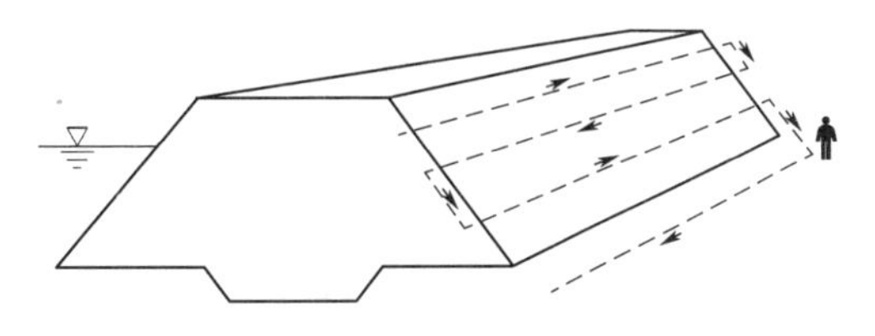
图 2.3　平行形检查坝坡

每次巡查均应在巡查表（表2.3）上做好现场记录。每次巡查后应在1～2个工作日内对巡查原始记录进行整理，并做出初步分析判断。应将本次现场记录与上次或历次巡查结果进行比较分析，如有异常现象，应立即进行复查确认。

表2.3　　土石坝巡视检查记录表

工程名称：　　检查日期：　　库水位：　　天气：

巡视检查部位		损坏或异常情况	备　注
坝体	坝顶		
	防浪墙		
	迎水坡/面板		
	背水坡		
	坝趾		
	排水系统		
	导渗降压设施		
坝基和坝区	坝基		
	基础廊道		
	两岸坝端		
	坝趾近区		
	坝端岸坡		
	上游铺盖		
输、泄水洞（管）	引水段		
	进水口		
	进水塔（竖井）		
	洞（管）身		
	出水口		
	消能工		
	闸门		
	动力及启闭机		
	工作桥		
溢洪道	进水段（引渠）		
	内外侧边坡		
	堰顶或闸室		
	溢流面		
	消能工		
	闸门		
	动力及启闭机		
	工作（交通）桥		
	下游河床及岸坡		

续表

巡视检查部位		损坏或异常情况	备　注
近坝岸坡	坡面		
	护面及支护结构		
	排水系统		
其他（包括备用电源等情况）			

注　被巡视检查的部位若无损坏和异常情况时应写“无”字；有损坏或出现异常情况的地方应获取影像资料，并在备注栏中标明影像资料文件名和存储位置

检查人：　　　　　　　　　　　　　　　负责人：

2.2.2　坝体、坝基和坝区检查项目和内容

2.2.2.1　坝体检查

坝体检查应包括以下各项：

(1) 坝顶有无裂缝 [图 2.4 (a)]、异常变形、积水或植物滋生等现象；防浪墙有无开裂 [图 2.4 (b)]、挤碎、架空、错断和倾斜等情况。

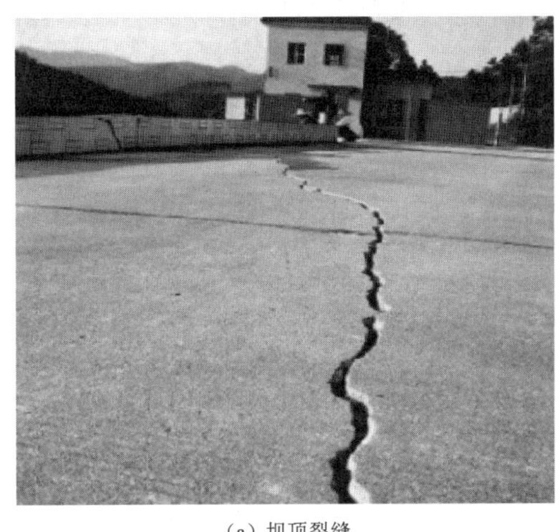

(a) 坝顶裂缝

(b) 防浪墙裂缝

图 2.4　土石坝坝顶检查

(2) 迎水坡护面或护坡是否损坏；有无裂缝、剥落、滑动、隆起、塌坑、冲刷或植物滋生等现象；近坝水面有无冒泡、变浑、漩涡和冬季不冻等异常现象。块石护坡有无块石翻起、松动、塌陷、垫层流失、架空或风化变质等损坏现象。

(3) 混凝土面板堆石坝面板之间接缝的开合情况，以及缝间止水设施的工作状况；面板表面有无不均匀沉陷，面板和趾板接触处沉降、错动、张开情况；混凝土面板有无破损、裂缝，表面裂缝出现的位置、规模、延伸方向及变化情况；面板有无溶蚀或水流侵蚀现象。

(4) 背水坡及坝趾有无裂缝、剥落、滑动、隆起、塌坑、雨淋沟、散浸、积雪不均匀融化、冒水、渗水坑、流土和管涌等现象；表面排水系统是否通畅，有无裂缝或损坏，沟内有无垃圾、泥沙淤积或长草等情况；草皮护坡植被是否完好；有无兽洞、蚁穴等隐患；

滤水坝趾、减压井（或沟）等导渗降压设施有无异常或破坏现象；排水反滤设施是否堵塞和排水不畅，渗水有无骤增骤减和发生浑浊现象。

2.2.2.2　坝基和坝区检查

坝基和坝区检查应包括以下各项：

（1）坝基、岸坡排水设施的工况是否正常［图2.5（a）］；渗漏水的水量、颜色、气味及浑浊度、酸碱度、温度有无变化；基础廊道是否有裂缝、渗水等现象。

（2）坝体与岸坡连接处有无错动、开裂及渗水等情况；两岸坝端连接段有无裂缝、滑动、崩塌、溶蚀、隆起、异常渗水、蚁穴和兽洞等。

（3）坝趾近区有无阴湿、渗水、管涌、流土或隆起等现象；排水设施是否完好。

（4）坝端岸坡有无裂缝、塌滑迹象；护坡有无隆起、塌陷［图2.5（b）］或其他损坏情况；下游岸坡地下水露头及绕坝渗流是否正常。

（5）有条件时应检查上游铺盖有无裂缝、塌坑。

（a）排水沟断裂

（b）坝端护坡塌陷

图2.5　土石坝岸坡排水设施和坝端护坡检查

2.3　混凝土坝巡视检查

根据国际和中国大坝委员会统计，在坝高60m以上的大坝中，混凝土坝占总数的58%～73%，且大坝越高，混凝土坝所占比例越大，拱坝尤其如此。根据电力部门第一轮对96座大坝的定期检查结果，对混凝土坝病害问题进行了统计，见表2.4。这些病害是否存在、程度如何是混凝土坝巡视检查的重点。

表2.4　　混凝土坝常见病害统计表

序号	隐　患　或　病　险	数量/座	比例/%
1	防洪标准低，不满足现行规范的规定，部分大坝在运行中曾发生洪水漫顶事故，造成巨大损失	38	39.6

续表

序号	隐 患 或 病 险	数量/座	比例/%
2	坝基存在重大隐患，断层、破碎带和软弱夹层未做处理或处理效果差，部分大坝在运行中发生局部性态恶化，使大坝的抗滑安全度明显降低	14	14.6
3	坝体稳定安全系数偏低，不满足现行规范的规定	5	5.2
4	结构强度不满足要求，坝基、坝体在设计荷载组合下出现超过允许的拉、压应力	10	10.4
5	坝体裂缝破坏大坝的整体性和耐久性，部分裂缝贯穿上下游，渗漏严重，部分裂缝规模大且所在部位重要，已影响到大坝的强度和稳定	70	72.9
6	坝基扬压力或坝体浸润线偏高，坝基或坝体渗漏量偏大，部分坝体析出大量钙质（溶蚀）	32	33.3
7	泄洪建筑物磨损、空蚀损坏严重，部分大坝的坝后冲刷坑已影响到坝体的稳定	23	24
8	混凝土强度低，混凝土遭受冻融破坏严重，表层混凝土剥蚀或碳化较深，部分大坝在泄洪时溢流面发生大面积混凝土被冲毁事故	10	10.4
9	近坝区上下游边坡不稳定，有的曾发生较大规模的滑坡	10	10.4
10	水库淤积严重	10	10.4
11	水工闸门和启闭设备存在重大缺陷，部分已不能正常挡水和启闭运行，影响安全度汛	27	28.1
12	大坝安全监测设施陈旧、损坏严重，测值精度低、可靠性差，部分大坝缺少必要的监测项目和设施		>80

由表 2.4 可知，除防洪标准偏低以外，裂缝、溶蚀、冻融与温度疲劳及日照碳化等是混凝土坝的主要病害。混凝土坝工程的结构隐患主要包括开裂、混凝土老化、表面缺陷、位移（错位、不均匀位移）、渗漏和渗流、维修养护问题（排水、植被、废弃物、接缝的状况、以前的维修、环境状况）等。

2.3.1 检查范围

混凝土坝的检查范围包括混凝土坝的坝体、坝基及坝肩、坝区、输泄水洞（管）、溢洪道、工程结合部、闸门及金属结构、监测设施、工程管理和保护范围、水体水质、与坝的安全有直接关系的输泄水建筑物和设备，以及对混凝土坝安全有重大影响的近坝库岸。

每次巡视检查均应按巡视检查规程进行现场记录（表 2.5），宜附有略图、素描或照片及影像资料等，并将检查结果与上次或历次检查结果对比、分析。如有必要，可采用坑（槽）探挖、钻孔取样或孔内电视、注水或抽水试验、化学试剂测试、水下检查或水下电视摄像、超声波探测及锈蚀检测、材质化验或强度检测等特殊方法进行检查。

表 2.5　　混凝土坝现场检查表

日期：　　库水位：　　当日降雨量：　　下游水位：　　天气：

项目（部位）		检查情况	检查人员	备注
坝体	坝顶			
	上游面			
	下游面			
	廊道			
	排水系统			

续表

项目（部位）		检查情况	检查人员	备注
坝基及坝肩	坝基			
	两岸坝段			
	坝趾			
	廊道			
	排水系统			
输泄水洞（管）	进水塔（竖井）			
	洞（管）身			
	出口			
	下游渠道			
	工作桥			
溢洪道	进水段			
	控制段			
	泄水槽			
	消能设施			
	下游河床及岸坡			
	工作桥			
闸门及金属结构	闸门			
	启闭设施			
	其他金属结构			
	电气设备			
监测设施	监测仪器设备			
	传输线缆			
	通信设施			
	防雷设施			
	供电设施			
	保护设施			
近坝库岸	库区水面			
	岸坡			
	高边坡			
	滑坡体			
电　站				

续表

项目（部位）		检查情况	检查人员	备注
管理与保障设施	预警设施			
	备用电源			
	照明与应急照明设施			
	对外通信与应急通信设施			
	对外交通与应急交通工具			
其　他				

2.3.2　坝体、坝基和坝肩检查项目和内容

2.3.2.1　坝体检查

坝体检查应包括以下各项：

（1）坝顶：坝面及防浪墙裂缝、错动；相邻两坝段间的错动；伸缩缝开合情况、止水破坏或失效；门机轨道错动等。

（2）上、下游面：伸缩缝开合［图 2.6（a）］、错动、渗水；裂缝、析钙；膨胀；冻融破坏；疏松、脱落、剥蚀；露筋；渗漏［图 2.6（b）］；溶蚀；杂草生长等。

（a）大坝周边缝铜止水断开

（b）下游坝面渗漏

图 2.6　混凝土坝上、下游面检查

（3）溢流面及闸墩：除上、下游面检查内容外，还需检查冲蚀、磨损、空蚀等。

（4）廊道：裂缝、渗漏、析钙；剥蚀；伸缩缝开合、错动、渗水等。

（5）坝身排水系统：排水畅通情况；排水量变化；渗水浑浊度、水质、析出物等。

（6）其他异常现象。

2.3.2.2　坝基和坝肩的检查

坝基及坝肩检查项目应包括以下各项：

（1）两岸坝肩区：渗漏；开裂、滑坡、沉陷等。

（2）下游坝趾：集中渗漏［图 2.7（a）］、渗水量变化、渗水水质；管涌；沉陷；坝

基冲刷、淘刷［图2.7（b）］等。

（a）坝基渗漏

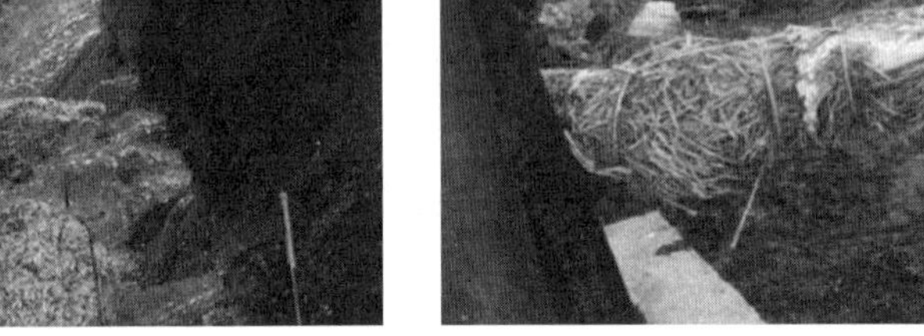

（b）下游河床冲刷、淘刷

图2.7　混凝土坝坝基及下游检查

（3）坝体与岸坡交接处：坝体与岩体接合处错动、脱离；渗水等。

（4）灌浆及基础排水廊道：排水畅通情况；排水量变化；渗水浑浊度、水质、析出物；结构裂缝、渗漏，伸缩缝错动；基础岩石挤压、松动、鼓出、错动等。

（5）其他异常现象。

2.4　大坝常见病害的检测方法

大坝病害的检测方式包括有损的检测（如钻芯取样）和无损检测。无损检测不会对坝体结构产生破坏，具有明显的优势。以下介绍几种常用的大坝结构病害检测方法。

2.4.1　大坝渗漏检测方法

2.4.1.1　瞬变电磁法

瞬变电磁法又称为时间域电磁法（transient electro - magnetic sounding，or time domain electro - magnetic sounding，TEM）。在一个测站，利用不同时间检测不同深度地层的电导率，当某处电导率出现异常值时，则认为该处存在缺陷。TEM系统由发射机、发射天线（线圈）、接收天线（线圈）、接收机和微机信号采集处理系统组成，如图2.8所示。没有插入地下的部件，可由人工在堤坝顶迅速移动，也可安装在车上进行普查。TEM属于无损检测，具有高分辨率、高灵敏度、操作简便和检测速度快等优点。

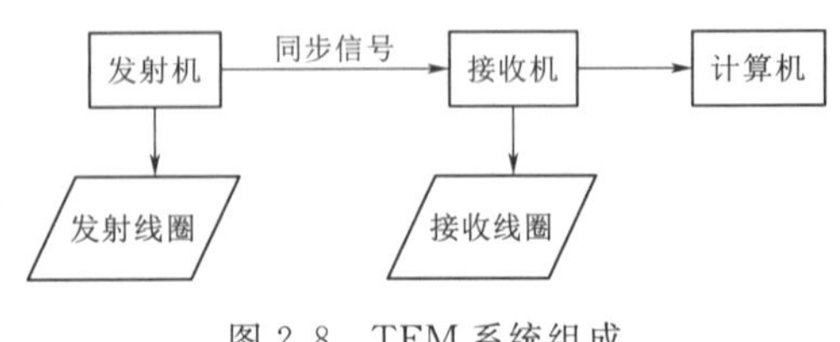

图2.8　TEM系统组成

TEM系统工作过程如下：将发射天线和接收天线置于同一平面内，两天线中心连线应与测线重合。开机后，发射天线内有稳定电流流动，并保持一定时间，在大地半空间内形成一个磁场。依据法拉第定律，发射天线电流急剧下降造成原磁场快速减弱，从而会在周围的导体内产生感生电动势。感生电动势的大小与原磁场强度随时间的变化率成正比。二次磁场向上、下两个方向传送。二次磁场向上传送到地面，在接收天线内产生信号电流，其强度与二次磁场强度的时间变化率成比例。信号电流经接收机处理后，送入模拟/数字转换器（A/D），其输出的数字信号送到计算机存储，从而完成一次采样。下一地层产生第二个涡流，由此产生第二个二次磁场，此二次磁场信号比第一个二次磁场信号到达地面晚 Δt。接收系统完成第一次采样后延时 Δt 进行第二次采样，从而获得第二地层的信息。上述过程自动重复进行，直至达到预定采样次数为止，即达到预定检测深度。至此，完成一个测点的检测，获得了该测点由地面到预定深度分层地层的电磁特性。

按照水平位置分辨率的要求，将天线移至下一个测点，进行第二个测点检测。如此重复，直至完成一条测线上全部测点的检测。由计算机将检测结果绘制在二、三维图像或剖面图像上，就能获得该测线的地层垂直剖面内视电阻率分布图，由此判断出异常区的电磁特性差异、形状大小、水平位置和深度。图 2.9 为某水库瞬变电磁感应电压曲线和视电阻率图。

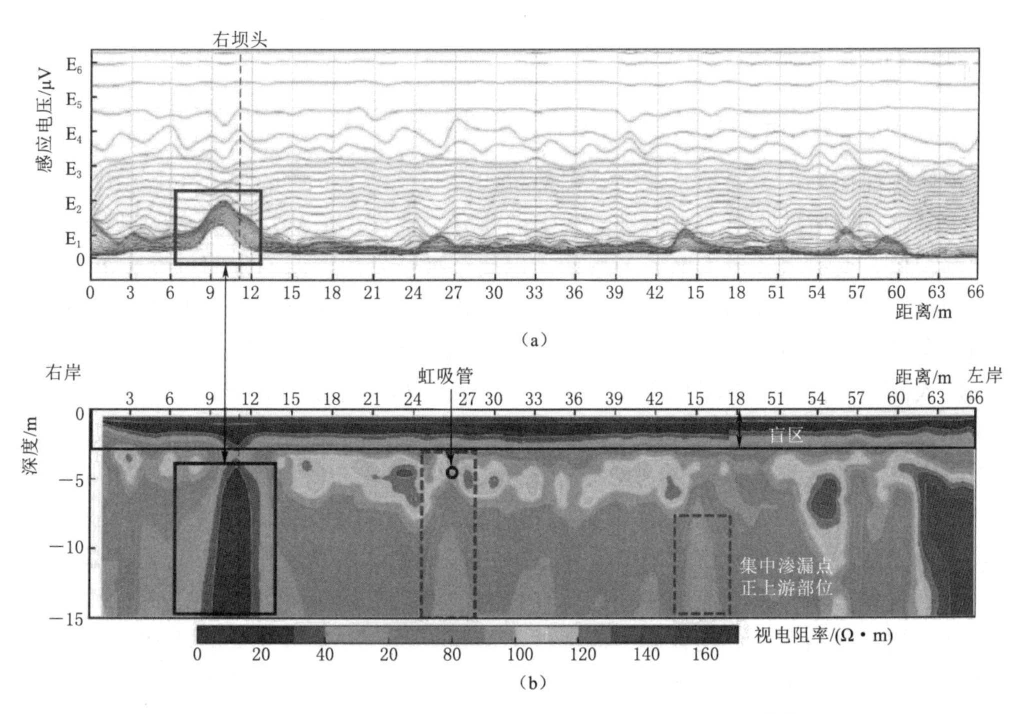

图 2.9 某水库瞬变电磁感应电压曲线和视电阻率图[26]

在堤防或土坝的坝顶、前坡马道、后坡马道及坝趾等处，平行于坝轴布置若干条测线，即可得到相应的剖面图。由几个剖面图中地质异常及其位置的相关关系，即可判断是否存在渗漏及渗漏通道的位置。

TEM 系统的组成有两种方式：大天线系统和小天线系统。当需要检测较深目标时，采用大天线系统，一般采用大发射天线和小接收天线，大发射天线的尺寸可以是 10m×30m 或更大。当需要检测堤防、矮坝等浅层目标时，需要采用小天线系统，即发射天线和接收天线均采用小天线，通常天线直径不超过 1m。采用大发射天线系统时，测线应在距离天线导线 3m 以上的位置，因为天线中心位置处的一次磁场是比较均匀的。如果在不均匀的一次磁场处进行测量，将产生较大的人为误差。

2.4.1.2　探地雷达法

探地雷达（ground penetrating radar，GPR）法又称地质雷达，是用频率介于10^6～10^9Hz 的无线电波反射原理确定地下介质分布的方法。

如图 2.10 所示，探地雷达法的工作原理如下：发射天线向地下发射高频电磁波，电磁波在地下介质传播过程中遇到存在电性差异的界面时发生反射，通过接收天线接收反射回地面的电磁波，根据接收到反射电磁波的波形、振幅强度和随时间的变化特征推断地下介质的空间位置、结构、形态和埋藏深度。

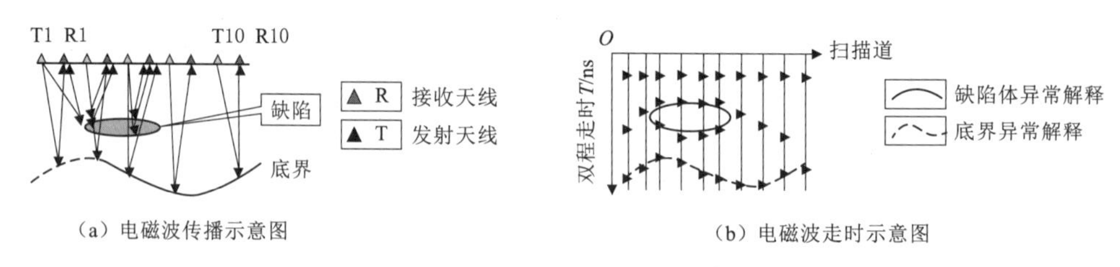

（a）电磁波传播示意图　　（b）电磁波走时示意图

图 2.10　探地雷达法的工作原理[27]

在坝体渗漏探测中，渗透水流使渗漏部位或浸润线以下介质的相对介电常数增大，与未发生渗漏部位介质的相对介电常数有较大的差异，在探地雷达法检测结果剖面图上产生反射频率较低、反射振幅较大的特征影像，以此可推断发生渗漏的空间位置、范围和埋藏深度。如果大坝填料不均匀，存在较大孔穴或大块石料，探地雷达法检测结果剖面图上有明显的反向信号。探地雷达法不适用于堆石体检测，因为在堆石体内电磁波反射面太多，检测深度太浅，即使使用频率低于 100MHz 的天线，检测深度也只能达到 2～3m。

采用探地雷达法检测地层有两种检测方式：①定间距检测，发射天线与接收天线的间距不变，进行移动检测，从而得到隐患的反射波形；②变间距检测，也称共中心点检测（CMP），可进行电磁波速度分层，根据层间速度值，推算相对介电常数 K，从而推求含水量，这种方法对堤坝基础检测非常有用。采用探地雷达法检测的优点为检测数据直观、分辨率高、解释简单、检测速度快，因此在检测中得到广泛应用。

探地雷达法检测图形以反射脉冲波的波形形式记录，以波形或灰度显示探地雷达法检测结果剖面图。对探地雷达法检测资料的解读包括两部分内容：数据处理和图像解读。由于地下介质相当于一个复杂的滤波器，介质对波不同程度的吸收以及介质的不均匀性质，使得脉冲到达接收天线时，波幅减小，波形与原始发射波形有较大的差异。另外，不同程度的各种随机噪声干扰也影响检测波形。因此，必须对接收信号进行适当的处理，以改善接收信号的信噪比，为进一步解读提供清晰可辨的图像，识别现场检测中的目标体引起的图像异常现象，以便与其他仪器的检测结果图像进行对比解读。图 2.11 为某水库防渗墙探地雷达法检测结果。

采用探地雷达法不但可以检测堤坝内部存在的隐患，如渗漏区、空洞、松散未压实处等，也可检测堤坝内部浸润线及砂土特性，还可在水上检测水底砂土特性及构造、堤防崩

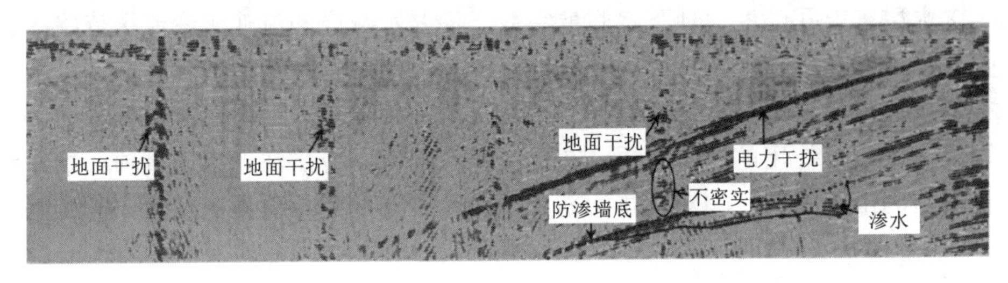

图 2.11 某水库防渗墙探地雷达法检测结果[28]

岸等。探地雷达法在堤坝上应用的主要限制因素是电磁波在含水土体中衰减大，特别是在饱和土中电磁波衰减更大，穿透深度很浅。当采用 200MHz 的天线进行探测时，电磁波在含水黏性土中的穿透深度仅为 2～3m。为了增加探地雷达法的检测深度，可以采用降低发射频率的方法，但也降低了位置分辨率。

2.4.1.3 红外成像检测技术

红外成像检测技术是利用微波和可见光之间频段（$3\times10^{11}\sim4.3\times10^{14}$ Hz）的电磁波，对目的物进行检测和成像的技术。红外成像技术初期多用于夜间军事活动，随着红外成像技术的发展，以及红外成像仪的不断改进，已经用于遥感技术及其他领域，如堤坝管涌和散浸检测、流感发热人群的检测、民用遥感技术等。

红外成像仪的成像原理和结构与数码照相机基本相同，不同点在于数码照相机的工作波段在可见光波段，红外成像仪的工作波段在红外线波段，因而两类仪器所采用的感光材料不同。红外成像仪在试验室内近距离可检测到小于 0.01℃的物体温差。特别是在夜间，当可见光成像不能实现时，红外线成像技术可以发挥独特的优点，获得清晰的图像。

物体的红外辐射能力受许多因素影响，可分为内在因素和外部影响两类。内在因素有物体的温度、比热辐射能力、热吸收能力、表面性质和含水量等。外部影响主要为气象因素，包括气温、日照、风速和湿度等。外部因素又可细分为两类：一类增加物体的能量，从而增加辐射能力；另一类则从物体中吸取能量，从而降低辐射能力。两类因素总是同时作用在物体上，成像效果是各种因素综合作用在目标物体的结果。在一年的各个季节，甚至每天的不同时刻，这些因素都在变化。在使用红外成像仪时，必须掌握这些条件的变化规律，使成像条件保持相对稳定，以便获得最佳成像效果。试验研究结果表明：红外成像技术不但可以检测到不同温度的地面景物，而且可以检测到 0～2m 深的地下水面对地面温度的影响，从而确定是否存在地下水面。

2.4.1.4 示踪法

示踪法是一种较广泛应用于渗流通道探测的方法。示踪法可细分为天然示踪法和人工示踪法。天然示踪法工作原理是通过测定渗漏水的温度、电导率、同位素等参数随季节或降雨的变化，分析区域渗流场，确定地下水的补给来源，以分析可能的集中渗漏通道。

一般而言，人工示踪法通过在孔中投入一定的示踪剂，在可疑地点采集水样，测定地下水流场。人工示踪法是渗流场测试的基本方法，其主要目的是测定局部（钻孔附近）流场，也可以通过一定数量的钻孔确定区域渗流场。人工地下水示踪可分为单孔示踪和多孔示踪两种方式。单孔示踪法可以测定渗漏流速、地下水流向和孔内垂直流等。多孔示踪法可以测定含水层有效孔隙度、地下水弥散系数、渗漏水流向和流速、渗流场范围等。

根据检测目的和工程现场情况，可以从多种示踪剂中选择适当的示踪剂。可供选择示踪剂有染料或盐等化学材料、悬浮颗粒、不溶气体、细菌和放射性同位素等，其中染料和放射性同位素是最常使用的两类物质。在选择示踪剂时，应当注意以下事项：①高稀释度情况下仍能检测出示踪剂；②对环境污染小；③半衰期短的放射性同位素；④检测技术容易实现。

水在土壤中的运动通常用染料或盐等化学物质进行示踪探测。虽然染料的流速低于水的流速，但是它们仍然特别适合用于探测水流路径。

染料主要分为荧光染料和非荧光染料。荧光染料适合于测井之间或渠道内水流测量，因为在低浓度情况下它们仍然容易被探测到，即使在夜间，同样可以探测到。荧光染料的缺点是在酸性土壤中容易失色。而多数非荧光染料不受这种限制。非荧光染料有多种形式：直接型、基本型、消散型和酸性。直接型染料容易被土壤吸收，基本型染料满足阳离子交换场合和水较少的场合，消散型和酸性染料被土壤吸收较少。

人工示踪法常用的另一类示踪剂是放射性同位素。不稳定同位素在衰变为稳定同位素过程中会放射出 α、β 和 γ 射线中的一种或几种。放射性物质的衰变过程是自发的，不受外界因素的影响。利用放射性同位素作示踪剂的工作原理是探测放射性物质的存在。目前采用放射性同位素探测渗漏有两种技术：示踪法和吸附法。

（1）放射性同位素示踪法。在水利水电工程中使用的放射性示踪剂多数发射气体离子。如果严格限制最大用量，并使用短半衰期同位素，就可减少对人体的损害和对环境的污染。最常用的放射性同位素是溴-82（^{82}Br）和碘-131（^{131}I）。与其他示踪剂相比，放射性示踪剂的优点是可以以阳离子的形式存在，以减少被土壤吸附的可能性，减少用量。图 2.12 为同位素及天然示踪检测龙羊峡大坝渗流场的示意图。

（2）放射性同位素吸附法。这种方法特别适合于水库渗漏检测，其优点是不需要为投放示踪剂而专门钻孔。操作方法是，将金属性的放射性同位素溶解于酸中，加水稀释，制成含放射性正离子的放射性同位素示踪剂。工作人员在船上，将示踪剂均匀喷射到可能存在渗漏的区域，溶液中的正离子在水中自由扩散，形成一层放射性云状物，这些放射性云状物慢慢沉降在库底。如果该检测范围内水库没有渗漏，库底各处吸附的放射性同位素浓度基本相同。当某处存在渗漏入口时，较多的水流流入渗漏入口，入口处的土体比正常部位土体吸附更多的放射性同位素，因而该处的核辐射强度高于周围区域的辐射强度。渗漏越严重的区域，被吸附的放射性同位素越多，核辐射强度越高。用核辐射探测器在库底进行逐点扫描，当探测出某处放射性较强时，就可判断该处为渗漏入口。

与示踪法相反，吸附法需要选用容易被土壤吸附的放射性同位素作示踪剂，如医用同位素镱-169（^{169}Yb），镱-169 是一种低能量、无毒、半衰期（31d）适中且辐射谱线（30～300keV）丰富的放射性同位素。使用时，将库底面积用量控制在 50 微居里（μci）/m^2，则不会对水质和鱼类造成污染。

在流动的水中，此方法需要太多的放射性同位素，价格昂贵，不适用。在相对静止的水中，如水库，此方法应用效果显著。

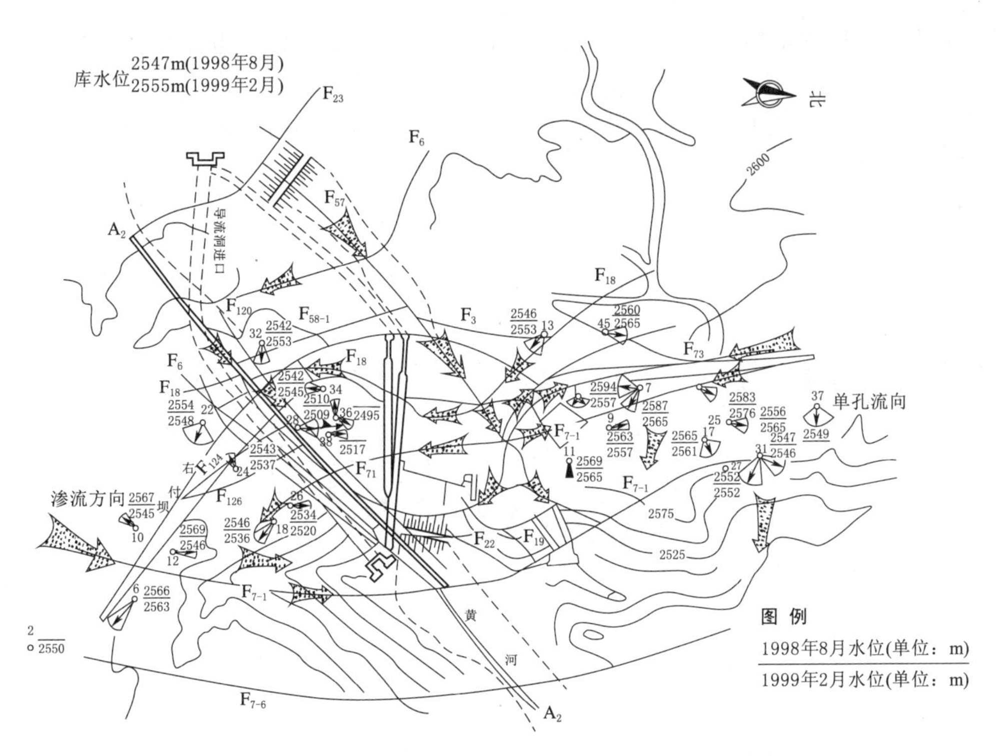

图 2.12 同位素及天然示踪检测龙羊峡大坝渗流场[29]

2.4.1.5 高密度电法

高密度电法是近年来在传统电阻率法基础上发展起来的新技术，由于高密度电法采用了由计算机控制的分布式多电极系统和高供电电压，大大地提高了仪器的分辨率、抗干扰能力、自动化数据采集与处理成像能力。因此，高密度电法已成为电法测试的主流，在国内外堤防和土坝隐患探测方面得到较普遍应用。

高密度电法与传统电阻率法在仪器结构上的区别在于前者采用多电极系统、自动数据采集系统和资料处理系统。常规的电法检测通常情况下只采用两只测量电极，由人工进行电极的排列，测点稀疏，提供的地电断面结构特征的地质信息较为贫乏，难以获得地电断面的结构与分布，无法对结果进行统计处理和对比解释。而高密度电法在两个供电电极之间布置多个测量电极，通常采用 56 个测量电极，部分系统的测量电极可多达 256 个，供电电压高达 800V，采用高供电电压可以有效地提高信噪比。理论上讲，电极数还可以继续增加，但增加电极数必须增加供电电压，而在现场使用时，过高的供电电压可能产生安全问题。高密度电法仪器通常包括 4 部分：发射机、接收机、控制计算机和电极电缆系统。发射机、接收机、控制计算机安装在同一台主机里。

不同介质具有不同的电阻率。即使同一种介质，由于土工特性或结构等不同，也具有不同的电阻率。高密度电法假定被测对象为均匀半空间，被测介质为各向同性的均质体。介质视电阻率通过式（2.1）进行计算。

$$\rho = k\,\frac{\Delta U}{I} \tag{2.1}$$

式中：ρ 为岩土的视电阻率，$\Omega\cdot m$；ΔU 为电位差，V；I 为供电电流强度，A；k 为装置系数（与电极布置方式和电极距有关）。

如果被检测大坝为均质土坝，而且大坝内部没有其他结构物和缺陷，检测结果的剖面图上各部分所表示的电阻率应该是相同的；如果被检测大坝存在其他结构物或缺陷，在检测结果的剖面图上相应部位的电阻率与其他正常部位存在差异，显示为不同颜色或灰度，如图 2.13 所示。

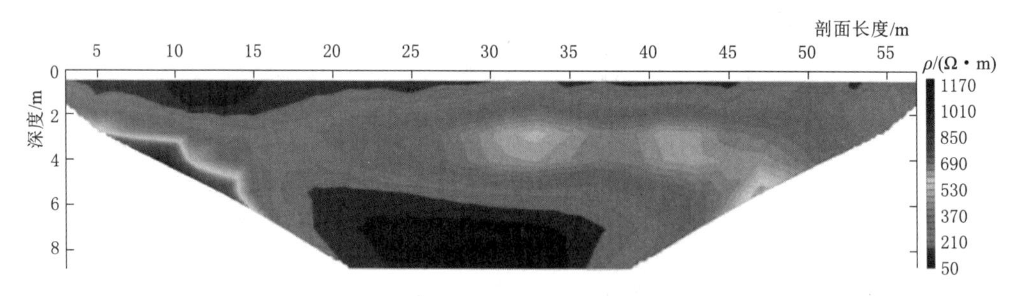

图 2.13 用高密度电法探测大坝的等值线云图[25]

2.4.1.6 水下摄像检测技术

水下摄像检测技术是一种先进、实用、直观的探测技术，属光、机、电一体化的科学技术，可以有效地发现大坝坝体和坝基的渗流、溶蚀等病害。水下摄像检测系统如图 2.14 所示，包括摄像探头、控制器、传输电缆、深度装置、摄像处理装置、绞车和绞架等。

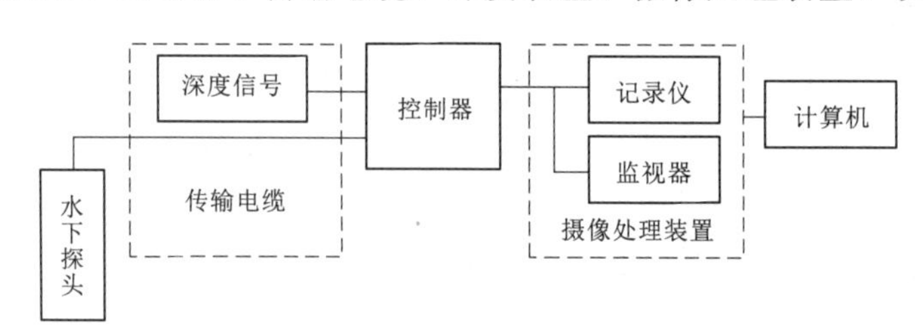

图 2.14 水下摄像检测系统框图

其主要部位的主要功能如下：

（1）摄像探头，即水下探头，是圆柱形仪器，包括用于拍摄整个钻孔周壁情况的倒锥形镜、CCD 摄像机、照明灯、聚焦驱动器、方位仪和倾斜仪，用升降机将其插入钻孔中。探头采用高压密封技术，具有较强的防水功能，可以抵抗 10MPa 的水压力，能深入水下 200m 作业。传感器顶端的倒锥形镜安装在摄像机的前面，摄像机镜头朝下，对着倒锥形镜部分，将玻璃圆柱体的底部雕刻成一圆锥体，并且用铝将其覆盖，这样就形成了倒锥形镜。

（2）传输电缆和深度装置，将摄像机拍摄到的高频影像信号传送到地面上的摄像处理装置中。升降机安装在钻孔孔口附近，它能通过控制器的操作使摄像传感器上升和下降，摄像传感器的上升和下降速度能达 100mm/s。

（3）摄像处理装置，正确地将由倒锥形镜捕捉到的圆锥形影像展开，将通过传感线传

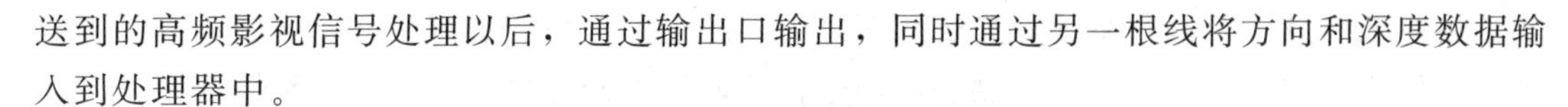

送到的高频影视信号处理以后，通过输出口输出，同时通过另一根线将方向和深度数据输入到处理器中。

（4）控制装置，即控制器，控制摄像传感器的上升和下降，调整照明灯的亮度，对摄像聚焦点进行微调。

（5）计算机及其影像显示，将上述摄像的信息通过计算机显示。钻孔周壁的展开影像有两种选择：一种是“连续影像”，即在整个深度方向上能获得连续的展开影像；而另一种是“高清晰度影像”，在整个深度方向上以 2cm 的间隔将钻孔周壁放大并显示。前者是一幅静止图像，而后者是一幅活动的图像，并且在任何时候都能从一个画面转换到另一个画面。

水下摄像的工作原理是水下电视通过安装于摄像探头前部的 CCD 摄像机，拍摄钻孔内混凝土缺陷和病害的情况；探头所处深度由深度装置控制，该深度值转化为数字量后再进行编码，并与 CCD 摄像机拍摄的视频图像信号同步进入动态字符叠加器中；该字符叠加器将深度数值与视频信号叠加后，以视频信号方式输出到摄像机中，进行同步监视和记录。其特点是探测结果清晰直观，由于 CCD 摄像机安装于探头前部，这样的观测具有一定的空间效果，符合人眼观察习惯，显示更直观。该设备体积小，重量轻，携带方便，操作简单，只需进行简单连接便可以直接使用。

2.4.2 混凝土裂缝和内部缺陷检测方法

2.4.2.1 裂缝开度检测

裂缝的开度实际上就是裂缝的物理宽度。裂缝的宽度一般是指裂缝最大宽度与最小宽度的平均值。本书中裂缝最大宽度和最小宽度分别指裂缝长度的 10%～15% 范围内，较宽区段及较窄区段的平均宽度。裂缝宽度一般可用混凝土裂缝测定卡尺、刻度放大镜（20倍）、量隙尺（塞尺）等测定；也可贴跨缝应变片，根据应变测值了解裂缝在短时间内宽度的微小变化及其活动性质。

2.4.2.2 裂缝深度检测

1. 一般规定

（1）根据现场条件，检测混凝土的裂缝深度可选择跨孔声波法、声波双面对测法或声波单面平测法。

（2）所检测裂缝应具有一定的张开度，且未做注浆处理。

（3）使用声波单面平测法时，裂缝内应无积水或泥浆；当混凝土内钢筋密集时，应分析钢筋的影响。

2. 方法选择

（1）检测混凝土的裂缝深度首选跨孔声波法。跨孔声波法是指在混凝土的一个钻孔内发射声波，在相邻的另一个钻孔内接收声波信号，提取透射声波的初至时间和首波幅度、频率等信息，通过分析计算确定两孔之间混凝土的声速、裂缝深度，或判定混凝土缺陷的一种检测方法。当检测部位或检测目标体附近无可利用的检测面时，可采用本方法。其检测示意图见图 2.15。

（2）若具有两个检测面，宜选择声波双面对测法。声波双面对测法是指在混凝土的一个表面发射声波，在相对的另一个表面接收声波信号，提取透射声波的初至时间和首波幅度、频率等信息，通过分析计算确定两面之间混凝土的声速、裂缝深度，或判定混凝土缺陷的一种检测方法。声波双面对测法适用于检测两平面间混凝土的声速、裂缝深度、内部缺陷和结合面质量，其检测示意图见图2.16。

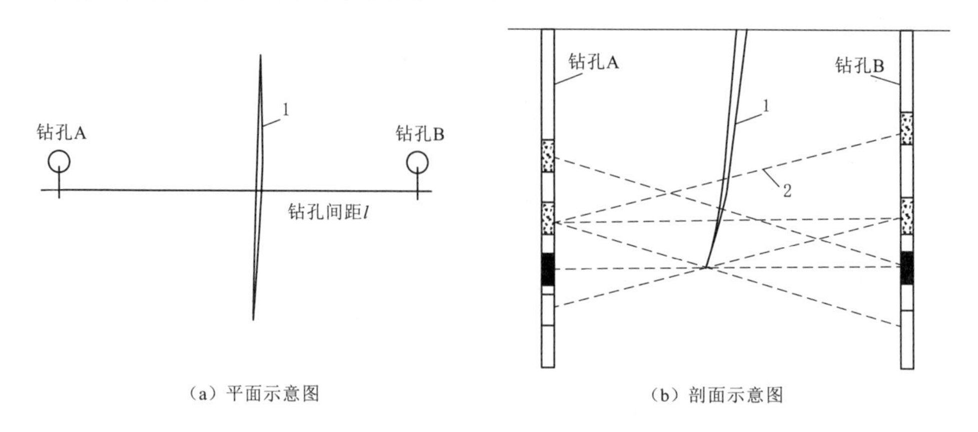

图2.15 跨孔声波法检测裂缝示意图

1—裂缝；2—声波射线

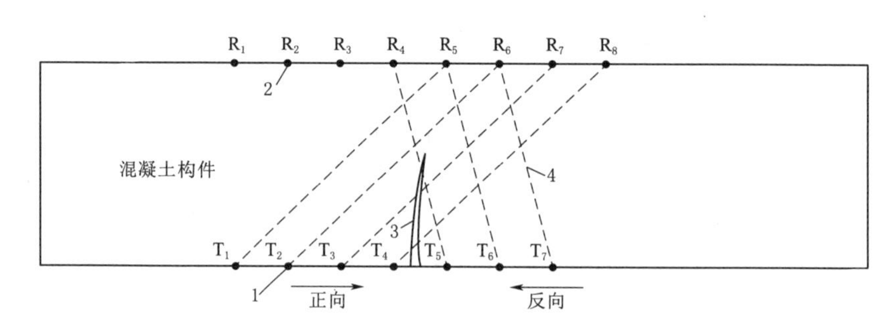

图2.16 声波双面对测法检测裂缝示意图

1—发射换能器；2—接收换能器；3—裂缝；4—声波射线

(3) 若检测部位仅有单面可供检测，可选用声波单面平测法。声波单面平测法是指在混凝土表面发射声波，在同一表面接收声波信号，提取声波的初至时间和首波幅度、频率、相位等信息，通过分析计算确定表面混凝土的声速、浅裂缝的深度或损伤层的厚度，或判定混凝土缺陷的一种检测方法。声波单面平测法适用于检测混凝土的声速、浅裂缝深度与损伤层厚度，且仅适用于检测深度不大于500mm的裂缝，其检测示意图见图2.17。

3. 资料整理

(1) 跨孔声波法资料整理。绘制声波射线分布图和声波波列图，波列图中的声幅应为归一化值。读取各声波射线的首波幅值，绘制声幅-深度曲线，结合波列图形态特征，将首波声幅剧增的声波射线确定为通过裂缝末端的射线。根据等深度同步检测和正向、反向移动斜同步检测结果，确定裂缝末端射线的交会点，即为裂缝的末端位置。该交会点与表面裂缝的连线为裂缝的延伸方向，该交会点的深度为该裂缝的深度。若无法确定裂缝末端射线，则所检测的裂缝深度可能大于钻孔深度，应加深钻孔后补充检测，直至确定裂缝末

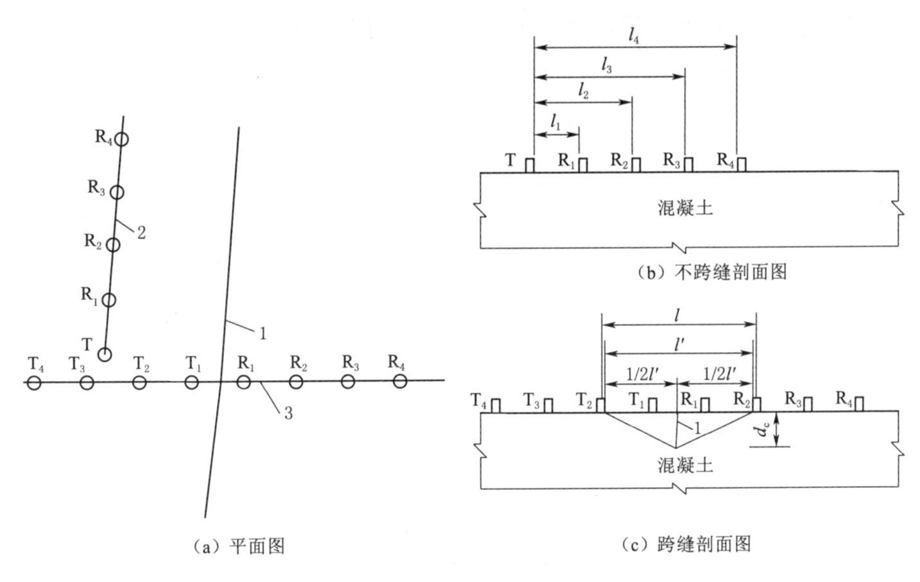

（a）平面图

（b）不跨缝剖面图

（c）跨缝剖面图

图 2.17　声波单面平测法检测裂缝示意图

1—裂缝；2—不跨缝测线；3—跨缝测线；d_c—裂缝深度

端射线。若布置比较孔，将比较孔的各测点首波幅值绘制在跨缝检测的声幅-深度曲线图中。若其首波幅值普遍大于跨缝检测首波幅值，则检测深度小于裂缝深度；若其首波幅值与跨缝检测首波幅值大致相同，则判断裂缝微小或已被填充。跨孔声波法检测裂缝深度的误差应不大于测点间距的 2 倍。

（2）声波双面对测法资料整理。绘制声波射线分布图和声波波列图，波列图中的声幅应为归一化值。读取各条声波射线的首波幅值，绘制声幅-测点（深度）曲线，结合波列图形态特征分析，将首波声幅剧增的声波射线确定为通过裂缝末端的射线。根据正向和反向移动斜同步交会检测所确定的裂缝末端射线的交会点，即为裂缝的末端位置。该交会点与表面裂缝的连线为裂缝的延伸方向，该交会点距裂缝出露表面的距离为该裂缝的深度。

（3）声波单面平测法资料整理。利用声波单面平测法检测混凝土的声速时，应绘制声时-距离散点图（图 2.18），利用拟合法或回归分析法求取折线段的斜率，或按式（2.2）计算混凝土的声速。

$$v_p=\frac{\Delta l}{\Delta t}\times 10^4 \tag{2.2}$$

式中：v_p 为混凝土声速，m/s；Δl 为距离差值，cm；Δt 为声时差值，μs。

测量各测点发射换能器与接收换能器之间内边缘的间距，根据式（2.3）计算不跨缝测点的声波实际传播距离，见图 2.19。

$$L_i=L'+|a| \tag{2.3}$$

式中：L_i 为第 i 测点的声波实际传播距离，cm；L'为第 i 测点的发射换能器与接收换能器之间的内边缘间距，cm；a 为图 2.19 中 L'轴的截距或回归直线方程的常数项，cm。

读取跨缝测线各测点的声时，由式（2.4）计算混凝土的裂缝深度：

$$d_{ci}=\frac{1}{2}\sqrt{(v_p t_i\times 10^{-4})^2-L_i^2} \tag{2.4}$$

式中：d_{ci}为第i测点计算的裂缝深度，cm；t_i为跨缝第i测点声时，μs。

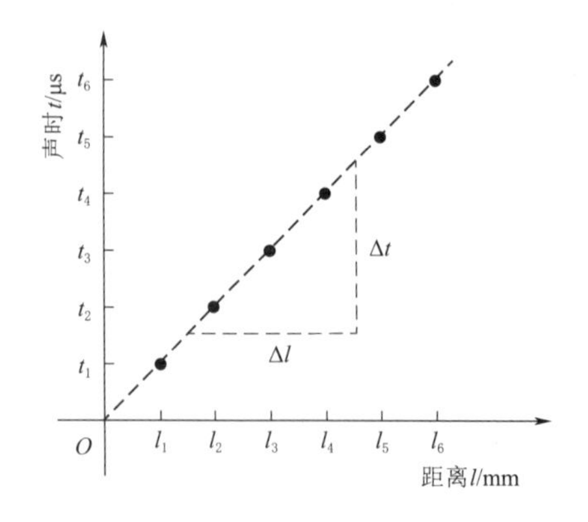

图 2.18　声波单面平测法求取声速分析计算图

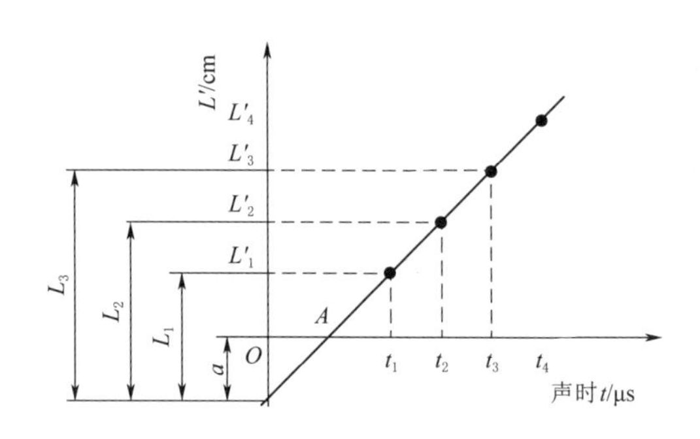

图 2.19　声波单面平测法分析计算图

裂缝深度确定方法：①当某跨缝测点首波相位反相时，应取该测点及两个相邻测点的计算裂缝深度平均值作为该测线所在位置裂缝的深度；②若跨缝测点未发现首波相位反相，应计算各不同测距的裂缝深度d_{ci}和平均值m_{dc}，将各测距L_i与裂缝深度平均值m_{dc}相比较，剔除满足$L_i<m_{dc}$或$L_i>3m_{dc}$条件的所有跨缝测点，然后取余下测点的计算裂缝深度的平均值作为该测线所在位置的裂缝深度；③比较测线上各条跨缝测线所检测的裂缝深度，取其中的最大值作为该裂缝的深度代表值。

2.4.2.3　内部缺陷检测技术

混凝土声波层析技术从人体层析成像技术发展而来，人体层析成像技术一般称为CT（computerized tomography），即计算机层析成像。混凝土声波层析成像（acoustic tomography）的原理是利用声波在坝内部传播过程中，波动参数纵波波速及纵波衰减系数产生变化，得出波动参数在混凝土坝内部的分布状态，从而检测混凝土坝内部结构与存在的缺陷。该项技术于20世纪80年代起源于意大利。

具体成像方法是：在坝上游面布置若干个声波发射点，在下游面布置若干个接收点，反之亦可。在每个发射点发射信号时，各接收点均能接收到信号，依次在各发射点发射声波，各条射线在发射点到每个接收点之间的走时及振幅的变化是不同的。通过层析计算分析，便可得出大坝检测断面上的声波波速及衰减值分布图。由于混凝土存在不均匀性，特别是当存在隐患时就更不均匀，这些不均匀处会产生声波的衍射现象。射线在传播过程中不是直线传播而是以曲线方式传播，因此成像质量受到很大影响。为了提高成像质量，在计算中应用了射线追踪技术。

由中国水利水电科学研究院研制的声波层析检测仪包括两部分：发射系统及接收系统。发射系统水上部分采用锤击式震源，水下部分采用电火花震源。水下发射系统由声波发射头、电火花震源、高压电缆及起吊装置等组成。电火花震源电压为6～7.5kV可调，发射功率为1～2kJ可调，发射主频约为2kHz，发射角为80°，水下工作深度大于60m。接收系统由加速度计、前置放大器（频率范围：100～7000Hz）及地震波接收仪组成，最大接收距离为100m。

现场检测时，一般选择大坝横断面，也可选坝的纵剖面，在选择纵剖面时需要在被检测区域两端钻孔。当进行大坝横断面检测时，通常在大坝的上游面放置发射探头，从水下1m开始检测，逐渐向坝底方向移动，发射点间距为1.5～2m，直到坝底。为了提高信噪比，可在同一发射点重复发射5～6次。在坝下游面布置加速度传感器作为拾振器，拾振器布置的间距与震源发射点间距相同。一次检测可同时布置32个拾振器。待全剖面检测结束后，进行层析计算和成像处理。

混凝土声波层析检测仪可对混凝土坝内部的混凝土特性进行全面检测，检测被测断面内部特性参数分布情况、缺陷的位置及其性态。此外，可根据v_p值推算混凝土弹性模量及强度，根据弹性模量可以估算坝的应力状态及变形情况。

2.4.3 混凝土的强度和碳化检测方法

2.4.3.1 回弹法检测混凝土抗压强度

回弹法是检测混凝土强度的一种无损检测方法。由于它根据表面硬度推测混凝土的强度，因此，其检测范围应限于内外均质的混凝土。回弹法检测推定的是构件测定区在相应龄期时的抗压强度，以边长为15cm的混凝土立方体试件抗压强度表示。

目前水利水电行业尚无此项检测规程，《水工混凝土试验规程》（DL/T 5150—2017）及《回弹法检测混凝土抗压强度技术规程》（JGJ/T 23—2011）是最新标推，也是目前检测的主要依据。《水工混凝土试验规程》（DL/T 5150—2017）规定，采用回弹法检测混凝土抗压强度，适用于强度等级为C10～C40的混凝土。

测定回弹值的仪器，应采用符合《回弹仪》（GB/T 9138—2015）规定的指针直读式或数字式回弹仪。回弹仪按标称动能分为：①中型回弹仪，标称动能为2.2J，适用于强度等级为C10～C60、骨料最大粒径不大于60mm的混凝土；②高强回弹仪，标称动能为4.5J和5.5J，适用于强度等级为C50～C100、骨料最大粒径不大于40mm的混凝土；③重型回弹仪，标称动能为29.4J，适用于强度等级为C10～C60、大体积混凝土或骨料最大粒径大于40mm的混凝土。

在被测混凝土结构上均匀布置测区，相邻两测区的间距不应大于2m，测区距混凝土结构的边缘不宜小于100mm；测区数不应少于10个；测区面积不宜大于0.04m^2。

使用中型回弹仪检测时，回弹测区宜选在构件混凝土的浇筑侧面，也可选混凝土的浇筑表面和底面；使用高强回弹仪、重型回弹仪检测时，回弹测区应布置在混凝土的浇筑侧面；检测泵送混凝土时，回弹测区也应布置在混凝土的浇筑侧面。

使用回弹仪检测混凝土强度应注意以下几点：每个测区应弹击16点；两测点间距不宜小于30mm；当一个测区有两个测面时，每一个测面弹击8点［图2.20（a）］，不具备两个测面的测区，可在一个测面上弹击16点［图2.20（b）］；回弹值测面要清洁、平整，测点应避开气孔或外露石子；一个测点只允许弹击一次；弹击时，回弹仪的轴线应垂直于结构或构件的混凝土表面，缓慢均匀施压，不宜用力过猛或突然冲击。

应从测区的16个回弹值中，舍弃3个最大值和3个最小值，将余下的10个回弹值按式（2.5）计算测区平均回弹值R_m。

$$R_m = \frac{\sum_{i=1}^{10} R_i}{10} \tag{2.5}$$

式中：R_m 为测区平均回弹值，精确至0.1；R_i 为第 i 个测点回弹值（$i=1,2,3,\cdots,n$）。

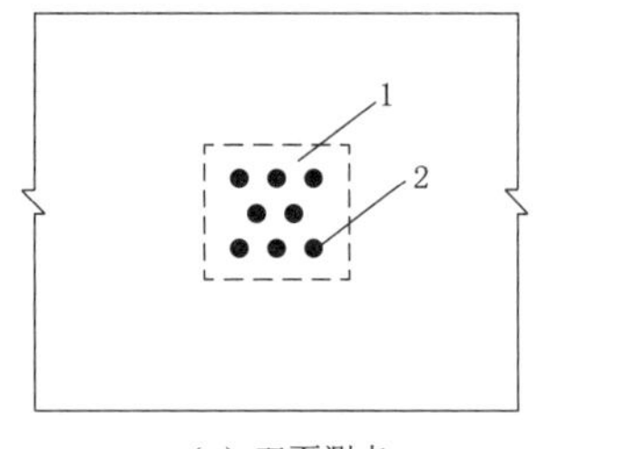

（a）双面测点

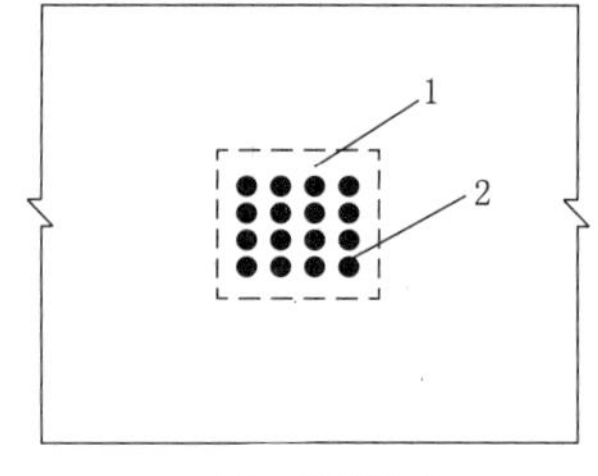

（b）单面测点

图2.20　回弹值测点布置示意图

1—测区；2—回弹值测点

非水平方向检测混凝土浇筑侧面时，测区的平均回弹值应按下式修正：

$$R_m = R_{m\alpha} + R_{a\alpha} \tag{2.6}$$

式中：$R_{m\alpha}$ 为非水平方向检测时测区的平均回弹值，精确至0.1；$R_{a\alpha}$ 为非水平方向检测时回弹值修正值，应按《回弹法检测混凝土抗压强度技术规程》（JGJ/T 23—2011）附录C取值。

水平方向检测混凝土浇筑表面或浇筑底面时，测区的平均回弹值应按式（2.7）和式（2.8）修正：

$$R_m = R_m^t + R_a^t \tag{2.7}$$

$$R_m = R_m^b + R_a^b \tag{2.8}$$

式中：R_m^t、R_m^b 为水平方向检测混凝土浇筑表面、底面时测区的平均回弹值，精确至0.1；R_a^t、R_a^b 为混凝土浇筑表面、底面回弹值的修正值，应按《回弹法检测混凝土抗压强度技术规程》（JGJ/T 23—2011）附录D取值。

当回弹仪为非水平方向且测试面为混凝土的非浇筑侧面时，应先对回弹值进行角度修正，并应对修正后的回弹值进行浇筑面修正。

通过式（2.5）～式（2.8）可求得测区混凝土平均回弹值（R_m）。回弹值测量完毕后，按《回弹法检测混凝土抗压强度技术规程》（JGJ/T 23—2011）第4.3条求取测区混凝土的平均碳化深度值（d_m）。根据测区混凝土平均回弹值（R_m）与平均碳化深度值（d_m），由《回弹法检测混凝土抗压强度技术规程》（JGJ/T 23—2011）附录A查表或计算得到测区混凝土强度换算值。当有地区或专用测强曲线时，混凝土强度的换算值宜按地区或专用测强曲线计算或查表得出。

2.4.3.2　混凝土的碳化检测

1. 混凝土的碳化机理分析

混凝土的碳化是空气中的CO_2气体通过孔隙、裂缝向混凝土内部扩散并溶于孔隙水中，与水泥石中的$Ca(OH)_2$及水化硅酸钙凝胶（$xCaCO_3 \cdot SiO_2 \cdot yH_2O$，C-S-H）等水泥水化产物反应，生成不溶于水的$CaCO_3$等产物的现象。主要反应式为

$$Ca(OH)_2 + CO_2 \longrightarrow CaCO_3 + H_2O \tag{2.9}$$

$$xCaO \cdot SiO_2 \cdot yH_2O + xCO_2 \longrightarrow xCaCO_3 + SiO_2 + yH_2O \tag{2.10}$$

因此，混凝土的碳化过程是物理和化学作用同时进行的过程。从热力学角度，水泥石中所有水化产物都与CO_2反应形成$CaCO_3$，造成水化产物的分解。但从动力学分析，CO_2向混凝土内部扩散是一个缓慢的过程，加上自然环境中的浓度很低（约0.03%），因此实际上混凝土结构的碳化是一个缓慢的过程，不足以引起其中水泥水化产物的大量碳化分解，一般在坝顶和下游面形成碳化层。

2. 混凝土碳化检测方法

通常采用浓度为1%～2%的酚酞酒精溶液进行混凝土的碳化检测。混凝土本身显碱性，则遇酚酞会变成红色；如果混凝土碳化，那么碱性消失，此时混凝土呈中性或酸性，遇酚酞不会变色。

回弹值测量完毕后，应在有代表性的测区上测量碳化深度值以表示混凝土的碳化程度，测点数不应少于构件测区数的30%，应取其平均值作为该构件每个测区的碳化深度值。当碳化深度值极差大于2.0mm时，应在每一测区分别测量碳化深度值。

碳化深度值的测量应注意以下几点：①可采用工具在测区表面形成直径约15mm的孔洞，其深度应大于混凝土的碳化深度；②应清除孔洞中的粉末和碎屑，且不得用水擦洗；③应将浓度为1%～2%的酚酞酒精溶液滴在孔洞内壁的边缘处，当已碳化与未碳化界线清晰时，应采用碳化深度测量仪测量已碳化与未碳化混凝土交界面到混凝土表面的垂直距离，并应测量3次，每次读数应精确至0.25mm；④应取三次测量的平均值作为检测结果，并应精确至0.5mm。

思考题

（1）简述大坝巡视检查的分类和每一种检查的目的。

（2）土石坝巡视检查的范围是什么？

（3）土石坝有哪些常见病害？

（4）混凝土坝有哪些常见病害？

（5）请列举一些大坝常见病害的无损检测方法。

第3章 大坝安全监测设计

3.1 概述

3.1.1 安全监测设计的原则

安全监测设计是大坝及整个水利枢纽工程设计的重要组成部分，应由熟悉工程水文、地质，水工结构及其基础设计、施工工艺、工程运行条件的工程技术人员，以及熟悉安全监测方法并熟悉监测仪器设备性能、精度及可靠程度的监测技术人员共同协作完成。监测设计除了应遵循现行的规范规程外，还应根据工程的基本情况、仪器设备的性能等确定监测项目、测点布置、采用的监测仪器和方法。

安全监测设计时应考虑的主要原则如下：

（1）依据工程规模及等别、建筑物级别，以及工程所处地区的水文、地质等环境条件等工程基本资料，确定必要的监测项目。

（2）依据水工建筑物的基础资料、建筑材料的物理力学特性资料、地质条件和地基岩土物理力学性能资料、水力学计算成果以及施工组织设计等水工结构设计和科研试验成果，合理确定建筑物安全监测的关键部位，把握监测项目的整体设计。

（3）依据常用监测仪器设备的基本资料，如型号、性能、基本原理、生产厂家以及这些仪器的应用情况等，进行监测仪器设备的合理选型。

（4）收集国内外同类型建筑物监测设计的有关资料和发生安全事故的报告，吸取经验和教训，不断地改进监测设计工作。

（5）严格遵守相应的水工建筑物设计类标准、水工建筑物及岩土工程施工类标准、安全监测技术类标准、监测仪器设备类标准、监测资料分析整编类标准以及测量类标准等技术标准及规范规程。

3.1.2 安全监测设计的要求

（1）明确的针对性和实用性。设计人员应很好地熟悉设计对象，了解工程规模、结构设计方法、水文、气象、地形、地质条件及存在的问题，有的放矢地进行监测设计。特别是要根据工程特点及关键部位综合考虑，统筹安排，做到目的明确、实用性强、突出重点、兼顾全局，并在监测设计的各阶段全过程进行优化，以最少的投入取得最好的监测效果。

（2）充分的可靠性和完整性。对监测系统的设计要有总体方案，它是用各种不同的观测方法和手段，通过可靠性、连续性和整体性论证后优化出来的最优设计方案。该方案要同时考虑施工期、蓄水期及运行期监测的需要，因地制宜，区别对待，统一规划，逐步实施。

（3）先进的监测方法和设施。设计所选用的监测方法、仪器和设备应满足精度和准确度要求，并吸取国内外的经验，尽量采用先进技术，以及时有效地提供建筑物性态的有关

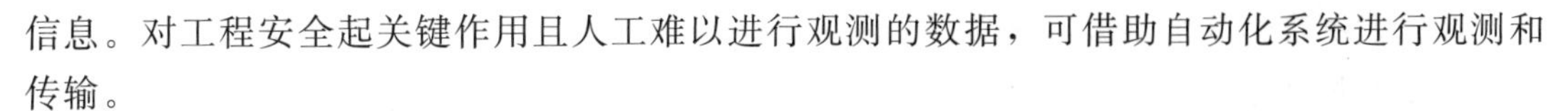

信息。对工程安全起关键作用且人工难以进行观测的数据，可借助自动化系统进行观测和传输。

（4）必要的经济性和合理性。监测项目宜简化，测点要优选，施工安装应方便。对变形、渗流、应力等的监测项目要互相协调，并考虑今后监测资料分析的需要，使监测成果既能达到预期目的，又能做到经济合理，节省投资。

3.1.3 安全监测设计所需基本资料

1. 工程基本资料

工程基本资料包括工程规模、工程等别、建筑物级别，水文、地质、泥沙、气象、水库特征水位等环境条件，以及枢纽建筑物结构设计图纸和施工规划，以确定必须设置的监测项目。工程规模越大，水文、地质等环境条件越复杂，设置的监测项目越多。

2. 水工结构设计和科研试验成果

（1）水工建筑物的基础资料，包括各种荷载组合情况下的应力与位移设计计算资料、结构模型试验资料、地质力学模型试验的基岩弹性变形或破坏变形情况、防渗排水系统设计和基础主要地质缺陷情况等，以了解控制水工建筑物安全的关键部位，布设监测点。

（2）建筑材料的物理力学特性资料，包括抗拉和抗压强度、变形模量、热膨胀系数、徐变、自生体积变形等，以便根据监测成果计算水工建筑物的实测应力。

（3）地质条件和地基岩土物理力学性能资料，包括其抗拉和抗压强度、变形模量、流变、地应力等，以了解坝地基岩土特性，布置岩土变形和应力监测仪器，计算分析实测的岩土变形和应力情况。

（4）水力学计算成果、水工模型试验资料，了解水流性态、溢流坝表面和流道的压力分布等，以便确定水力学监测测点的布置和仪器选型，为分析评价溢流面、流道的水力学特性（如时均压力、脉动压力、流速等）提供依据。

（5）施工分期和程序，了解施工进度和先后顺序，便于监测仪器电缆及现场数据采集站的布置；同时了解不同分期部位结构的性能特性，为仪器布置和资料分析提供依据。

3. 监测仪器设备的基本资料

常用监测仪器设备的基本资料有型号、性能、基本原理、生产厂家以及这些仪器的应用情况等，包括耐水压、防潮湿、抗震动、除静电、抗干扰的能力；量测原理和数据采集方式；安装方法和维护保养要求；监测自动化硬件和软件的发展现状等。

4. 工程实例

收集国内外同类型建筑物监测设计的有关资料和发生安全事故的报告，吸取经验和教训，不断地改进监测设计工作。

5. 技术标准

水工建筑物安全监测设计主要遵守的技术标准有以下方面：

（1）相应的水工建筑物设计类标准。

（2）水利水电工程岩土、材料试验类标准。

（3）水工建筑物及岩土工程施工类标准。

（4）安全监测技术类标准。

（5）监测仪器设备类标准。

（6）监测资料分析整编类标准。

（7）测量类标准。

3.1.4　安全监测设计的重点

水工建筑物规模大，结构复杂，地基条件常有一些不确定因素，加之工期长、施工环节多，给建筑物造成了各种类型和不同程度的安全隐患和风险。恰当的监测设计必须在认识和分析不同坝型特点的基础上，有针对性地进行。

3.1.4.1　混凝土重力坝

混凝土重力坝承受的主要荷载是迎水面的水平推力（水压力、泥沙压力等）、坝基面上的扬压力和坝体自重等。重力坝主要依靠自重来维持坝体的稳定。重力坝坝基的稳定是保证大坝安全的先决条件，混凝土重力坝通常修筑在岩基上，低坝也可建在非岩基上。应根据坝区地质条件和坝体结构特点，在选择控制性横断面和控制性纵轴线的基础上，选择重点监测项目和监测点。根据混凝土重力坝的特点，其监测设计重点如下：

（1）抗滑稳定。这是混凝土重力坝运行中最重要的问题，主要监测项目是大坝的位移量。

（2）地基不均匀沉降。主要针对非岩基或地质构造复杂、节理裂隙发育的岩基，主要监测项目是坝体及地基的垂直位移。

（3）渗流。主要针对渗流水对地基和筑坝材料的侵蚀破坏，以及防渗排水设施的效果。对于混凝土重力坝，主要监测项目有建基面、可能滑动面上的扬压力、帷幕前后的渗透压力、坝体渗透压力、渗漏量及两岸坝肩的绕坝渗流等。

（4）应力应变监测。主要针对相关标准中不容许出现拉应力部位，可能因局部应力破坏影响大坝安全的部位，空洞、闸墩等结构复杂的部位。主要监测项目有混凝土应力、基岩应力、界面应力、钢筋应力、锚杆应力、锚索锚固力等。

（5）温度监测。主要针对施工期和运行初期温度控制。

（6）对于坝基内的软弱夹层或影响结构稳定的不良地质构造，主要监测项目有层面的变形和层面应力。

3.1.4.2　拱坝

拱坝是一种拱形结构的坝型，其结构特点是通过拱的作用将大部分横向荷载传递至两岸岩体（即坝肩），而通过梁的作用把其余少部分荷载传至坝基。拱坝主要依靠岩体作用于拱端的反力来抵抗水压力、地震荷载等横向荷载，以保持坝身的稳定。拱坝的抗滑稳定主要取决于坝肩岩体的抗滑稳定。应根据坝区地质条件和拱坝结构特点，选择控制性拱圈高程和控制性拱梁断面进行监测。根据拱坝的特点，其监测设计重点如下：

（1）坝肩稳定。主要关注坝肩变形及其对坝体变形的影响。主要监测项目包括坝肩和坝体水平位移。重点监测部位为坝体拱梁监测体系和坝基交汇处、坝基开挖体型的变化处和分布有地质缺陷的部位等。

（2）坝基变形。主要关注坝基竖向拉应力以及地基岩体产生不均匀垂直变形等破坏坝基稳定的因素，主要监测项目有基岩变位、界面应力、接缝变形、坝基扬压力、渗漏量、水质分析等。

（3）坝体结构变化。主要针对不容许出现拉应力部位和可能因局部应力破坏影响大坝

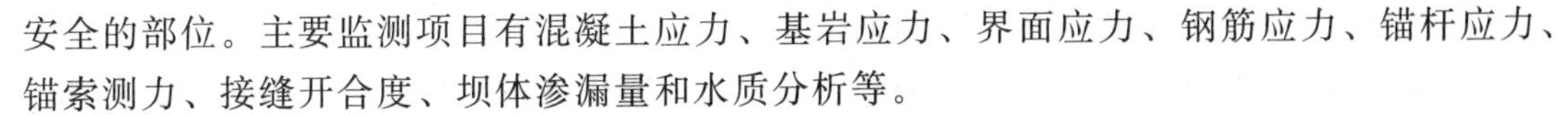

安全的部位。主要监测项目有混凝土应力、基岩应力、界面应力、钢筋应力、锚杆应力、锚索测力、接缝开合度、坝体渗漏量和水质分析等。

(4) 温度监测。主要针对施工期温度控制和运行期温度变化对坝体应力应变的影响。

3.1.4.3 面板堆石坝

面板堆石坝是大坝防渗体位于坝体上游表面的堆石坝，通过面板和垫层料、过渡料、主堆石区的渗流稳定级配设计构成完整的防渗体系。在碾压式土石坝分类中，面板堆石坝属非土质材料防渗体坝；依据面板使用材料的不同，又可分为钢筋混凝土面板堆石坝、沥青混凝土面板堆石坝和复合土工膜防渗面板堆石坝三大类。因此，从安全监测角度认识面板坝结构特点，面板及趾板是关注的焦点，引起面板变形的主要因素为堆石体三维变形及水荷载等。从结构理论认识面板坝，可认为面板是一种柔性结构，面板依赖于垫层料和堆石体，面板与堆石体有变形协调问题。应根据河谷形状和坝体结构特点，选择控制性断面和控制性高程，构成控制性层和线。面板堆石坝的监测设计重点如下：

(1) 面板和堆石体变形。主要关注沉降过大对坝高的影响，以及面板与堆石体两者的变形协调问题，主要监测项目包含堆石体变形监测、面板垂直缝及周边缝开合度监测、面板与垫层结合部位的错动与脱空；面板变形监测等。

(2) 面板防渗效果。堆石体透水性大，坝内浸润线很低，渗透压力较小，也不产生孔隙水压力，因此主要关注面板的防渗效果。主要监测项目有建基面渗透压力、不同高程垫层料渗透压力、渗漏量、面板应力、应变等。

(3) 坝基变形和防渗效果。对于覆盖层地基上的高坝，应关注地基的沉降及基础防渗帷幕和防渗墙等防渗设施的防渗效果。主要监测项目有地基渗透压力、地基沉降等。

(4) 与混凝土建筑物的结合面。堆石坝与混凝土坝、溢洪道、船闸、涵管等混凝土建筑物的连接处是薄弱部位，容易发生集中渗流、渗流破坏或出现因不均匀沉降而产生的裂缝等，因此主要监测项目有界面位移、界面压力、接缝开合度和渗流等。

(5) 高趾墙部位，贴坡面板应增加变形和应力监测。

结合高面板坝的工程特点，重点监测项目随之调整。对于70m以下或对称河谷上100m以下的面板堆石坝，主要关注堆石体的沉降；对于开阔河谷和狭窄河谷特别是不对称河谷上的高坝，主要关注大坝堆石体的纵向位移对面板和周边缝的运行带来的不利影响。因此，大坝的纵向位移、垂直缝的挤压变形、面板的应力应变也提升为监测重点。另外，还要重视监测水流对上下游坝坡和坝脚的冲刷破坏。若高坝两岸山体地质条件复杂、透水性强，可能存在绕坝渗流，则两岸绕渗的监测也不可忽视。

3.1.4.4 心墙坝

心墙坝的特点就是利用土质或非土质的防渗材料作为防渗体，以降低坝体的浸润线，防止坝体渗透破坏和减少坝体渗漏量。应根据河谷形状和坝体结构特点，选择控制性断面和控制性高程，构成控制性层和线，其监测设计重点如下：

(1) 心墙与堆石体变形的协调性。主要关注心墙与堆石体的不均匀沉降，主要监测项目为心墙与堆石体的垂直位移、界面错动位移等。

(2) 心墙防渗性能。主要关注心墙与地基及岸坡接触面的开裂和渗漏，以及心墙内部应力应变、渗透压力、浸润线、渗漏情况等。主要监测项目有心墙渗透压力、土压力、界面位移、界面压力、界面渗透压力、渗漏量等。

（3）心墙与混凝土坝、溢洪道、船闸、涵管等混凝土建筑物的连接处等部位的渗流和变形。这些薄弱部位很易发生集中渗流、渗流破坏和因不均匀沉降而产生裂缝。主要监测项目有界面位移和界面渗透压力等。

（4）坝基变形和防渗效果。对于覆盖层或地基条件复杂，需设基础防渗设施的心墙坝，需要关注地基沉降及基础防渗帷幕、防渗墙等防渗设施的防渗效果。主要监测项目包括地基沉降、渗透压力、渗漏量等。

根据工程特点，重点监测项目将随之调整。若高坝两岸山体地质条件复杂、透水性强，可能存在绕坝渗流，则两岸绕渗的监测不可忽视。

3.1.4.5　均质土坝

均质土坝和分区土坝的特点是坝身由一种或多种土料筑成，整个剖面起防渗和稳定作用。由于此类坝型的坝坡较缓，在高水头作用下的渗流稳定是该坝型最关键的问题，应根据河谷形状和坝体结构特点，选择控制性断面和控制性部位，其监测设计重点如下：

（1）裂缝。土坝裂缝对大坝运行极为不利，若任其发展会严重危及工程安全。而裂缝主要由不均匀变形引起，主要监测项目为坝体变形，特别是坝内埋管部位以及混凝土坝、溢洪道、船闸、涵管等混凝土建筑物与土坝体连接部位的变形。对一些重要的裂缝或接缝要设置测缝计，连续观测了解其变化规律及动向。若坝体应力超过其强度指标会发生受拉破坏或剪切破坏，过大变形还会造成防渗体的开裂。

（2）渗流。渗流监测是土坝监测的重点内容，主要了解坝体在上下游水位差作用下的渗流规律，主要监测项目包括坝体和坝基渗透压力、绕坝渗流、渗漏量和水质等。

3.1.4.6　边坡

边坡按成因可分为自然边坡和工程边坡，按组成可分为岩质边坡、土质边坡和岩土混合边坡等。影响边坡稳定的因素十分复杂，其内在因素主要为边坡岩土体类型、岩土体结构、地应力等；外在因素包括水的作用、地震作用、边坡形态及人类活动等。内在因素决定了边坡的变形失稳模式和规模，对边坡破坏起主要作用。宏观上边坡失稳模式可分为滑动型、崩塌型和有限变形等。边坡安全监测体系布置应根据其性质（永久、临时）、重要性（与建筑物关系）、失稳模式等因素进行综合考虑，监测重点如下：

（1）建筑物地基边坡。必须满足稳定和有限变形要求，对监测精度的要求较高，主要监测项目包括基岩变形、地下水位、基础渗透压力、边坡与建筑物；结合面的界面应力、接缝开合度等。

（2）建筑物邻近边坡。必须满足稳定要求，监测精度可相对较低，重点监测边坡变形、地下水位和支护效应，包括锚杆、锚索、格栅梁、挡墙的受力情况等。

（3）对建筑物影响较小的延伸边坡。容许有一定限度的破坏，主要进行表面变形和地下水位的监测。

（4）潜在滑动面、断层、构造带等部位的渗透压力。

边坡的监测重点应根据其重要性、勘察及监测资料分析成果进行调整，经多年监测已稳定的边坡可以减少监测项目和频次，对于处于不稳定状态的边坡则要增加监测项目、监测手段并增加监测频次。

3.2 安全监测项目和测值限差

3.2.1 监测项目确定原则

监测项目的确定应考虑如下原则：

(1) 观测成果主要用于设计和施工的技术校核和修改时，选定起控制作用的监测项目。

(2) 观测成果用于及时预报施工和运行安全程度时，应确定一项、多用、数据可靠的项目。

(3) 应针对危及大坝主体及周围建筑物稳定的关键问题和控制性观测确定项目。

(4) 探查不稳定部位或影响稳定的因素时，应尽可能采用系统项目。

(5) 大坝施工安全监测的项目要简单，不干扰施工，取得成果要快。

(6) 监测成果主要用于科研和发展新技术时，要按专项和全项两种方式选定。问题明确的采用专项，问题模糊的尽可能采用全项。

(7) 为了校正主要观测项目成果的观测，要针对影响因素的类型确定项目。

(8) 确定观测项目要考虑仪器设备的经济性、使用方便性及可能性等条件。

(9) 长期观测项目应能较全面地反映建筑物的实际运行情况，力求少而精。

(10) 工程安全监测系统中都应当有巡视检查项目。

3.2.2 监测项目内容

除必须的巡视检查项目外，大坝安全监测项目一般按表 3.1 的要求进行选择。

表 3.1　大坝安全监测项目分类表

坝型	监测类别	监测项目	大坝级别				
			1级	2级	3级	4级	5级
混凝土坝	变形监测	坝体表面变形	●	●	●	●	●
		坝体内部变形	●	●	●	○	○
		坝基变形	●	●	●	○	○
		倾斜	●	○	○		
		接缝、裂缝开合度	●	●	○	○	
	渗流监测	渗流量	●	●	●	●	○
		扬压力	●	●	●	●	○
		坝体渗透压力	○	○	○	○	
		绕坝渗流	●	●	○	○	○
		水质分析	●	●	○	○	
	应力应变及温度监测	应力	●	○			
		应变	●	●	○		
		混凝土温度	●	●	○		
		坝基温度	●	●	○		

续表

坝型	监测类别	监测项目	大坝级别				
			1级	2级	3级	4级	5级
土石坝	变形监测	坝体表面水平位移	●	●	●	○	○
		坝体表面垂直位移	●	●	●	●	●
		坝体内部变形	●	●	○	○	○
		坝基变形	●	●	○		
		接缝、裂缝开合度	●	●	○		
		界面位移	●	●	○		
	渗流监测	渗流量	●	●	●	●	●
		坝体渗透压力	●	●	○	○	○
		坝基渗透压力	●	●	○	○	○
		绕坝渗流	●	●	○	○	○
		水质分析	●	●	○		
	应力应变及温度监测	土压力	●	○	○	○	○
		孔隙水压力	●	○	○		
		应力应变及温度	●	○	○		

注 1. 有●者为必设项目；有○者为可选项目，可根据需要选设；空格不作要求。
2. 对高混凝土坝或基岩有软弱岩层的混凝土坝，建议进行深层变形监测。
3. 1级～3级坝若出现裂缝，需要设裂缝开合度监测项目。
4. 坝高70m以上的1级坝，应力应变为必选项目。

3.2.3 测值正、负规定和限差

3.2.3.1 变形监测

1. 变形监测测值正、负规定

变形监测测值正、负规定见表3.2。

表3.2 变形监测测值正、负规定

变形	正	负
水平	向下游，向左岸	向上游，向右岸
垂直	下沉	上升
挠度	向下游，向左岸	向上游，向右岸
倾斜	向下游转动，向左岸转动	向上游转动，向右岸转动
滑坡	向坡下，向左岸	向坡上，向右岸
裂缝	张开	闭合
接缝	张开	闭合
闸墙	向闸室中心	背闸室中心

2. 变形监测中误差限值

变形监测中误差限值（±值）见表 3.3，表中中误差是偶然误差和系统误差的综合值。坝体、坝基、滑坡体和高边坡的中误差相对于工作基点计算，近坝区岩体的中误差相对于校核基点计算。

表 3.3　　变形监测中误差限值(±值)

建筑物			水平/mm	垂直/mm	裂缝、接缝/mm	倾斜/(°)	挠度/mm
土石坝	表面		2	3	0.2	5	
	内部		1	1	0.2	3	
堆石坝	表面		2	3	0.2	5	
	内部		1	1	0.2	3	
重力坝	坝体		1	1	0.1	2	0.3
	坝基		0.3	1	0.1	1	0.3
支墩坝	坝体		1	1	0.1	2	0.3
	坝基		0.3	1	0.1	1	0.3
拱坝	坝体	径向	2	1	0.1	2	0.3
		切向	1	1	0.1	1	0.3
	坝基	径向	1	1	0.1	1	0.3
		切向	0.5	1	0.1	1	0.3
水闸、溢洪道			1	1	0.1	2	0.3
高边坡、滑坡体			3	3	1	5	0.3
近坝区岩体			2	2	0.5	3	0.3

3.2.3.2 渗流监测

渗流监测测值正、负规定及限差见表 3.4，其中最小读数限差均宜小于或等于表中各值。

表 3.4　　渗流监测测值正、负规定及限差

项目		测值正、负规定		最小读数限差
		正	负	
测压管	无压式	基准点以上	基准点以下	1cm
	有压式	基准点以上	基准点以下	1cm
量水堰	遥测	基准点以上	基准点以上	0.1mm
	人工	基准点以下	基准点以下	0.1mm
水质	温度	＞0	＜0	0.1℃
	pH 值	＞0		0.01
	电导率	＞0		0.01μS/cm
	透明度	＞0		1cm

续表

项　目		测值正、负规定		最小读数限差
		正	负	
渗透压力	电感调频式	基准点以下	基准点以上	0.1%F.S
	钢弦式	基准点以下	基准点以下	0.1%F.S
	压阻式	基准点以下	基准点以上	0.1%F.S
	差动电阻式	基准点以上	基准点以上	0.25%F.S

3.2.3.3 应力监测

应力监测测值正、负规定及限差见表3.5，其中最小读数限差均宜小于或等于表中各值。

表3.5　应力监测测值正、负规定及限差

项　目		测值正、负规定		最小读数限差
		正	负	
混凝土	应变	拉	压	4×10^{-6}
	应力	拉	压	0.05MPa
钢筋	应变	拉	压	5×10^{-6}
	应力	拉	压	1.0MPa
钢板	应变	拉	压	5×10^{-6}
	应力	拉	压	1.0MPa
土壤	压力	拉	压	0.1%F.S
	应力	拉	压	0.1%F.S
接触面	压力	拉	压	0.1%F.S
	应力	拉	压	0.1%F.S
温度/℃		>0	<0	0.05

3.2.4 监测频次要求

由于施工期和初期运行期大坝外部荷载和坝体材料的物理力学性质等变化较快，导致结构效应量变化也较快，因此与运行期相比，监测的频次一般要求更高。大坝安全监测频次按表3.6的要求进行选择。根据《水利水电工程安全监测设计规范》（SL 725—2016）中的术语说明，表中的施工期指从工程开始施工到首次蓄水（或通水）为止的时期；初期运行期指工程首次蓄水（或通水）后的前3年，运行期指初期运行期之后的时期。

表3.6　大坝安全监测频次表

坝型	监测类别	监　测　项　目	施工期	初期运行期	运行期
混凝土坝	变形监测	坝体表面位移	1次/月	2次/月	1次/月
		坝体内部位移	1次/旬	2次/月	1次/月
		倾斜	1次/旬	1次/周	1次/月

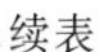

续表

坝型	监测类别	监　测　项　目	施工期	初期运行期	运行期
混凝土坝	变形监测	接缝、裂缝开合度	1次/旬	1次/周	1次/月
		坝基位移	1次/旬	1次/周	1次/月
		坝肩边坡变形	1次/旬	2次/月	1次/月
	渗流监测	渗流量	1次/旬	1次/周	2次/月
		扬压力	1次/月	1次/周	2次/月
		坝体渗透压力	1次/旬	1次/周	2次/月
		绕坝渗流		1次/周	1次/月
		水质分析		2次/年	1次/年.
	应力应变及温度监测	应力应变	1次/月	1次/周	1次/季
		混凝土温度	1次/月	1次/周	1次/季
		坝基温度	1次/月	1次/周	1次/季
土石坝	变形监测	坝体表面变形	1次/月	1次/月	2次/年
		坝体内部位移	1次/旬	2次/月	4次/年
		防渗体变形	1次/旬	2次/月	4次/年
		接缝开合度	1次/旬	2次/月	4次/年
		坝基变形	1次/旬	2次/月	4次/年
		界面位移	1次/旬	2次/月	4次/年
	渗流监测	渗流量	1次/旬	1次/旬	1次/月
		坝体渗透压力	1次/旬	1次/旬	1次/月
		坝基渗透压力	1次/旬	1次/旬	1次/月
		防渗体渗透压力	1次/旬	1次/旬	1次/月
		绕坝渗流（地下水位）	1次/月	1次/旬	1次/月
		水质分析		2次/年	1次/年
	应力应变及温度监测	坝体应力应变及温度	1次/旬	1次/旬	1次/月
		防渗体应力应变及温度	1次/旬	1次/旬	1次/月

3.3 变形监测设计

3.3.1 概述

变形监测是安全监测中最重要的项目之一，是通过人工或仪器手段观测建筑物整体或局部的变形量，用以掌握建筑物在各种原因量的影响下所发生的变形量的大小、分布及其变化规律。要科学、准确、及时地分析和预报工程及大坝的变形状况，为判断其安全提供必要的信息，从而了解建筑物在施工和运行期间的变形性态，监控建筑物的变形安全。水工建筑物变形监测主要包括水平位移与挠度、垂直位移与倾斜、土坝固结、裂缝及接缝变形、净空收敛、内部变形等项目。

在进行大坝的变形监测设计前，首先要了解大坝变形的时空变化规律。大坝变形随时间的变化规律受施工、材料、环境变量等影响较为复杂。表3.7是对混凝土坝和土石坝变形的历时变化和空间分布的一般规律的总结，图3.1和图3.2分别是混凝土拱坝和均质土坝变形分布图，供设计时参考。

表3.7 大坝变形的历时变化和空间分布一般规律

坝型	历时变化一般规律	空间分布一般规律
混凝土重力坝	(1) 水平位移一般在温度下降、水位上升时向下游变形。当测点在坝顶下游侧时受温度影响的规律可能相反。 (2) 垂直位移一般在温度下降时表现为下沉，反之上抬。 (3) 深覆盖层地基的闸坝一般在初期有明显趋势性变形。 (4) 横缝开合度变化一般与温度负相关，温度升高，横缝闭合，反之张开	(1) 水平位移和垂直位移的绝对位移一般为上部变形大、下部变形小，河床坝段的位移年变幅大于岸坡坝段，位移绝对值和年变幅一般与坝高正相关。 (2) 相邻坝段地质条件相差较大的，大坝变形量可能相差较大，坝段间横缝的错动量变化较明显；同样高度的宽缝坝段比实体坝段位移变幅大
混凝土拱坝	(1) 径向水平位移一般在温度下降、水位上升时向下游变形；反之，向上游变形。 (2) 垂直位移一般在温度下降时表现为下沉，反之上抬。双曲高拱坝的坝体上部垂直位移会出现与上游水位负相关情况。 (3) 封拱灌浆前，横缝开合度变化一般与温度负相关，灌浆后，横缝开合度一般变化较小，保持平稳	拱坝拱冠部位的径向水平位移变化最大，切向水平位移则较小。切向水平位移一般在左右1/4拱部位变化最大
土石坝	(1) 水平位移和沉降在施工期主要受上部填筑加载影响，运行期主要受堆石体自身蠕变影响，呈不可逆的趋势性增大迹象，根据坝高、填筑料的不同，运行后一般需数年到十数年趋于稳定。 (2) 面板堆石坝的面板顶部水平位移还受一定的上游水位、温度影响。心墙堆石坝的心墙顶的水平位移受上游水位的影响较明显。 (3) 面板接缝、周边缝变形一般在施工期、蓄水期变化较大，在运行期变化较平稳或趋于稳定	(1) 顺河向水平位移向下游为主，河谷大于两岸；横河向水平位移则两岸向河床变形，坝体表面上部沉降一般大于下部，河谷大于两岸。最大内部沉降一般在坝高1/3～2/3部位。 (2) 面板堆石坝靠两岸面板垂直缝一般以张开为主，河床部位以闭合为主。周边缝在地形变化剧烈、陡峭岸坡、填筑料与基岩模量相差较大部位的变形量较大

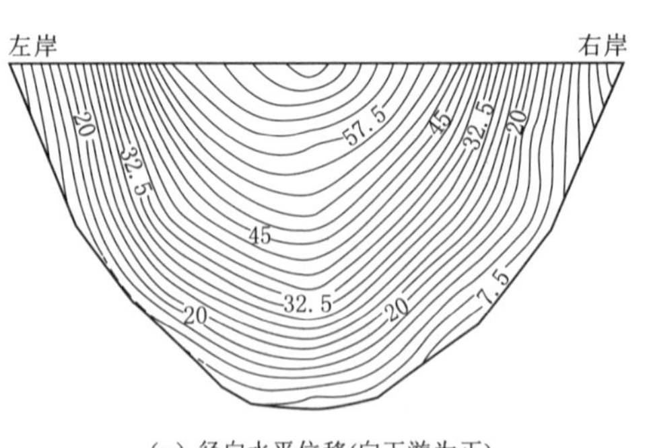

(a) 径向水平位移(向下游为正)

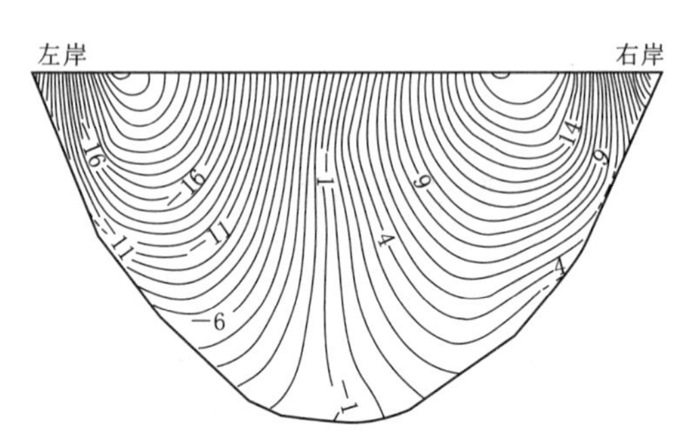

(b) 切向水平位移(向右岸为正)

图3.1 竣工时典型混凝土拱坝变形分布图（单位：mm）

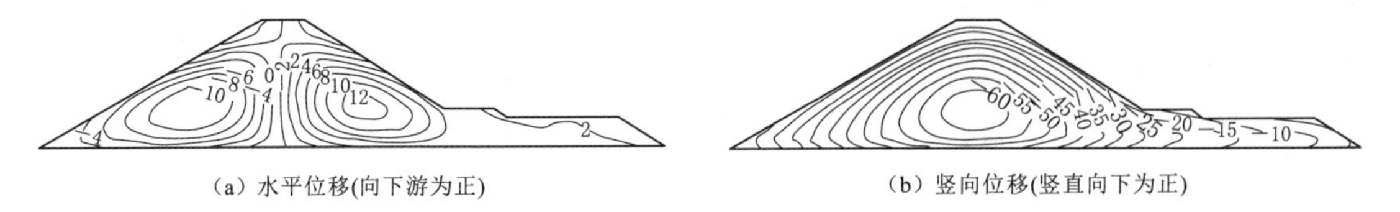

（a）水平位移(向下游为正)　　（b）竖向位移(竖直向下为正)

图 3.2 竣工时典型均质土石坝变形分布图（单位：cm）

3.3.2 水平位移监测

3.3.2.1 监测方法

大坝在施工和蓄水期间的稳定性极易受到影响而产生变形，通过水平位移监测可分析判断坝体的水平位移和稳定性变化情况。随着大坝安全监测技术的进一步发展，大坝水平位移的监测方法也呈多样化，表 3.8 所列的是几种常用的水平位移监测方法。

表 3.8　水平位移监测方法

部位	方法	说明
重力坝	引张线法	一般坝体、坝基均适用
	视准线法	坝体较短时用
	激光准直法	包括大气和真空激光，坝体较长时可用真空激光
	垂线法	一般采用正倒垂结合的方式
拱坝	视准线法	重要测点用
	导线法	一般均适用，可用光电测距仪测导线边长
	交会法	交会边较短、交会角较好时用
	垂线法	一般采用正倒垂结合的方式
土石坝	视准线法	坝体较短时用
	大气激光法	有条件时用，可布设管道
	卫星定位	坝体较长时用（GPS 法，下同）
	测斜仪或位移计法	测内部分层及界面位移用
	交会法	同拱坝
近坝区岩体	测斜仪法	一般均适用
	交会法	同拱坝
	卫星定位	范围较大时用
	多点位移计法	也可用于滑坡体及坝基
高边坡、滑坡体	视准线法	一般均适用
	卫星定位	范围较大时用
	直线测距法	用光电测距仪或铟钢线位移计、收敛计
	边角网法	一般均适用，包括三角网、测边网及测角网
	同轴电缆法	可测定位移深度、速率及滑动面位置（即 TDR 法）

续表

部 位	方 法	说 明
断层、夹层	断层监测仪法	可测断层水平及垂直三维位移
	变位计法	可测层面水平及垂直位移
	测斜仪法	一般均适用
	倒垂线法	必要时用
校核基点	岩洞稳定点法	也可精密量距或测角
	倒垂线法	一般均适用
	边角网法	有条件时用
	延长方向线法	有条件时用
	伸缩仪法	用于基准点传递和水平位移观测

1. 准直线法

准直线法是平行于坝轴线建立一条固定不变的线，定期观测结构各测点偏离该基准线测值的测量方法。准直线法主要包括视准线法、引张线法、激光准直法等。准直线平行于坝轴线布置，测线一般应尽量设在坝顶和基础廊道（一般混凝土坝），坝高大于100m的高坝还应在中间高程设置。准直线上测点布置应兼顾全局，每个坝段至少应设一个监测点。采用准直线法监测的测点应尽量布置在同一高程、同一直线上，并应在其两端延长线上各设工作基点。

（1）视准线法。视准线法是平行于坝轴线建立一条固定不变的光学视线，定期观测各测点偏离该视准线测值的测量方法。视准线法监测变形是众多水平位移监测方法中最古老的一种。

视准线法的优点是结构简单、投资小、便于布置与维护、观测值直观可靠；缺点是视线长度（宜小于300m）及布置位置受光学观测仪器设备的性能影响，不便于实现自动化监测，需选择合适的观测时段，避免受大气折光的影响。

视准线的布置位置和视线长度应考虑不同光学观测仪器设备（经纬仪、全站仪或视准线仪）的工作能力；位置尽量避免坝面大气折光和库区蒸发的影响，一般应布设在坝顶靠近下游的地方，距吊车架、栏杆、坝面等障碍物1m以上。典型位移标点（位移测点）结构见图3.3。变形监测标点的主要测量部件是强制对中基座和水准标芯。强制对中基座是为了满足表面水平位移监测和表面变形控制网观测时对中需要的监测设备。在长期、经常性监测的表面水平位移监测点上，测量时取下基座保护盖，将变形监测仪器设备或照准设备置于基座板上，通过对中螺杆与强制对中基座相连，固定牢靠后调平仪器或照准设备。强制对中基座的对中精度应小于0.05mm。

在进行视准线测点布置时，要注意位移标点、工作基点和校核基点的作用。如图3.4所示，视准线位移标点即为用于观测位移的测点，其必须设在两工作基点连成的视准线上，以钢筋混凝土墩的形式直接固定在坝体上。而视准线的工作基点则是观测位移标点的起始点或终结点，应力求布设在与所测标点处于大致相同的高程上，在测点和工作基点的测墩顶部埋设强制对中设备，以便观测时安装活动觇标和固定觇标或棱镜组。在工程等别

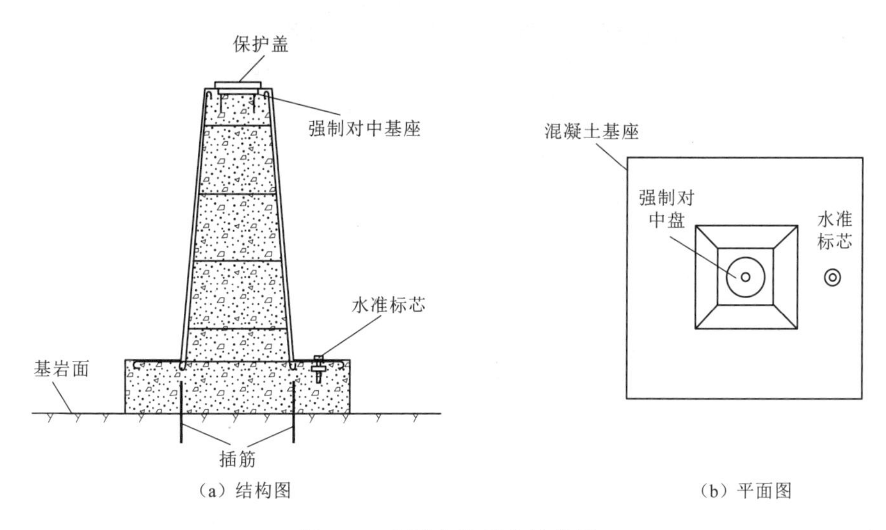

图 3.3 水平位移标点结构图

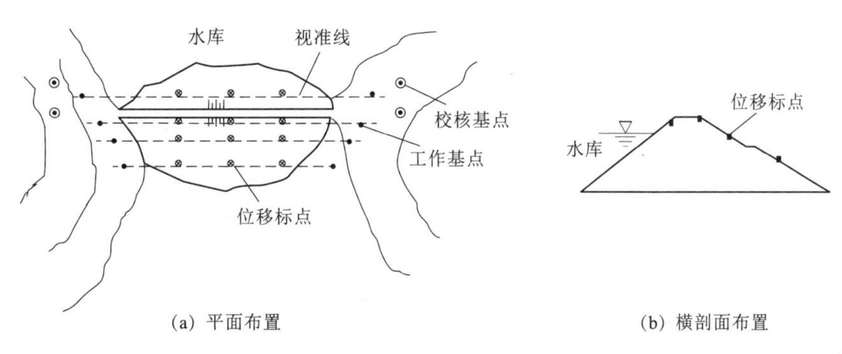

图 3.4 土坝视准线监测示意图

较低，且视准线工作基点的延长线上视线开阔、岩石稳定性较好的情况下，可在视准线工作基点的延长线上设校核基点，以校测工作基点的位移。

视准线采用的观测方法主要有活动觇标法和小角度观测法。将经纬仪（或视准线仪）安置在工作基点 A，照准另一基点 B（安装固定觇标），构成视准线，作为观测坝体位移的基准线；将活动觇标安置于位移标点上，令觇标图案的中线与视准线重合，然后利用觇标上的分划尺及游标读取测点的偏离值，即为活动觇标法。要求视准线上各测点均在同一准直线，且测点位移的变化量在活动觇标的量程范围内，如图 3.5 所示。活动觇标法在重力坝上用得较多。

采用活动觇标法观测水平位移，司觇标者要根据司仪者的指挥使活动觇标的中心线恰与视准线重合。当距离较远时，两者配合将发生困难，当测点安装质量不好或测点位移变化较大时，测点偏移视准线的距离大于活动觇标的量程范围，无法与视准线重合，则可采用小角度观测法。小角度观测法的工作原理见图 3.6。

A、B 为固定工作基点，C 为位移标点。为了测定 C 点的偏离值，将经纬仪或大坝视准仪安置于 A 点，在后视的固定工作基点 B 和位移标点 C 上同时安置固定觇牌，测出固定视准线 AB 方向线与位移标点 AC 间的微小水平角 β（以秒计）。如果 C 点是基准测量（第一次测量）对应的位移标点位置，则当 C 点移动到 C' 点时，对应的水平角为 β'，据此计算偏离值，即

$$\left.\begin{aligned}&\Delta l=l'-l=\frac{S\Delta\beta}{\rho''}\\&\Delta\beta=\beta'-\beta\\&\rho''=206265''\end{aligned}\right\}\tag{3.1}$$

式中：S 为 A 点至 C 点的水平距离；Δl 为水平位移差值；$\Delta\beta$ 为水平角差。

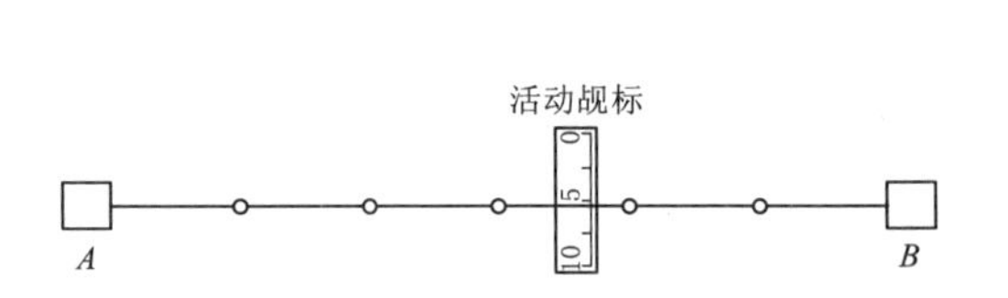

图 3.5　活动觇标法工作原理图

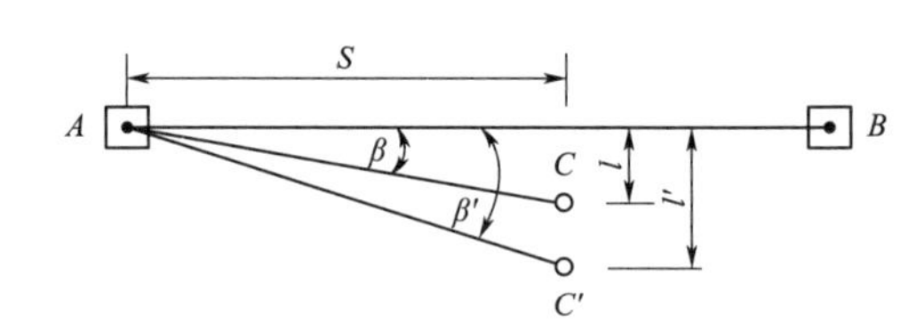

图 3.6　小角度观测法工作原理图

（2）引张线法。如图 3.7 所示，引张线是在坝顶或廊道内选定的两端点之间一端固定、一端挂重，张拉一根高强钢丝作为基准线，用以测量坝体上各测点相对于该钢丝水平位移的装置。由于重力作用，引张线的挠度较大，因此一般要在钢丝中间设立若干个浮托装置，将引张线托起，使测线形成若干段较短的悬链线，减少垂径。引张线较短或测线悬链垂径能适应保护管及坐标仪的情况下，可以不设浮托装置。采用引张线法初始读数测读前，需对钢丝实行预拉，将常挂砝码全部挂上后，将钢丝预拉 24h。预拉完成后方可测定初始值，进入正常观测。预拉完成后，常挂砝码将永久悬挂于仪器上，测读砝码则在观测时挂上，观测完成后卸去。观测时，将测读砝码用绞车徐徐加载于铟钢丝上，加荷完毕经过 10～30min，待测值稳定后在游标卡尺上读数，以后每隔 10min 测读一次，直到前后 2 次的测值读数差小于 2mm，同时应测量观测房的水平位移。

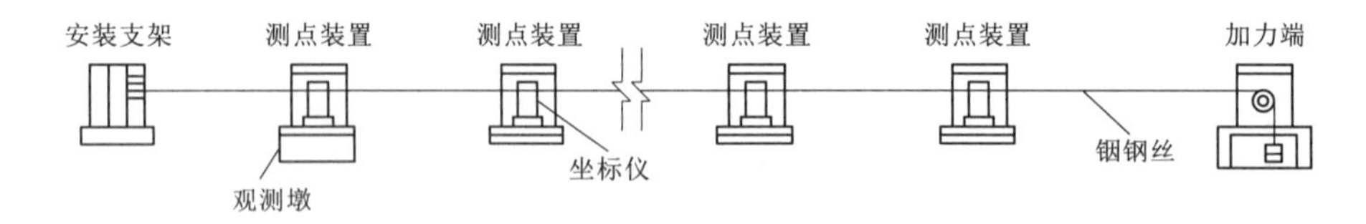

图 3.7　引张线结构示意图

引张线法的优点是结构装置较简单、直观，经济实惠，长度适应性从几十米到上千米，可以实现自动化观测；缺点是水箱、浮船维护工作量较大，其设计之初主要用于人工观测，目前实现自动化监测后，不能免除对线体工作状态的日常检查和维护，两端固定后，使用长度减小到 300m 以内。目前国内已有采用轻质高强度的 DPRP 线体材料的无浮托引张线，减少了测点的维护工作量，便于实现自动化监测，应用长度已

达 500m。

每次观测前应检查、调整全线设备，使浮船和测线处于自由状态。引张线自动化是国内外坝工专家们致力研究的内容，20 多年来，随着技术的进步，引张线仪由接触式发展到非接触式。非接触式引张线仪从步进电动机光学跟踪式发展到 CCD 式引张线坐标仪。各类坐标仪为引张线监测自动化提供了较理想的监测手段。图 3.8 为由传感器测读的引张线水平位移计系统结构图。

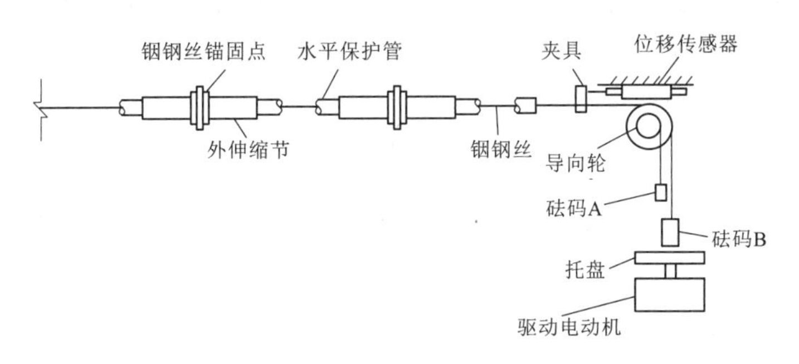

图 3.8 引张线水平位移计系统（传感器测读）结构示意图

（3）激光准直法。激光准直系统采用波带板激光准直原理，是 20 世纪 80 年代初在光学视准线基础上开发研制的监测水平位移的准直线法。激光准直系统分为真空激光准直系统和大气激光准直系统，两者布置形式基本相同，只是真空激光准直系统采用了真空管道，测量精度比大气激光准直系统更高。

激光准直装置的优点是能同时监测水平位移和垂直位移，测量精度高，对准直线的长度没有要求，适应长度从几十米到 2km，且便于自动化观测。缺点是价格较贵，施工工艺和运行维护要求高。有些系统失败的根本原因是施工质量极差，真空管道严重漏气，管道内锈蚀产生的锈蚀粉尘影响正常观测。另外由于漏气量大，真空泵和电磁阀频繁启动，也会加速电磁阀损坏，最终使整个系统瘫痪。

激光准直（波带板激光准直）系统由激光点光源（发射点）、波带板及其支架（测点）、激光探测仪（接收端点）等组成；真空管道系统包括真空管道、测点箱、软连接段、两端平晶密封段、真空泵及其配件等。图 3.9 是真空激光准直系统的结构。

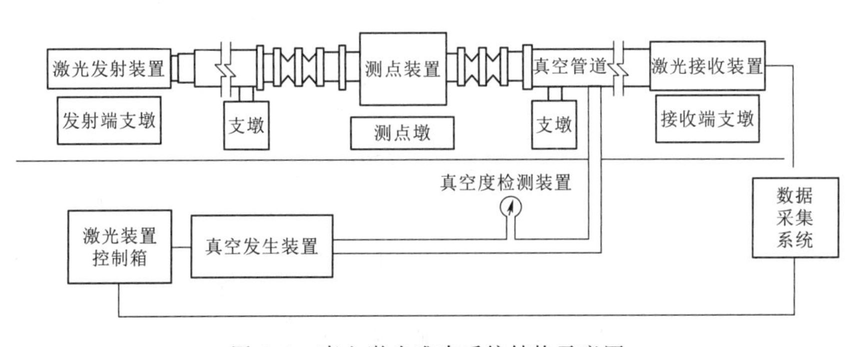

图 3.9 真空激光准直系统结构示意图

2. 正、倒垂线组合

采用垂线法进行水平位移监测，以过基准点的铅垂线为垂直基准线，沿垂直基准线的目标点相对于铅垂线的水平距离可通过垂线坐标仪、测尺或传感器测得。常用的垂线有正垂线和倒垂线两种。拱坝由于体型的限制，采用准直线法测量水平位移不方便，正、倒垂线组是监测拱坝水平位移的主要手段。

正垂线观测系统通常采用直径 1.5～2mm 的不锈钢丝，下端挂上 20～40kg 的重锤，用卷扬机悬挂在坝顶的某一固定点，通过竖直井到达坝底基点。根据观测要求，沿垂线在不同高程处及基点设置观测墩，利用固定在墩上的坐标仪，测量各观测点相对于此垂线的位移值。在混凝土坝、砌石坝、拱坝、双曲拱坝等的挠度观测中，通常采用正垂线法来测定。正垂装置借助垂线坐标仪测出沿垂线不同高程的测点相对于垂线固定点的水平投影距离，求得各测点的水平位移值，并计算出坝体挠度变形。由于沿高程的水平位移反映了观测对象挠曲情况，故也称挠度观测。这里的挠度是坝体各部位测点相对于坝底基点水平方向的变形，是一种相对位移。

正垂线观测与位移计算方法可分为一点支承多点观测法和多点支承一点观测法。一点支承多点观测法是利用一根正垂线观测各测点的相对位移值的方法，见图 3.10（a）。测读仪安装在不同的高程处（测点设计高程）。S_0 为垂线最低点与悬挂点之间的相对位移，S 为任一点 N 与悬挂点之间的相对位移，S_N 为任一点 N 处的挠度，则有

$$S_N = S_0 - S \tag{3.2}$$

多点支承一点观测法是将多根正垂线悬挂在不同高程处（测点设计高程），而将测读仪安装在最低测点高程处的方法，见图 3.10（b）。各测点的观测值减初始值即为各测点与垂线最低点之间的相对挠度 S_0、S_1、…、S_N。

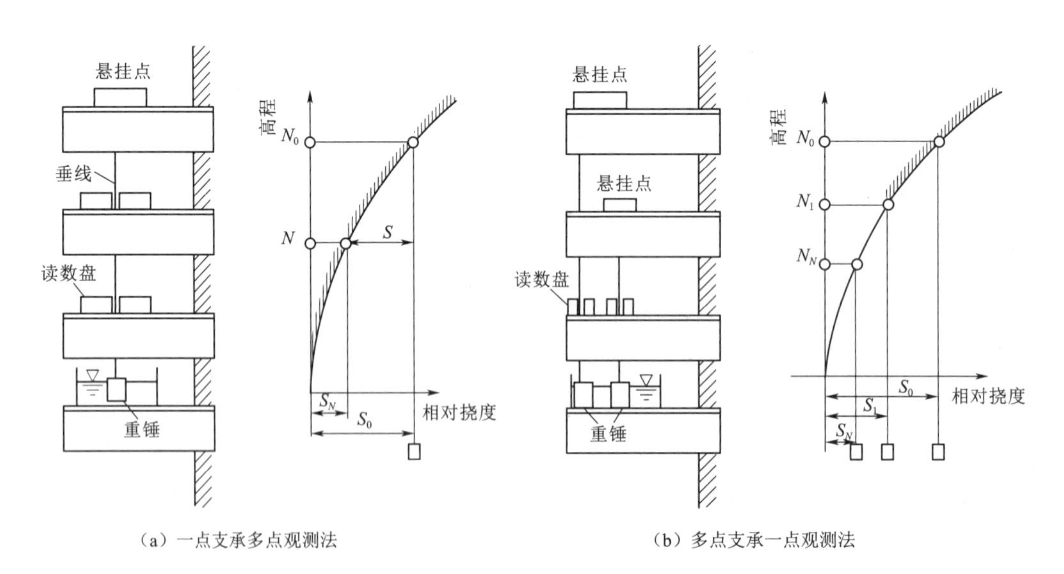

（a）一点支承多点观测法　　（b）多点支承一点观测法

图 3.10　正垂线计算简图

倒垂线观测系统垂线下端固定在基岩深处的孔底锚块上，上端与浮筒相连，在浮力作用下，钢丝在铅直方向被拉紧并保持不动。在各观测点设观测墩，安置仪器进行观测，即得到各测点相对于基岩深处的绝对挠度值，见图3.11中的S_0、S_1、S_2等。这就是倒垂线的多点观测法。倒垂线可以观测坝体的挠度和水平位移，也可用于工作基点的校核（一般用于土石坝）。

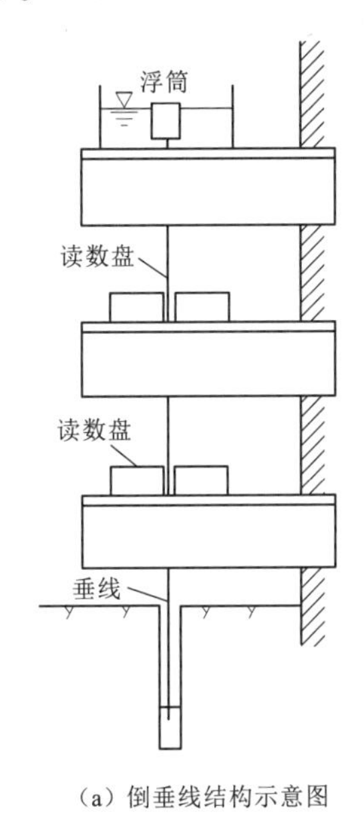

（a）倒垂线结构示意图

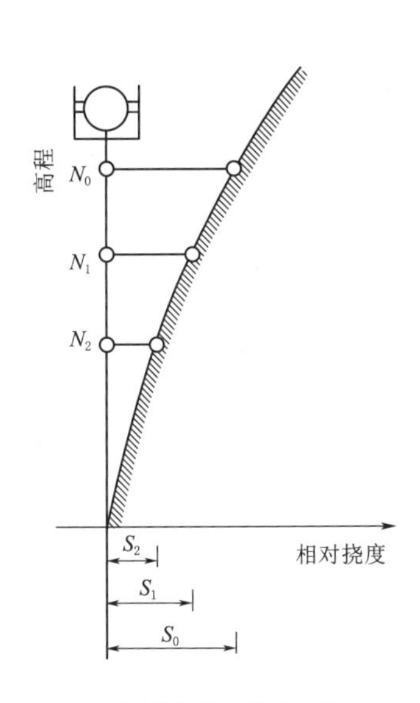

（b）倒垂线位移计算示意图

图3.11　倒垂线计算简图

根据大坝的不同情况，正垂线、倒垂线可以单独使用，也可以联合使用。一般情况下，为了监测坝体的绝对水平位移，高坝在同一坝段应设置一组正、倒垂线，低坝可只设一条倒垂线。按照现行规范，单条正垂线一般不超过50m，对于高坝，一般将线体分成一条倒垂线和几条正垂线结合布置。

当采用正、倒垂线组合监测坝体水平位移时，应将正垂装置与倒垂装置紧邻设置。当通过垂线坐标仪测得倒垂所在位置的位移变化后，认为紧挨着的正垂所在位置的位移变化是一样的，把相对于基准锚固点的位移变化量传递到正垂观测墩上，再根据安装在正垂观测墩上的垂线坐标仪测读数据的变化，通过叠加手段，确定正垂悬挂点相对于基准锚固点的位移变化。对于正倒垂组合监测而言，其正垂装置是大坝等工程建筑物外部变形观测的间接基准装置，可作为原始基准（倒垂线）的延伸段。此外，还应注意倒垂线钻孔深入基岩的深度要满足规范要求，达到变形影响范围之外。图3.12为某拱坝正、倒垂线组合监测的垂线布置图。

3. 交会法

如图3.13所示，交会法是利用2个或3个已知坐标的工作基点（A点和B点），用经纬仪或全站仪测定位移测点（P点）的坐标变化，从而确定其水平位移值。交会法包括测角交会法、测边交会法和边角交会法等。

（1）测角交会法。采用测角交会法时，在交会点上所成的夹角最好接近90°，但不宜

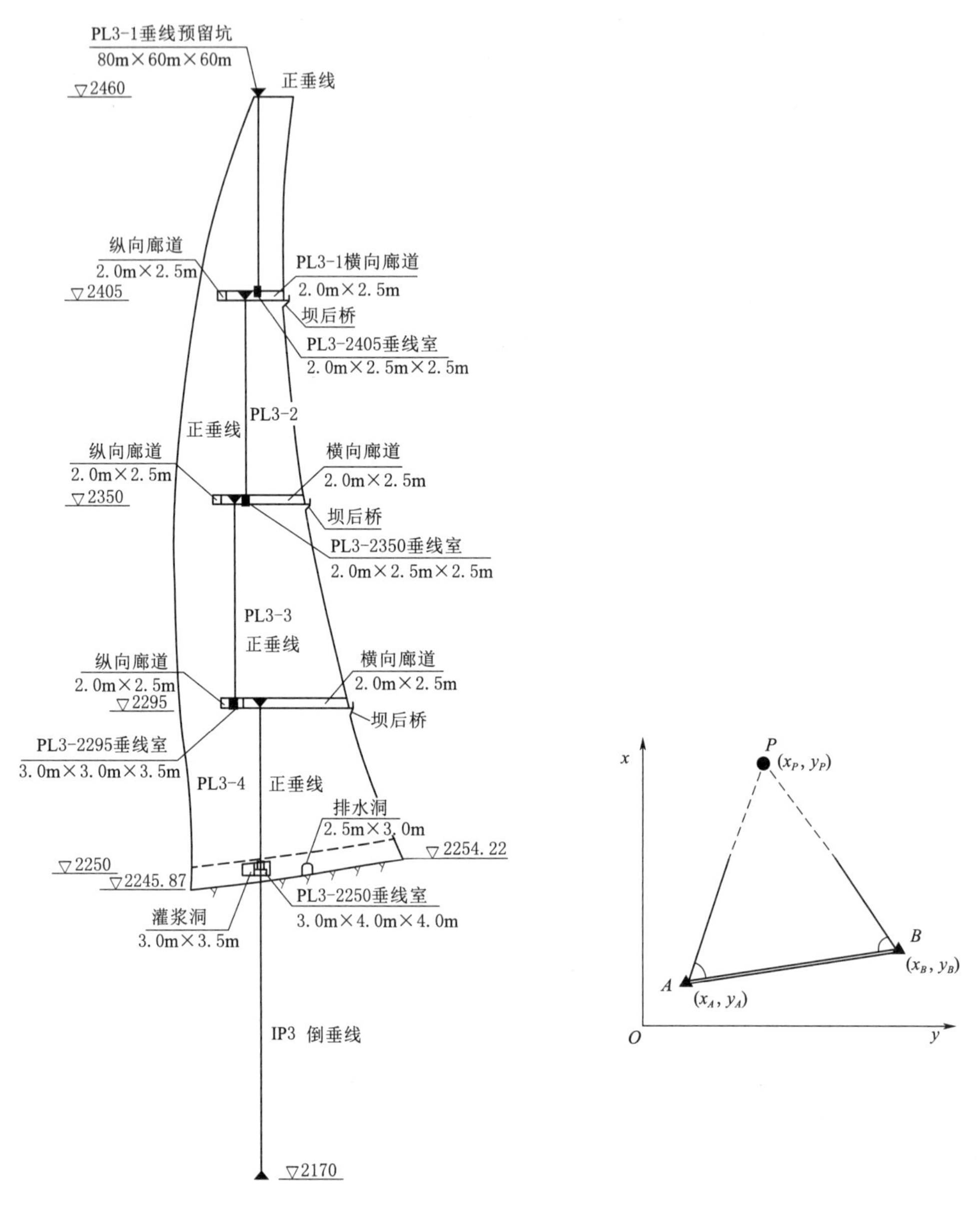

图 3.12 某拱坝正、倒垂线组合监测的垂线布置图

图 3.13 交会法测量简图

大于 120°或小于 60°。工作基点到测点的距离不宜大于 200m。当采用三方向交会时，上述要求可适当放宽。测点上应设置觇牌塔式照准杆或棱镜。

（2）测边交会法。采用测边交会法时，在交会点上所成的夹角最好接近 90°，但不宜大于 135°或小于 45°。工作基点到测点的距离不宜大于 400m。在观测高边坡和滑坡体时，不宜大于 600m。测点上最好安置反光棱镜。

（3）边角交会法。采用边角交会法时，观测精度比单独测角或单独测边有明显提高，对交会点上所成的夹角没有严格的要求。工作基点到测点的距离不宜大于 1km。交会法测点观测墩的结构同视准线墩，但墩顶的固定觇牌面应与交会角的分角线垂直，觇牌上的

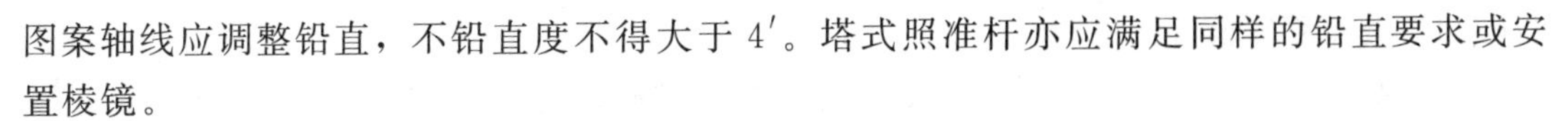

图案轴线应调整铅直，不铅直度不得大于 4′。塔式照准杆亦应满足同样的铅直要求或安置棱镜。

4. 卫星定位

卫星定位的原理是利用卫星播发时间信号，当设备接收到后，可以根据信号发射时间和本地时间，计算出信号传输时间，再结合光速获得卫星—设备距离。有了多颗卫星的信号，可以列出一组方程，求解 4 个未知数：设备的三维坐标 x、y、z，以及本地时间与 GNSS（全球卫星导航系统）的时间差。

GPS（全球定位系统）大坝位移监测点的定位主要有绝对定位和相对定位。绝对定位的精度一般较低，因此，在 GPS 大坝位移监测中，应采用相对定位。GPS 相对定位是将两台 GPS 接收机分别安置在基线的两端，并同步观测相同的 GPS 卫星，以确定基线端点在协议地球坐标系中的相对位置或基线相量。这种方法可以推广到多台接收机安置在若干基线的端点，通过同步观测 GPS 卫星以确定多条基线相量的情况。

最早的卫星定位系统是美国在 20 世纪 60 年代开发的子午仪系统，后续在 70 年代开发出了 GPS，目前的 GPS 由 24 颗卫星构成。除了 GPS，世界多国也开发出了自己的卫星定位系统，主要的有中国的北斗系统、俄罗斯的格洛纳兹系统、欧盟的伽利略系统，见表 3.9，此外日本和印度也开发了区域定位系统。根据最新的研究成果，我国的北斗系统水平位移的监测精度优于±2mm，高程测量精度优于±3mm。

表 3.9　　国际上已建成的卫星定位系统

名称	国家	卫星数	特　点
GPS	美国	24	建成时间最久，用户渗透率最高
北斗	中国	30	亚太地区覆盖率高，支持短报文通信
格洛纳兹	俄罗斯	24	高纬度地区覆盖好
伽利略	欧盟	27	多频段，多业务

卫星定位的优点是可以向用户提供连续、实时、高精度的三维位置、三维速度和时间信息，测量不但简便，定位精度好，而且成本低，经济效益高，已取代三角测量、三边测量和导线测量等常规大地测量技术，广泛用于建立全国性的大地控制网、建立陆地和海洋的大地测量基准、地壳变形监测和高精度工程变形监测等领域。目前卫星定位已在大坝变形监测、高边坡变形监测等方面得到了应用，可以解决其他监测手段所不能解决的一些难题，实用前景广阔。

3.3.2.2　监测布置

1. 混凝土坝

（1）监测断面。对于重力坝，在河床溢流坝段宜每 3～5 个坝段布置 1 个监测断面；厂房坝段宜每 2～4 个坝段布置 1 个监测断面；非溢流坝段宜布置 1 个监测断面。具体监测断面的确定宜结合结构设计成果和地质条件，布置在高度较大、地质条件较差、结构和受力条件复杂的坝段。拱坝监测断面应布置在拱冠和拱座部位，对于较高的 1 级、2 级拱坝还宜结合地质条件，在 1/4 拱、3/4 拱附近布置监测断面。砌石坝等其他坝型的监测断面可参照重力坝和拱坝，并结合坝型自身特点布置。对于 1 级、2 级大坝宜分设重点监测断面和一般监测断面。

（2）测点布置。大坝水平位移测点应在坝顶和基础附近设置，高坝还应在中间高程设置测点，并宜利用坝顶和坝体廊道延伸到两岸岩体内的平洞设置水平位移测点。在观测纵断面上的每个坝段、每个垛墙或每个闸墩布设一个标点，对于重要工程也可在伸缩缝两侧各布设一个观测标点。校核基点可布设在两岸灌浆廊道内，也可采用倒垂线作为校核基点，此时校核基点与倒垂线的观测墩宜合二为一。

拱坝的拱冠和坝顶拱端应设置垂线，坝轴线较长的拱坝还应在 1/4 拱处设置垂线。垂线与各高程廊道相交处应设置垂线观测点。

采用引张线法监测时，若重力坝坝线长度大于 500m，宜分段设置引张线，分段端点均宜设垂线作为工作基准。采用视准线法监测时，视准线长度不宜过长，用于重力坝时不宜超过 300m，用于拱坝时不宜超过 500m。

坝高 200m 以上的高拱坝应进行谷幅、弦长监测，宜在两岸坝肩及上下游侧成对布置测点，可采用测距法或其他适宜的方法监测。

工程实例 1：新安江水库大坝为混凝土重力坝，其坝顶水平位移监测主要采用引张线法监测，其河床溢流坝段布置一条测线，左右岸非溢流坝段分别布置一条测线，共 3 条测线，基本保证各坝段含一个位移测点。该坝变形监测布置见图 3.14。

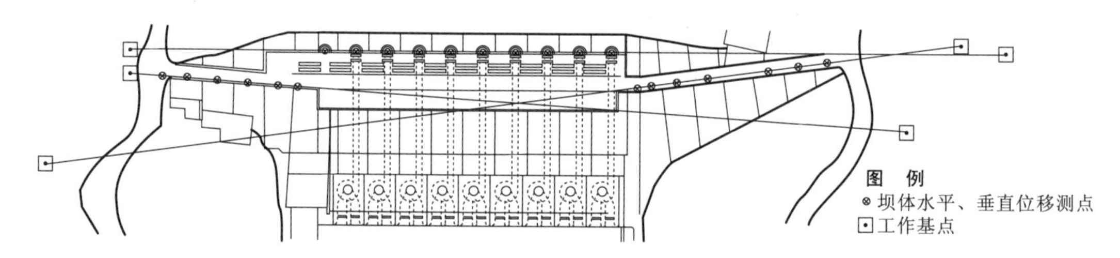

图 3.14 新安江水库大坝变形监测布置图

工程实例 2：拉西瓦拱坝布置 7 组正、倒垂线组，分别布置在左右两坝肩、4 号、7 号、11 号、16 号和 19 号坝段，共 29 个测点。正垂线依据大坝内部各廊道的布置分段布设。图 3.15 为拉西瓦拱坝正、倒垂线系统监测布置图。

2. 土石坝

土石坝表面变形监测与内部变形监测应能相互印证，横向监测断面不宜少于 3 个，宜选在最大坝高、地形突变、地质条件复杂等部位。对于坝高在 100m 以上的高土石坝或地形地质条件复杂的土石坝，应设置坝体内部纵向监测断面。纵向监测断面可由横向监测断面上的测点构成，必要时根据坝体结构、地形地质情况增设测点或断面。

（1）测线布置。1～3 级土石坝平行坝轴线的表面变形测线不宜少于 4 条，宜在坝顶设 1～2 条；在上游坝坡正常蓄水位以上设 1 条；在下游坝坡 1/2 坝高以上设 1～3 条；在 1/2 坝高以下设 1～2 条。对于 100m 以上的高心墙坝或坝基地质条件复杂的心墙坝，宜在坝顶心墙中心线设 1 条。对于位于深厚覆盖层或软基上的土石坝，宜在下游坝趾外侧增设 1～2 条。上游坝坡正常蓄水位以下，可视需要设临时测线。对于高面板堆石坝，应在各期上游面板顶部和相应部位的垫层料上设置施工期临时测线。4 级、5 级土石坝平行坝轴

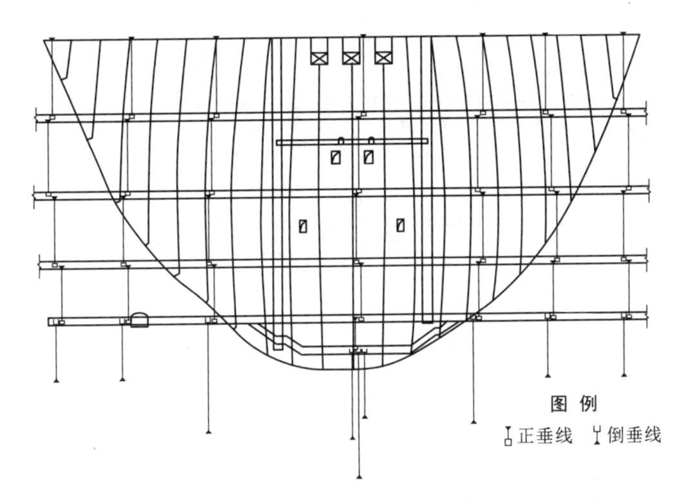

图 3.15 拉西瓦拱坝正、倒垂线系统监测布置图

线的表面变形测线不应少于 1 条。

(2) 表面测点布置。对于平行于坝轴线的表面变形测线，应在各条测线与监测横断面相交部位布置测点，并根据坝体结构、材料分区、地形地质及坝后观测房布置等情况增设测点。坝轴线长度小于 300m 时，测点间距宜取 20～50m；坝轴线长度大于 300m 时，测点间距宜取 50～100m。对于 V 形河谷中的高坝和坝基地形变化陡峻的土石坝，坝顶靠近两岸部位的测点适当加密。对于坝轴线较长的大坝，可适当增加测点间距。视准线工作基点应在测线两岸延长线上各布置 1 个。当坝轴线为折线或坝长超过 500m 时，可在折点处或测点间增设工作基点。视准线工作基点应与变形监测网定期联测。表面变形测墩应布置在距离障碍物 1m 以上的位置，垂直位移测点宜与水平位移测点同体布置。图 3.16 为某心墙土石坝表面水平位移及垂直位移变形监测布置图。

(3) 内部变形监测。内部变形包括分层竖向位移、分层水平位移、界面位移及深层应变等。内部变形监测可采用分层水平监测和分层竖向监测布置方式。分层水平监测可采用水管式沉降仪、引张线式水平位移计等；分层竖向监测可采用测斜仪、电磁式沉降仪或两者相结合的方式。

采用水平分层方式布置时，典型横向监测断面上可布置 3～5 个监测层面，层面间距 20～50m，1/3、1/2、2/3 坝高宜设为监测层面。同一监测层面上下游方向测点间距 20～40m，坝体各主要分区应至少布置 1 个测点。同一横向监测断面各监测层面的测点在垂直向宜重合，以形成竖向测线。水平位移测点和垂直位移测点宜布置在同一位置。

采用竖向方式布置时，典型监测横断面宜布置 2～5 个竖向测线，宜在横断面上的坝轴线附近及下游坝面设置测线。测线底部应深入基础变形相对稳定部位。测线上垂直位移测点间距可设置为 5～10m。对于深厚覆盖层或软土地基宜在建基面及坝基内部布置测点。

采用水平分层方式和竖向方式结合布置时，两者的监测断面位置应一致，测点数量应根据监测要素综合考虑。图 3.17 为洪家渡面板坝内部变形监测布置图。

土石坝监测布置除上述要求之外，对于高面板堆石坝，宜监测面板与垫层料接触面的脱空变形，每个监测断面上的测点间距宜为 10～20m，每期面板顶部应加密监测点。而

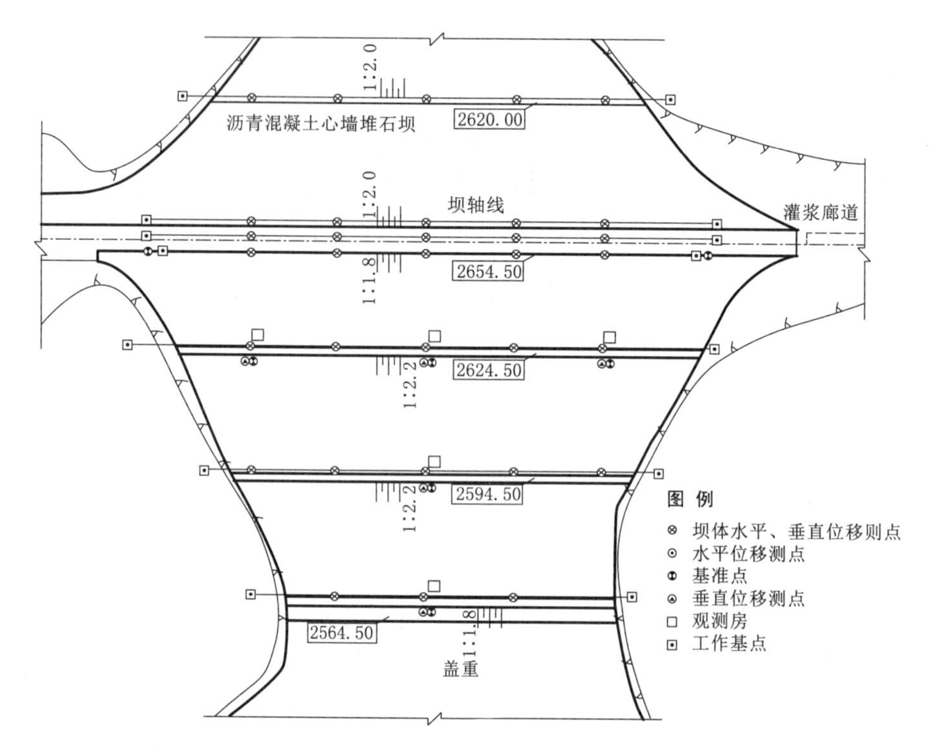

图3.16 某心墙土石坝表面变形监测布置（单位：m）

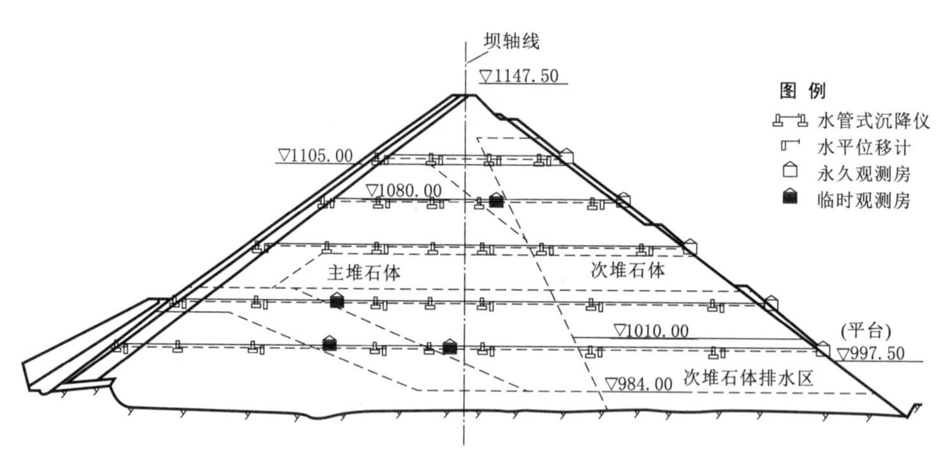

图3.17 洪家渡面板坝内部变形监测布置

土质心墙或斜墙内部变形监测宜采用竖向测线的布置方式，坝体其他部位内部变形监测可采用水平分层方式、竖向方式或两者相结合的布置方式。对于坝高在100m以上的高心墙坝，可采用布置水平向或竖向测线的方式监测上游坝体内部变形，但测线不得穿过心墙。此外，界面位移监测点宜布置在不同坝料交界处、土石坝与混凝土建筑物结合部位、坝体与陡峻岸坡连接处等部位。在坝体防渗心墙的上、下游侧，宜设置心墙与过渡料接触面的剪切和法向位移监测点，监测断面应与坝体内部变形监测断面一致。在坝体防渗体与基础防渗墙结合处，宜在结合部位的上、下游侧布置监测点。

3.3.3 垂直位移监测

3.3.3.1 监测方法

垂直位移监测方法见表3.10。

表3.10 垂直位移监测方法

监测部位或目的	方法	说明
混凝土坝	一等或二等精密水准法	坝体、坝基均适用
	三角高程法	可用于薄拱坝
	激光准直法	两端应设垂直位移工作基点
	静力水准法	可布置于坝顶或廊道中
土石坝	二等或三等精密水准法	坝体、坝基均适用
	三角高程法	可配合光电测距仪使用或用全站仪
	激光准直法	两端应设垂直位移工作基点
	卫星定位	坝端或近坝等便于观测区域设置1～2个基准站
近坝区岩体	一等或二等精密水准法	观测表面、山洞内及地基回弹位移
	三角高程法	观测表面位移
高边坡及滑坡体	二等精密水准法	观测表面及山洞内位移
	三角高程法	可配合光电测距仪使用或用全站仪
	卫星定位	监测范围大时适用
内部及深层	沉降板法	固定式，观测地基和分层位移
	沉降仪法	活动式或固定式，可测分层位移
	多点位移计法	固定式，可测各种方向及深层位移
	变形计法	观测浅层位移
高程传递	垂线法	一般均适用
	铟钢带尺法	一般需利用竖井
	光电测距仪法	要用旋转镜和反射镜
	竖直传高仪法	可实现自动化测量，但维护比较困难

1. 精密水准法

水准测量国家等级划分为一等、二等、三等、四等水准测量，等级是根据环线周长、附和路线长、偶然中误差、全中误差来划分的，不同等级水准测量的精度不同，见表3.11。

表3.11 不同等级水准测量误差要求

测量等级	每千米水准测量偶然中误差/mm	每千米水准测量全中误差/mm
一等	0.45	1.00
二等	1.00	2.00
三等	3.00	6.00
四等	5.00	10.00

精密水准测量一般指国家二等或二等以上的水准测量。对混凝土坝垂直位移的监测宜按一等水准进行观测，土石坝及滑坡体宜按二等水准进行观测，并尽量组成水准网。对于中小型工程和施工期的工程，根据位移变化情况，必要时可以考虑降低1个等级。

精密水准测量必须用带测微器的精密水准仪和膨胀系数小的水准标尺，以提高读数精度、削弱温度变化对测量结果的影响。仪器至标尺的距离为35～60m，且与前后标尺的距离基本相等，同时采用完善的观测程序，以削减水准仪残余的微小倾斜带来的影响和大气折光影响。

采用精密水准法测量水工建筑物的垂直位移一般采用附合水准路线，监测设计时重点关注水准基点、工作基点和位移标点的布置。

（1）水准基点。水准基点又称水准原点，是观测的基准点，应根据建筑物规模、受力区范围、地形地质条件及观测精度要求等综合考虑，原则上要求该点长期稳定，且变形值小于观测误差。一般在大坝下游1～5km处布设一组或在两岸各布设一组3个水准基点，组成边长50～100m的等边三角形，以便检验水准基点的稳定性。对于山区高坝，可在坝顶及坝基高程附近的下游分别建立水准基点。水准基点宜用双金属标或钢管标。若用基岩标，应成组设置，以便校验水准基点是否稳定。

（2）工作基点。工作基点是观测位移标点的起始点或终结点，应力求布设在与所测标点大致相同的高程上，如坝顶、廊道或坝基两岸的山坡上。对于土坝，可在每一纵排标点两端岸坡上各布设1个。图3.18为不同形式的工作基点。

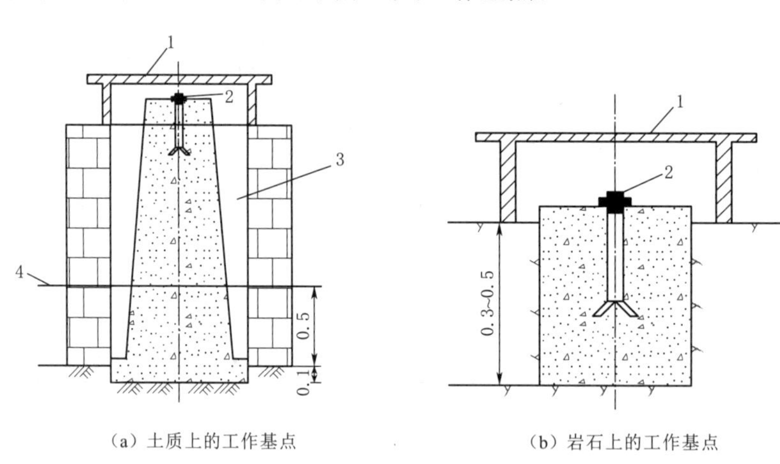

（a）土质上的工作基点　　（b）岩石上的工作基点

图3.18 不同形式的工作基点（单位：m）

1—盖板；2—标点；3—填砂；4—冰冻线

（3）位移标点。一般分别在坝顶及坝基处各布设1排标点，在高混凝土坝中间高程廊道内和高土石坝的下游马道上，也应适当布置垂直位移观测标点。另外，在混凝土坝每个坝段相应高程各布置1点；对于土石坝，沿坝轴线方向至少布置4～5点，在重要部位可适当增加；对于拱坝，在坝顶及基础廊道每隔30～50m布设1点，其中在拱冠、1/4拱及两岸拱座应布设标点，近坝区岩体的标点间距一般为0.1～0.3km。

位移标点可以采用图3.3所示的综合标。综合标是指将采用视准线法监测坝体水平位移的标点与监测坝体垂直位移的精密水准法的位移标点布置在一起，二者距离很近，认为是空间同一位置。坝体上的标点宜采用地面标志、墙上标志、微水准尺标，坝外标点宜采用岩石标和钢管标。混凝土坝廊道内的位移标点见图 3.19（a）；钢管标见图 3.19（b）。

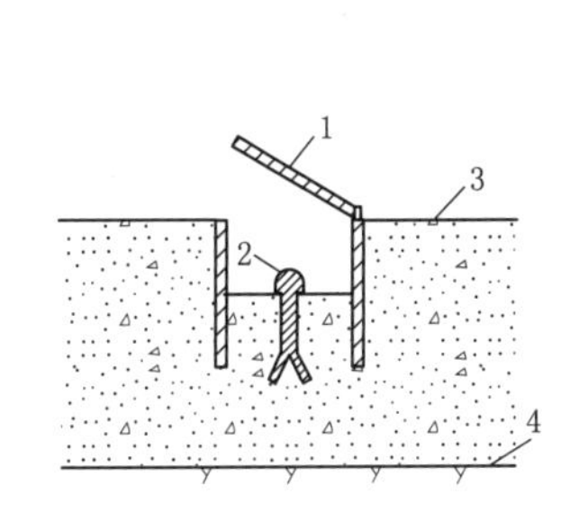

（a）混凝土标

1—盖板；2—标点；3—廊道底板；4—基岩

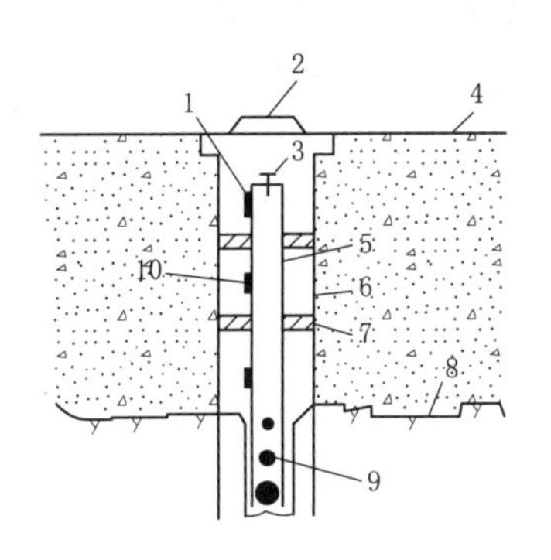

（b）钢管标

1—电缆；2—盖板；3—标点；4—廊道底板；5—内管；6—外管；7—橡皮圈；8—基岩；9—排浆孔；10—电阻温度计

图 3.19　不同形式的位移标点

2. 三角高程法

三角高程法是指通过观测两个控制点的水平距离和高度角求两定点间高差的方法。它观测方法简单，受地形条件限制小，是测定大地控制点高程的基本方法。在水电施工测量的实际工作中，尤其是在高陡山区进行施工测量作业时，由于受场地限制和地形的影响，控制网点的高程值无法用正常的水准测量方法来进行测量，而且部分控制点的水准线路根本无法顺利到达。这时就有必要采取三角高程法代替水准测量。三角高程法测量原理如图 3.20 所示。

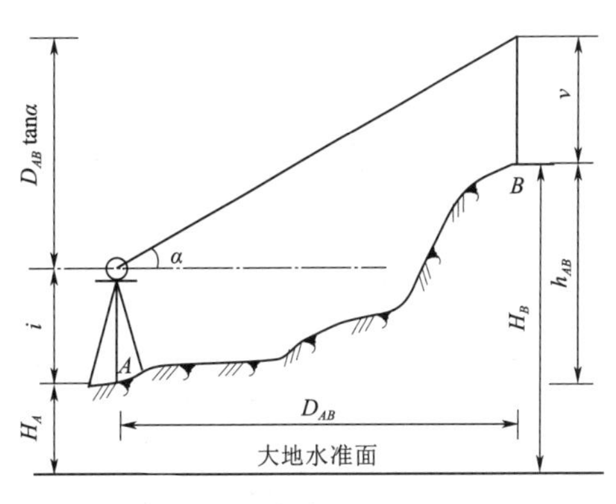

图 3.20　三角高程法测量原理

A、B 两点间的高差 h_{AB} 为

$$h_{AB}=D_{AB}\tan\alpha+i-v \tag{3.3}$$

B 点的高程 H_B 为

$$H_B=H_A+h_{AB}=H_A+D_{AB}\tan\alpha+i-v \tag{3.4}$$

公式中符号的意义如图 3.20 所示。

测量步骤如下：

（1）在测站上安置仪器（经纬仪或全站仪），量取仪高；在目标点上安置觇标（目标杆或棱镜），量取觇标高。

（2）采用经纬仪或全站仪应用测回法观测竖直角度，取平均值为最后计算取值。

（3）采用全站仪或测距仪测量两点之间的水平距离或斜距。

（4）采用对向观测，即仪器与目标杆位置互换，按前述步骤进行观测。

（5）应用推导出的公式计算高差，并由已知点高程计算未知点高程。

3. 静力水准法

静力水准法可测量建筑物各测点间相对高程变化，主要适用于大型建筑物如水库大坝、高层建筑物、核电站、地铁等不均匀沉降和倾斜监测，优点在于能比较直观地反映各测点之间的相对沉降。

静力水准系统由主体容器、液体、传感器、浮子、连通管和通气管等部分组成，见图3.21。主体容器内装一定高度的液体。连通管用于连接其他静力水准仪测点，并将各个测点连成一个连通的液体通道，使主体容器内各测点的液面始终为同一水平面。传感器通常安装在主体容器顶部，浮子则置于主体容器内，浮子随液面升降而升降，浮子将感应到的液面高度变化传递给传感器。

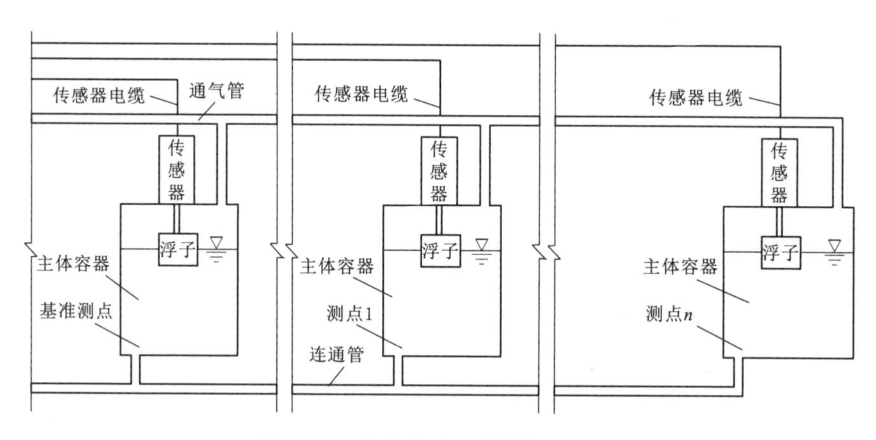

图3.21　静力水准系统结构示意图

静力水准系统根据所使用的传感器不同可分为钢弦式静力水准仪、电容式静力水准仪、电感式静力水准仪、CCD式静力水准仪和光纤光栅式静力水准仪等。其中，钢弦式静力水准仪是目前应用最为广泛的仪器类型。静力水准仪虽然种类较多，但工作原理和结构型式基本相同，主要区别在于测读液面高度变化的方法与手段不同。

静力水准系统测量的工作原理见图3.22。容器1与容器2相互连结，分别安置在欲测测点A与测点B处，两容器内装有相同的均匀液体（即同类液体并具有同样的参数）。当初始安装完成，液体完全静止后，两容器内液体的自由表面处于同一水平面上，高程为EL1，见图3.22（a）。现假设测点A发生了沉降Δh，测点B保持不变，则容器2内的部分液体会流向容器1，并最终达到新的平衡，两容器内液体的自由表面高程变为EL2，见图3.22（b）。容器1内的液体高度由H_1变为H'_1，变幅为$\Delta h_1=H_1-H'_1$；容器2内的液体高度由H_2变为H'_2，变幅为$\Delta h_2=H_2-H'_2$。因容器1和容器2内径相同，则有

$$|\Delta h_1|=|\Delta h_2| \tag{3.5}$$

故测点A的沉降量为

$$\Delta h=|\Delta h_1|+|\Delta h_2| \tag{3.6}$$

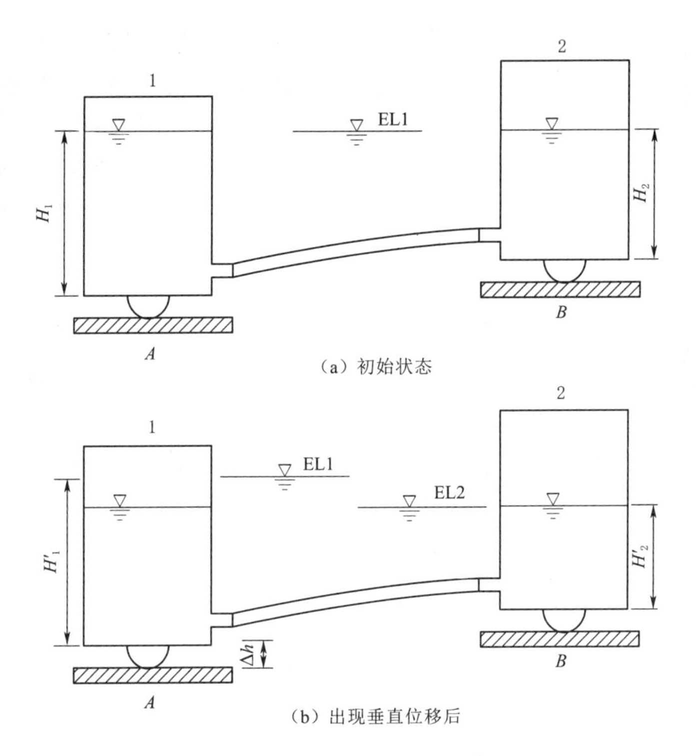

图 3.22 静力水准系统测量的工作原理图

在容器内安装不同类型的传感器可以测得容器内的液面变化量 Δh_1 和 Δh_2，即可计算出测点 A 相对于测点 B 的沉降量。实际监测中，两测点之间的水平距离 S 可以量测出，因此两测点的相对倾斜量也可以求出。

根据上述原理，可以在水工建筑物及基础内布设多个测点，并连成系统，监测各测点之间的相对沉降和倾斜。对于多测点静力水准系统，每个测头均需加接三通接头，使各测点之间的水管连通，各测点容器上部与大气相通，且基本位于同一高程处。多测点静力水准系统中一般选择一个稳定的不动点作为基准点，测出其他测点相对于不动点的沉降量。基准点纳入建筑物变形监测系统中，可定期对基准点高程进行校核。

4. 沉降仪法

沉降仪是安装埋设在堤坝、土石坝、地基内部或外表面，用于监测垂直位移变化的仪器。沉降仪主要有水管式沉降仪、电磁式沉降仪以及液压式沉降仪等类型。

(1) 水管式沉降仪。水管式沉降测量装置亦称水管式沉降仪，即静水溢流管式沉降仪，它是利用液体在连通管两端口保持同一水平面原理制成。水管式沉降仪主要由沉降测头、管路系统（包括连通水管、通气管、排水管和保护管）、供水系统（包括水箱和压力室）、测量系统（包括测量管、测尺和供水分配器）等部分组成，见图 3.23。自动测量式水管式沉降仪还应包括量测传感器、测控单元及电磁阀等部件。

当观测人员在观测房内测出连通管一个端口的液面高程时，便可知另一端（测点）的液面高程，前后两次高程读数之差即为该测点的沉降量，计算公式为

$$S_1=(H_0-H_1)\times 1000 \tag{3.7}$$

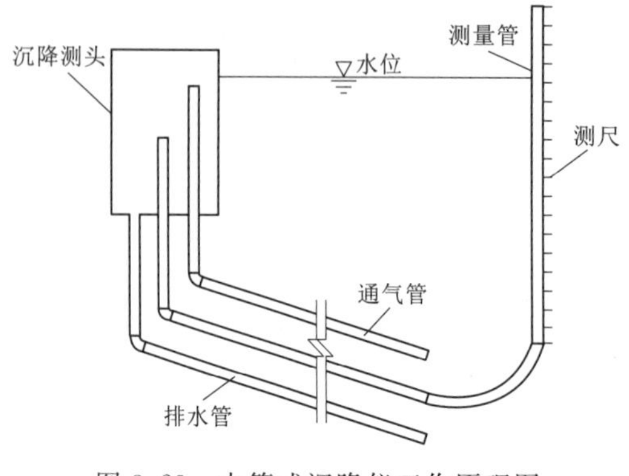

图 3.23 水管式沉降仪工作原理图

式中：S_1为测点的沉降量，mm；H_0为埋设时沉降测头的溢流测量管口的高程，m；H_1为观测时刻测得的液面高程，m。

（2）电磁式沉降仪。电磁式沉降仪是安装埋设在堤坝、土石坝、地基内部或外表面，用于监测竖直向不同高程垂直位移变化的仪器。电磁式沉降仪分为电磁振荡式和干簧管式两类沉降仪。干簧管式沉降仪的构造与电磁振荡式沉降仪基本相同，不同之处在于干簧管式沉降仪的探头采用干簧管制成，而示踪环采用永久磁铁制成。

电磁式沉降仪主要由探头、沉降环或沉降盘、电缆和测尺等组成。探头由圆筒形密封外壳和电路板组成。探头一端与长钢卷尺（两侧带有导线，并与卷尺一同压入尼龙或透明塑料中）或有刻度标识的电缆相连。钢卷尺或电缆平时盘绕在滚筒上，滚筒与脚架连为一体。测量时将脚架放置在观测管管口外，将探头放入测管中。测管采用 PVC 管或 ABS 管制成，由主管和连接管组装而成。连接管是伸缩的，套于两节主管之间，用自攻螺丝定位。沉降环或沉降盘套于主管之上，与主管一起埋入钻孔或填土中。电磁式沉降仪结构见图 3.24。

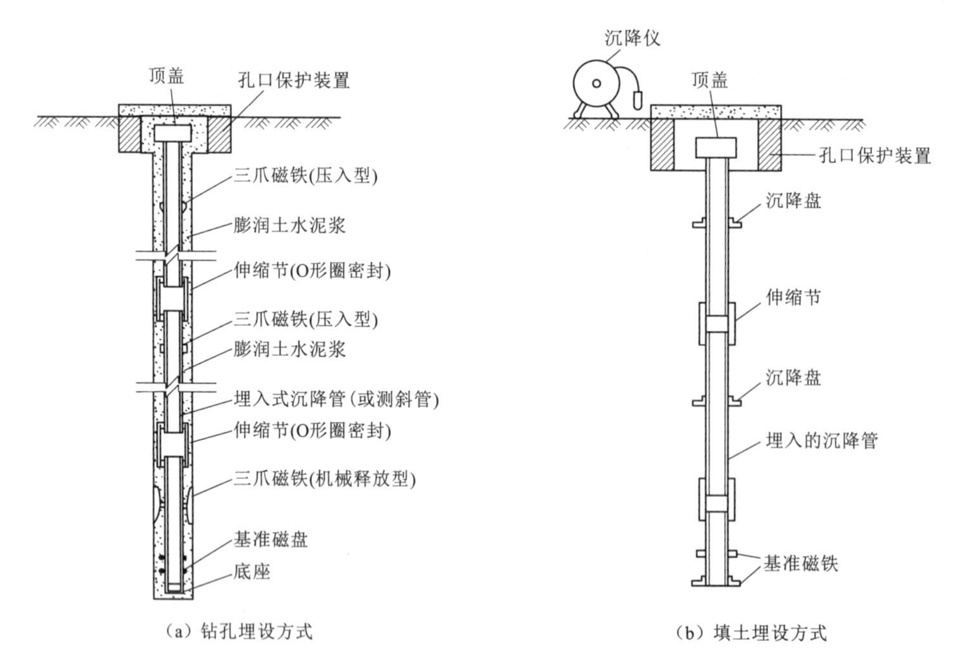

(a) 钻孔埋设方式　(b) 填土埋设方式

图 3.24 电磁式沉降仪结构示意图

电磁式沉降仪将带有永久磁铁的锚固点穿过测管轴线并锚固在地下，带有读数开关的测量探头通过钢尺连接放入观测管中，在钢尺的两侧带有两根导线，当探头通过每个锚固点时，将会使探头读数开关闭合，然后会使放置在地表钢尺绞盘上的蜂鸣器发声。当蜂鸣器鸣叫时，通过读取钢尺上的读数得到锚固点的深度。一般，最底部的锚固点会深入基岩，可作为基准点，土体沉降可用其他测点相对于基准点的绝对位移来计算。如果最深点锚固点不能深入基岩：则必须根据每个测点相对于观测管顶部（或孔口）的相对位移与测管顶部（或孔口）相对于外部垂直变形基准点的相对位移之和计算测点高程，从而得到土体的沉降变化。

（3）液压式沉降仪。液压式沉降仪是利用测头内压力传感器测得的液体压力变化计算测点沉降量的沉降仪。储液罐放置在固定的基准点上，储液罐与测点传感器之间采用两根充满液体的通液管连接。传感器通过通液管感应液体的压力，并换算成液柱的高度，由此可以在储液罐和传感器之间测量出不同高程的任意测点的高度，从而对堤坝、公路填土及相关建筑物的内外部沉降进行监测。

液压式沉降仪主要由测头、压力传感器、管路（包括通液管、通气管和保护管）、液体容器（包括补液装置）、电缆、量测装置（测读仪表）等部分组成，见图 3.25。

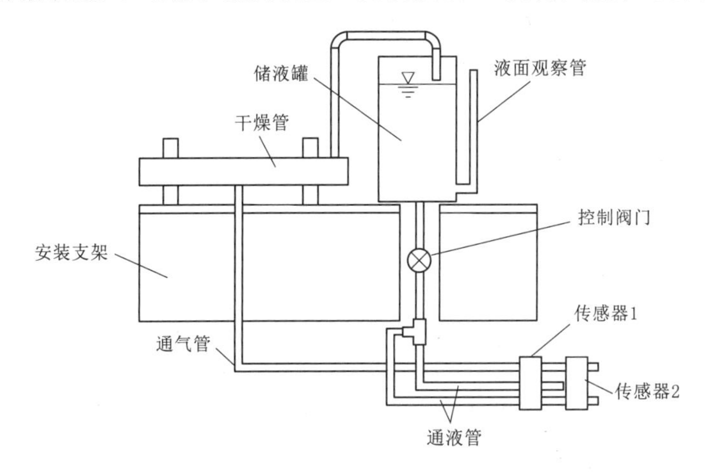

图 3.25　液压式沉降仪工作原理图

钢弦式沉降仪是液压式沉降仪的主要形式之一。钢弦式沉降仪可分为填土中水平方向安装型和钻孔中垂直方向安装型。水平安装型一般埋设于填土中，对同一断面、同一高程上的土体沉降分布情况进行监测；垂直安装型一般理设于钻孔中，对同一孔中不同高程的土体沉降分布情况进行监测。水平安装型的传感器与沉降盘均位于测点处；垂直安装型的沉降盘位于孔口处，而传感器位于测点处。

5. 高程传递方法

竖直传高系统的基本原理是采用标准尺测定竖直高度（高差），采用两种线膨胀系数相差较大的金属丝进行高差差分观测，测定其变化量，根据变化量求算各次高程传递时的竖直高度（高差），同时根据两种不同线膨胀系数的钢丝的变化差值进行温度修正。

竖直传高系统主要用于大坝、竖井、矿山、高层建筑中的高程垂直传递，对于多层建筑，可以一次直接传递高程，也可以分层连续传递。仪器可用于两相邻层面或不同层面间伸缩变形、垂直位移的监测，也可用于大坝的变形监测。仪器既可目视观测，配上自动化测量装置还可以进行自动采集、传输及数据处理。竖直传高系统一般由接测标志 1、接测标志 2、传递丝、铟瓦合金检测带尺、位移传感器、位移换能电路、数字位移测量仪、采集控制系统等部分组成。

如图 3.26 所示，采用标准尺首次量测出上、下接测标志间的高差 H_0，同时测得传递丝 1 上差分观测标志 1 到基板 2 的距离为 d_{10}。第 i 次高程传递时，测得传递丝 1 上差分观测标志 1 到基板 2 的距离为 d_{1i}，设第 i 次上、下接测标志之间的高差为 H_i，基板 1 至差分观测标志 1 的高度为 L，则

$$H_i=L+d_{1i} \tag{3.8}$$

$$L=H_0-d_{10} \tag{3.9}$$

第 i 次上、下接测标志之间的高差 H_i的计算公式为

$$H_i=H_0+(d_{1i}-d_{10}) \tag{3.10}$$

安装在传递丝 1 上的位移传感器能直接反映出变化量 $d_{1i}-d_{10}$，由此高程传递自动化就能够得以实现。为了消除温度对高程传递丝 1 的影响，仪器中采用了另一种不同线膨胀系数的传递丝 2，通过差分观测能精确改正传递丝 1 受温度影响的变化，则高差为

$$H_i=H_0+(d_{1i}-d_{10})+k[(d_{2i}-d_{1i})-(d_{20}-d_{10})] \tag{3.11}$$

$$k=\frac{a_1}{a_1+a_2} \tag{3.12}$$

式中：d_{1i}、d_{10}、d_{2i}、d_{20}分别为传递丝 1 和传递丝 2 第 i 次和首次观测值；a_1、a_2 分别为传递丝 1 和传递丝 2 的线膨胀系数。

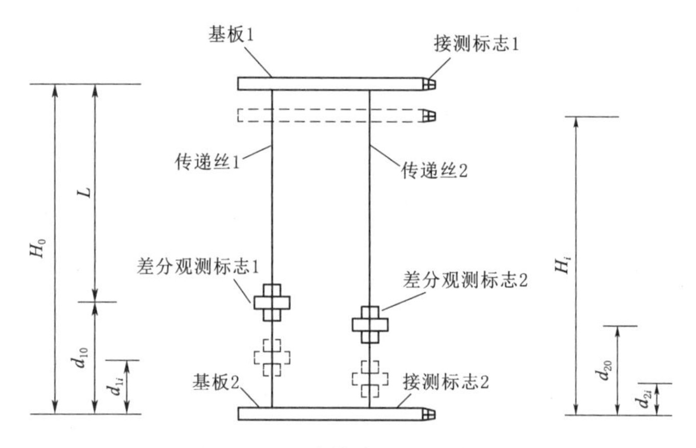

图 3.26　竖直传高系统工作原理

3.3.3.2　监测布置

1. 混凝土坝

表面垂直位移测点应尽量与水平位移测点结合布置，在主要监控断面应设坝体倾斜监测。根据地质及坝体结构情况，测点在基础和坝顶部位沿上下游方向布置，坝高大于 100m 的高坝还可在中间高程设置，以监测坝基的不均匀沉降和坝体倾斜。

应在基础廊道和坝顶各设一排垂直位移测点，高坝应根据需要在中间高程廊道内增设测点。坝顶和不同高程廊道的垂直位移可通过高程传递连接。精密水准宜在两岸相对稳定部位各设置 1 个工作基点，高坝宜在下游两岸不同高程的相对稳定部位布置工作基点。工

作基点应采用垂直位移监测网或双金属标定期校测。静力水准和真空激光准直监测系统的两端应各布置 1 个工作基点，如图 3.27 所示，工作基点宜设置钢管标或双金属标。

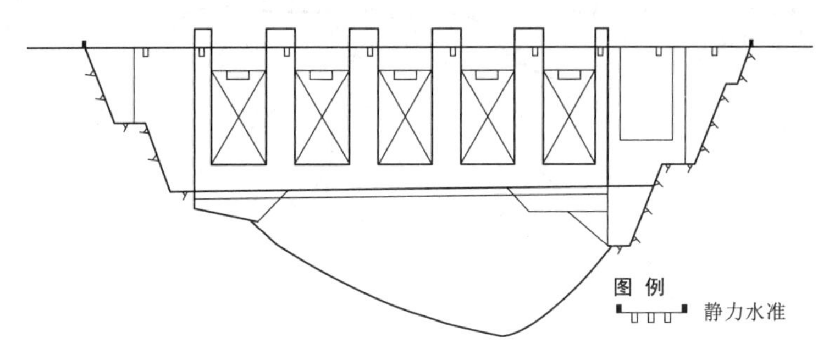

图 3.27 某重力坝坝顶静力水准监测布置示意图

基础测点宜设在横向廊道内，也可在下游基础廊道和上游基础廊道对应位置设置测点。坝体测点和基础测点宜设在同一坝段，并宜设在垂线所在的坝段内，如图 3.28 所示。

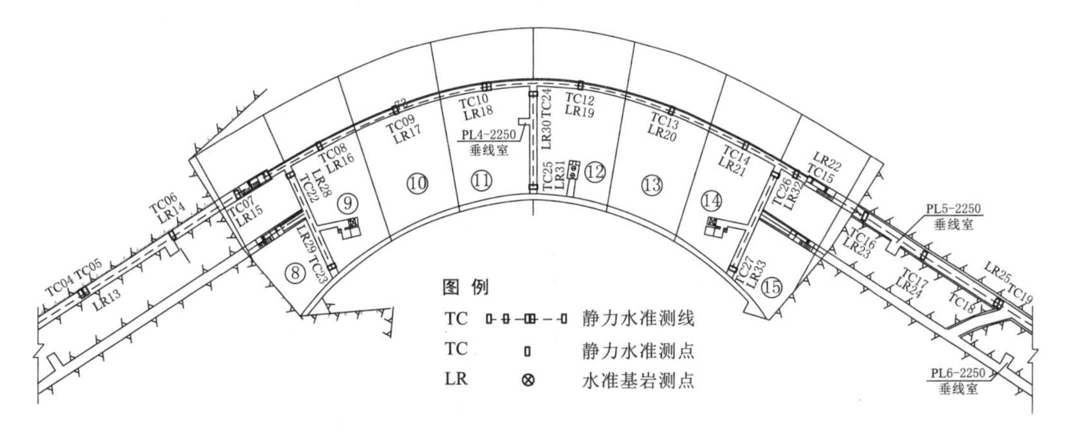

图 3.28 某拱坝廊道静力水准监测布置示意图

2. 土石坝

土石坝表面的垂直位移一般和水平位移共用一个测点，故垂直位移测点布置与水平位移测点布置断面、位置等基本相同。水准工作基点宜布设在两岸岩石或坚实土基上。水准工作基点一般在两岸各布置一个；水准基准点一般在土石坝下游 1～3km 处稳定基岩上布设三个基准点。土石坝内部垂直位移的监测见 3.3.3.2 节。典型土石坝工程表面变形监测布置如图 3.16 和图 3.29 所示，内部变形监测布置如图 3.17、图 3.30 所示。

3.3.4 接缝和裂缝监测

3.3.4.1 监测方法

接缝及裂缝监测方法见表 3.12。一般而言，坝体接缝及裂缝的变形主要采用测缝计进行监测，裂缝深度可采用超声波法测量（参见 2.5 节）。测缝计通常有单向测缝计和多向测缝计，用于不同结构特征的接缝监测。测缝计适用于长期埋设在水工建筑物或其他混凝土建筑物内部或表面，测量结构物伸缩缝或周边缝的开合度（变形），也可用于监测混

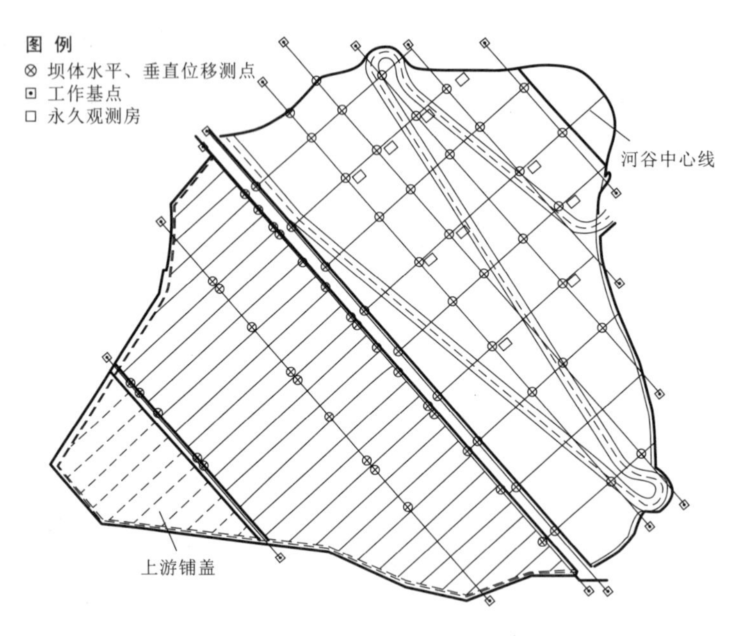

图 3.29 某面板坝表面变形监测布置图

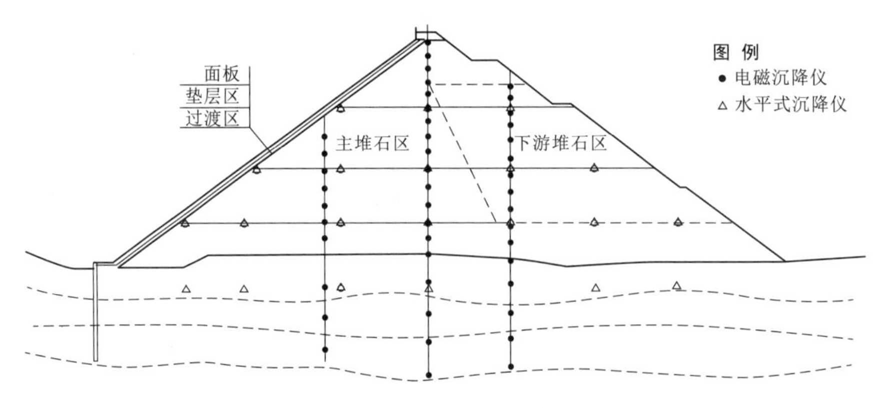

图 3.30 某面板坝最大剖面内部变形监测布置图

凝土结构与岩体间的接触面开合度（变形）。裂缝计则可以监测水工建筑物裂缝的开合度，也可用于监测建筑物混凝土施工缝、土体内的张拉缝以及岩体与混凝土结构的接触缝等。

表 3.12　　接缝及裂缝监测方法

项目	部位	监 测 方 法	说 明
接缝	混凝土坝	测微器、卡尺及百分表或千分表	适用于观测表面
		测缝计（单向及三向）	适用于观测表面及内部
	面板坝	测缝计	观测面板接缝，可分别测定各向位移
		两向测缝计	河床部位周边缝观测
		三向测缝计	岸坡部位周边缝观测

续表

项目	部位	监 测 方 法	说 明
裂缝	混凝土坝	测微器、卡尺、伸缩仪	观测表面裂缝长度及宽度
		超声波、水下电视	观测裂缝深度
		测缝计	观测裂缝宽度
	土石坝	钻孔、卡尺、钢尺	观测表面裂缝长度、宽度、深度
		探坑、竖井及电视	观测立面裂缝长度、宽度、深度及位移
		位移计、测缝计	观测表面及内部裂缝及发展变化
		探地雷达法	观测裂缝深度

测缝计结构型式如下：

1. 单向测缝计

单向测缝计通常由前端座、后端座、保护钢管（波纹管）、弹性梁、传感器元件和信号传输电缆等组成，根据所使用传感器的不同，可分为钢弦式、差动电阻式、电容式和电感式等。图 3.31 为差动电阻式单向测缝计结构示意图，其传感原理在第 4 章介绍。

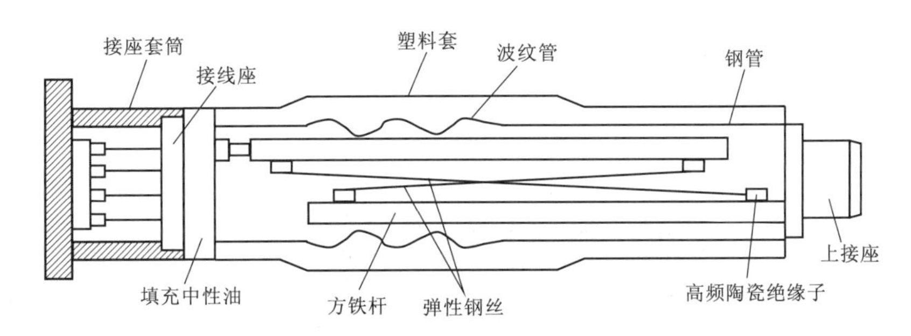

图 3.31 差动电阻式单向测缝计结构示意图

2. 多向测缝计

多向测缝计分为二向测缝计和三向测缝计。多向测缝计通常由单向大量程位移计（或测缝计）组装而成，配有特制的测缝计机架。常用的三向测缝计有 TS 型三向测缝计（传感器为电位器式位移计）、CF 型三向测缝计（传感器为差动电阻式单向测缝计）、SDW 型三向测缝计（传感器为钢弦式位移计）、3DM 旋转型三向测缝计（传感器为电位器式位移计）等。

图 3.32 为刚性传递杆三向测缝计典型结构示意图。其测量原理如下：采用刚性位移传递杆的三向测缝计的机架可作为相对不动点，三支传感器分别与机架上的固定点及活动测点相连。当活动测点相对于机架发生水平和垂直方向的位移时，通过刚性位移传递杆带动传感器发生变形，根据三支传感器的变形量和传感器的布置形式可以计算出活动测点相对于机架在三个方向上的变形，即周边缝（接缝、裂缝）的沉降（上升）、张开（闭合）和剪切位移。为了使三向测缝计的每支传感器都能自由灵活地变形，在每支传感器的两端都配有万向轴节和量程调节螺杆。

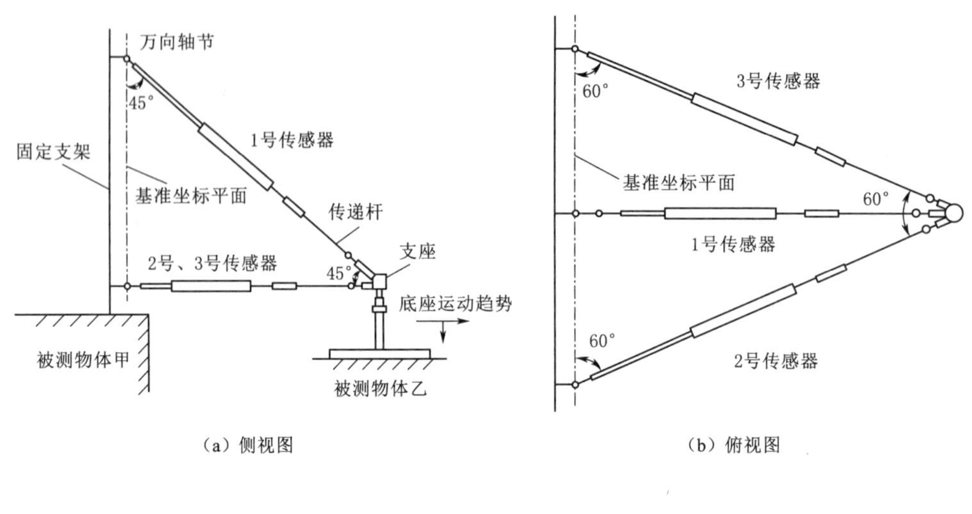

（a）侧视图 （b）俯视图

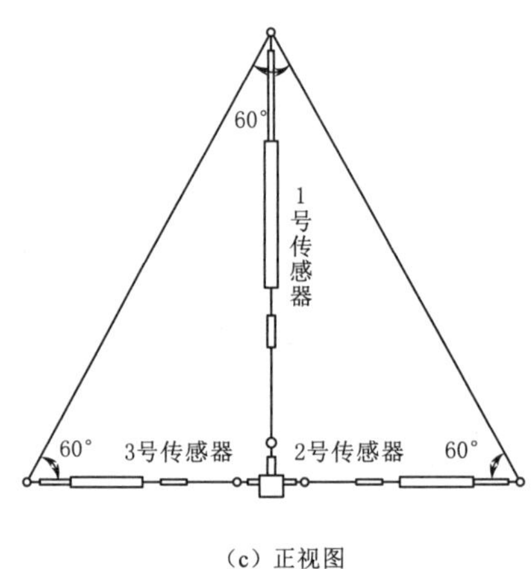

（c）正视图

图 3.32 刚性传递杆三向测缝计典型结构示意图

3. 埋入式测缝计

埋入式测缝计由测缝计与带弯钩的加长杆机械连接而成，见图 3.33。加长杆长度根据现场需要确定，加长杆和测缝计外缘全部用多层塑料布、土工布包裹，避免加长杆与周围混凝土连成一体。埋设时，可以在将加长杆埋入设计位置处后，挖出其端部，装上测缝计，用土工布、多层塑料布包裹，人工捣实混凝土。埋设的关键是保证裂缝计的一端和另一端加长杆弯钩部分与混凝土连接成一体，测缝计与加长杆不与周围混凝土接触。

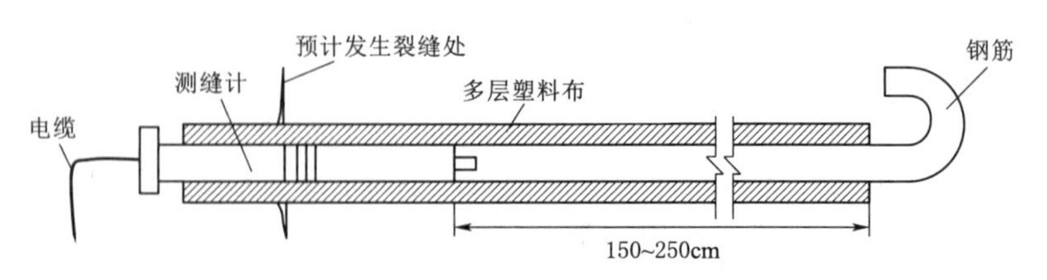

图 3.33 埋入式测缝计结构示意图

4. 表面测缝计

表面测缝计用于监测一般表面裂缝，测值为两端固定点间的相对位移（距离）变化值，监测原理与测缝计相似，其结构型式见图 3.34。

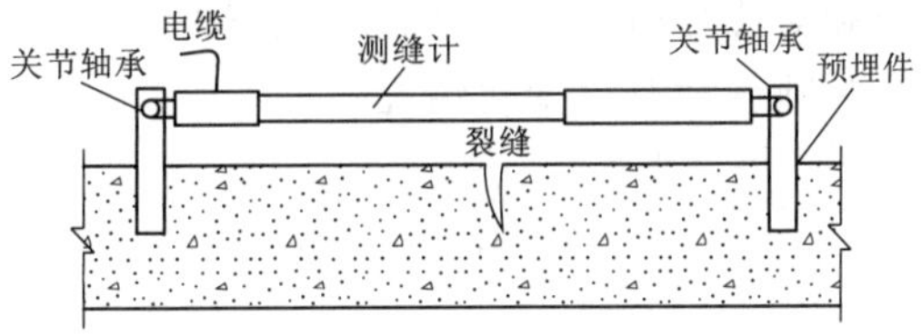

图 3.34 表面测缝计结构示意图

3.3.4.2 监测布置

1. 混凝土坝

在重力坝和拱坝需要灌浆的纵、横缝面每个灌浆区中心宜布置测缝计，高拱坝在横缝面距上下游面 2.5m 以外的位置宜各布置一支测缝计。坝踵、较陡的岸坡坝段基岩与混凝土接合处宜布置测缝计。宜在宽槽缝一期、二期混凝土结合面处布置测缝计。对于设置有周边缝的拱坝，应在周边缝处布置测缝计。对施工和运行中出现的危害性裂缝宜布置裂缝计。

由于重力坝各个坝段一般是相互独立的，横向分缝监测的主要目的是监测相邻两坝段之间的不均匀变形，主要包括上、下游方向的错动和竖直方向的不均匀沉降，同时可兼测接缝的开合度，以了解各坝段间是否存在相互传力。一般选择在基础地质或坝体结构型式差异较大的相邻两坝段的接缝处，在坝顶、基础廊道和高坝的坝中部位廊道设置接缝监测点。图 3.35 所示为某重力坝横向分缝监测布置。

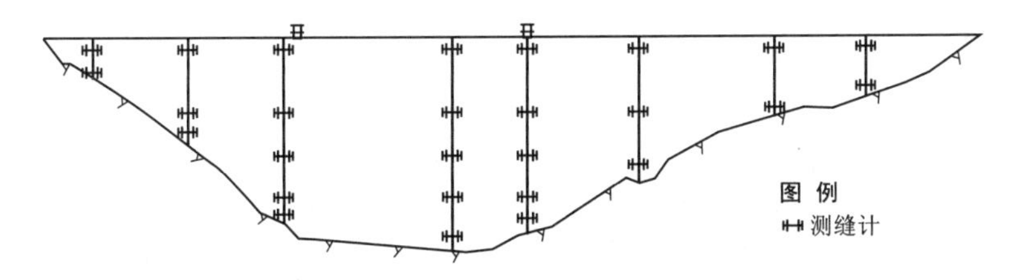

图 3.35 某重力坝横向分缝监测布置图

对于一些施工期设纵向分缝的重力坝，可在纵缝不同高程处布置 3～5 支测缝计。另对运行或施工中出现危害性的裂缝，可根据结构和地质情况增设测缝计进行监测。有些碾压混凝土重力坝设有纵向诱导缝，一般监测诱导缝缝面法向开合度的测缝计宜采用带有加长杆式测缝计。

对于拱坝来说，横缝是必须设置的。横缝开合度监测时应对施工期和永久监测统筹考虑，永临结合布置。平面上，在河床和低高程坝段，宜间隔 1～2 个坝段布置横缝；在岸坡和高高程坝段，宜间隔 2～4 个坝段布置横缝。高程上，低高程处宜在每个横缝灌浆区布置至少一支测缝计，在高高程可间隔 1～2 个横缝灌区布置一支测缝计。拱坝选址一般均为 V 形河谷，施工期坝段均有向河床挤压的特性，宜在典型横缝上布置测缝计，并结合坝体应力应变监测沿某一拱圈配套布置压应力计，以便监测成果验证和对比分析。

拱坝诱导缝变形监测一般分为缝面法向开合度监测和沿缝面错动变形监测。缝面法向开合度监测布置一般在缝面上游、中部和下游布置沿缝面法向的单向埋入式测缝计，如图 3.36 所示。沿缝面错动变形监测应布置和诱导缝缝面呈小角度相交的测缝计，其锚固点应分别位于诱导缝缝面两侧。测缝计宜采用带有加长杆或线体式测缝计。为便于监测成果验证和对比分析，测缝计宜与压应力计、渗压计配套布置，结合缝面压应力和渗水等情况综合判断缝面开合变化情况。

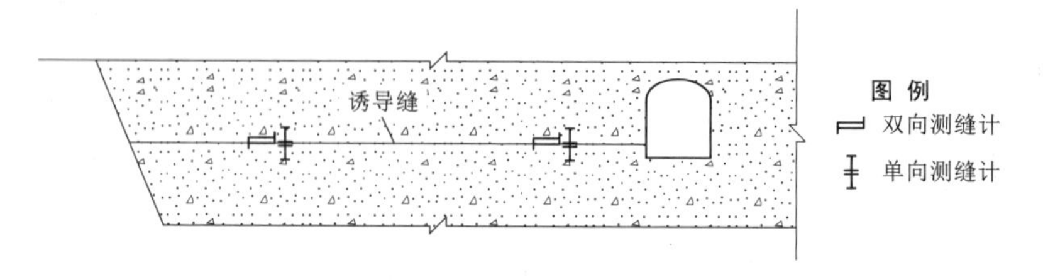

图 3.36 拱坝诱导缝监测布置图

对于地形不规则的河谷或局部有深槽时，有的拱坝为调整和改善地基的受力状态，减小河谷地形的不规则性和地质中局部软弱带的影响，以改进拱坝的支承条件，在建基面与坝体之间设置垫座，在垫座与坝体之间形成周边缝。周边缝的开合度和错动变形监测布置原则基本与建基面与坝体之间接缝监测原则一致，但因拱坝设置周边缝后，梁的刚度有所减弱，拱的作用相对加强，故宜加强拱坝梁作用相对较强的中下部周边缝的开合度监测。图 3.37 为某拱坝及其基础接缝监测布置。

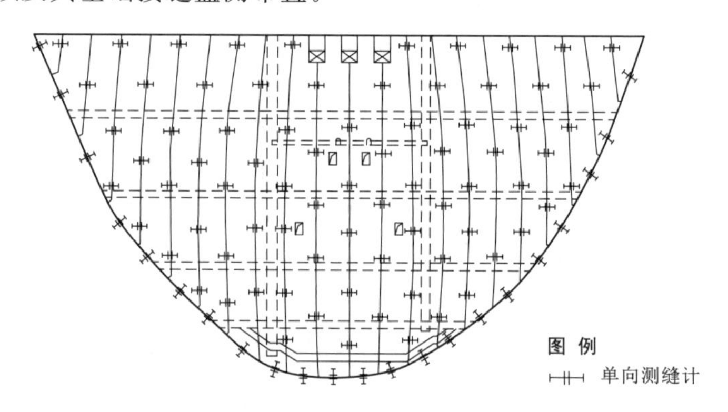

图 3.37 某拱坝及其基础接缝监测布置图

2. 土石坝

土石坝中接缝监测主要针对面板坝而言，主要包括以下类型的接缝。

（1）周边缝。周边缝变形有垂直于面板的沉降、在面板内的缝张开和平行缝的剪切等三个方向的变形，用三向测缝计可直接测出某一个方向的变形或三个测值，组合计算出三个方向的变形。

三向测缝计需要根据有限元的计算成果布置在位移的最大值处，通常剪切位移的最大值出现在两岸岸坡。三向测缝计通常在混凝土施工完毕并有足够强度后埋设，跨周边缝时在趾板和面板上钻孔。

测点一般应布设在正常高水位以下，在最大坝高处设 1～2 个点；在两岸坡大约 1/3、1/2 及 2/3 坝高处各布置 1 个点；在岸坡较陡、坡度突变及地质条件差的部位应酌情增加测点。

（2）面板垂直缝。面板垂直缝应布设单向测缝计，高程分布与周边缝一致，且宜与周边缝测点组成纵横观测线。高坝应在河床中部压性缝的中上部增设单向测缝计和压应力计。当岸坡较陡时，可在靠近岸边的拉性缝上布置双向测缝计，同时监测面板间的剪切变形。

接缝位移监测点的布置还应与坝体垂直位移、水平位移及面板中的应力应变监测结合，便于综合分析和相互验证。图 3.38 为某面板坝接缝和周边缝监测布置图。

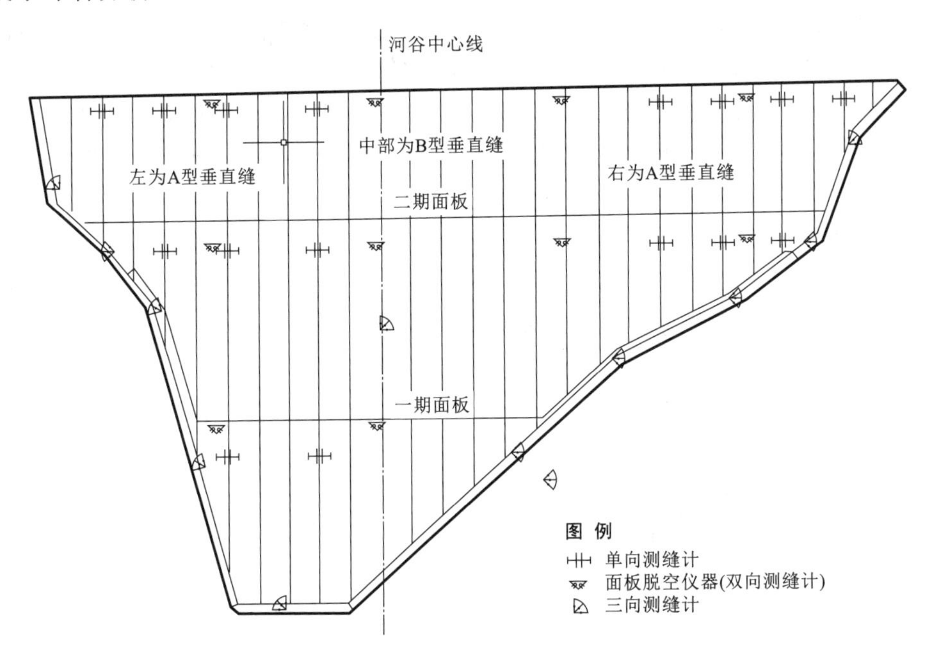

图 3.38 某面板坝接缝和周边缝监测布置图

3.3.5 倾斜监测

3.3.5.1 监测方法

倾斜监测方法参见表 3.13。

表 3.13　　倾斜监测方法

部位	方法	说明
混凝土坝	倾斜仪法	包括光学及遥测仪
	静力水准仪法	用于坝体及坝基
	一等精密水准法	用于坝体及坝基表面倾斜
土石坝及面板坝	测斜仪法或倾斜仪法	用于观测内部或面板倾斜、挠度
	静力水准仪法	用于坝体及坝基
	一等或二等精密水准法	用于坝体及坝基表面倾斜
高边坡及滑坡体	倾斜仪法	多采用遥测倾斜仪
	测斜仪法或应变管法	可分固定式与活动式两种
	静力水准仪法	多采用遥测静力水准仪
	二等精密水准法	用于观测表面倾斜

除了一些垂直变形的测量方法，目前倾斜监测的主要仪器是钻孔测斜仪，它是一种精度高、稳定性好、可移动、测定垂直与钻孔轴线的倾斜/水平位移的原位监测仪器。通过对钻孔的逐段测量可以获得沿钻孔在整个深度范围内的水平位移，从而可以比较准确地确定其变形的大小、方向和深度。钻孔测斜仪可对边坡、地基、地下洞室等岩土工程进行变形监测，效果很好。钻孔测斜仪在水利水电工程中主要适用于土石坝坝体、心墙、边坡（滑坡）岩土体、围岩等结构的深部水平位移监测。钻孔测斜仪按使用方式的不同，可分为活动测斜仪与固定测斜仪两种类型，固定测斜仪埋设于已知滑动面的部位，而活动测斜仪则沿钻孔各个深度从下至上滑动观测，以寻找可疑的滑面并观测位移的变化。

（1）活动测斜仪。活动测斜仪由测斜管、探头、控制电缆、读数仪等四部分组成。测斜管在监测前埋设于待测的岩土体和水工建筑物内。测斜管内有四条十字形对称分布的凹形导槽，作为测斜仪滑轮的上下滑行轨道。测量时，使探头的导向滚轮卡在测斜管内壁的导槽中，沿导槽滑动至测斜管底部，再将探头往上拉，每隔 0.5m 或 1m 读取一次数据。监测数据由传感器经控制电缆传输并显示在读数仪上。其结构如图 3.39（a）所示。

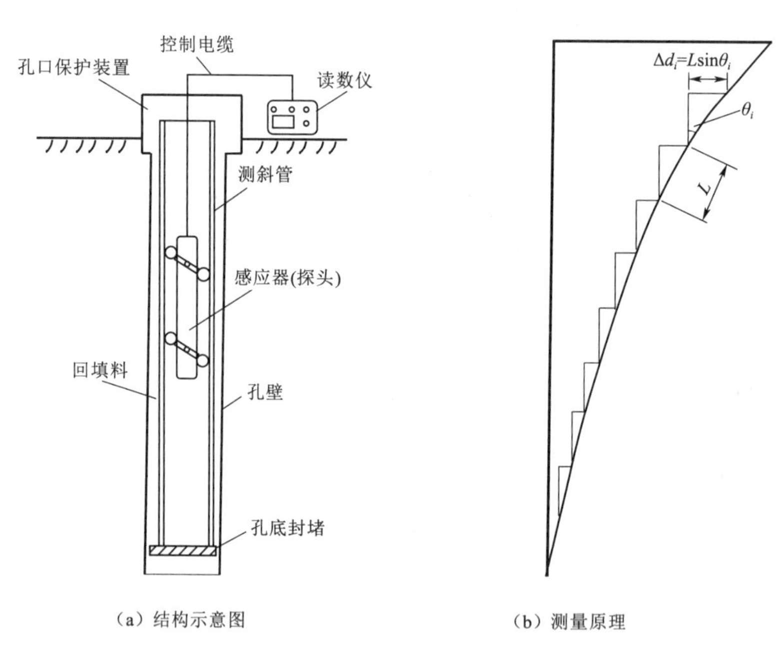

（a）结构示意图　　（b）测量原理

图 3.39　活动测斜仪结构及测量原理

如图 3.39（b）所示，活动测斜仪的工作原理是量测仪器轴线与铅垂线之间夹角的变化量，进而计算出岩土体不同高程处的水平位移。用适当的方法在岩土体内埋设一垂直并有 4 个导槽的测斜管，当测斜管受力发生变形时，测斜仪便能逐段（一般 50cm 一个测点）显示变形后测斜管的轴线与垂直线的夹角 θ_i。按测点的分段长度 L 分别求出不同高程处的水平位移增量 Δd_i，即

$$\Delta d_i = L\sin\theta_i \tag{3.13}$$

式中：Δd_i 为测量段内的水平位移增量，mm；L 为测量点的分段长度，一般取 0.5m（探

头上下两组滑轮间距离一般为 0.5m），mm；θ_i 为测量段内管轴线与铅垂线的夹角，(°)。

由测斜管底部测点开始逐段累加，可得任一高程处的实际水平位移，即

$$\left.\begin{aligned} b_i &= \sum_{i=1}^{n} \Delta d_i \\ n &\approx H/0.5 \end{aligned}\right\} \tag{3.14}$$

式中：b_i 为自固定点的管底端以上 i 点处的位移，mm；n 为测孔分段数目；H 为孔深。

（2）固定测斜仪。固定测斜仪由测斜管和一组串联（或单支）安装的固定测斜传感器所组成，见图 3.40。

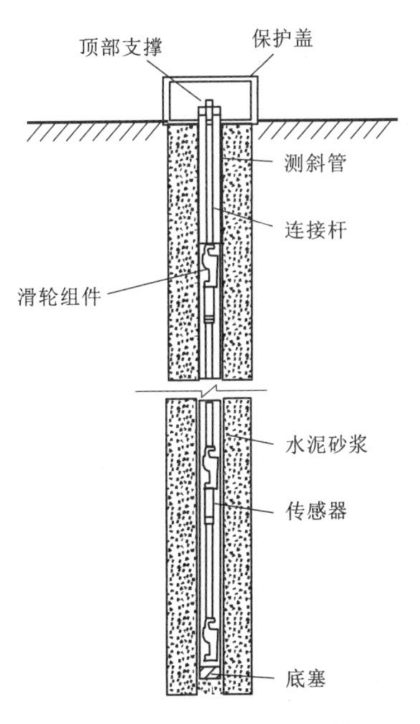

图 3.40　固定测斜仪结构

测斜管与活动测斜仪所使用的测斜管相同。测斜管通过钻孔安装到地面以下，使得定向安装在管内的测斜仪能够测量地下岩（土）层的位移。在垂直安装时，测斜管可以安装在钻孔中，穿越可能的滑动岩（土）层；一组凹槽需对准预期的位移方向（例如，滑坡方向）；传感器逐个由轴销相连接安装在测斜管内。当地层发生位移时，测斜管产生位移，从而引起安装在管内的传感器发生倾斜，然后通过每支传感器的标距的位移读数测量得到倾角。在大多数情况下，传感器连接到自动采集系统上，数据处理由计算机来完成。

固定测斜仪计算方法：当被测结构物发生倾斜变形时，固定测斜仪将同步感受变形，其变形量 S_i 与输出的读数 F_i 的关系为

$$S_i = L_i \sin(a + bF_i + cF_{i2} + dF_{i3}) \tag{3.15}$$

$$S = \sum S_i = S_1 + S_2 + S_3 + S_4 + \cdots \tag{3.16}$$

式中：S_i 为被测结构物在第 i 点与铅垂线（或水平线）的倾斜变形量，mm；L_i 为第 i 支测斜仪的两轮距间的标距，mm；F_i 为第 i 支测斜仪的实时测量值；a、b、c、d 为第 i 支测斜仪的计算系数；S 为各测点位移值求和后被测结构物的总倾斜变形量，mm。

3.3.5.2　监测布置

倾斜监测在水利水电工程边坡中应用最为广泛。观测高边坡及滑坡体倾斜宜尽量采用遥测法。

对于混凝土坝而言，观测基面一般选在最大坝高、两坝肩处或其他地质条件差等特殊需要监测的部位，从基础到坝顶一般选 3～5 个测点，坝体测点和基础测点最好设在同一个垂直面上。倾斜观测点应尽量设置在垂线测点附近，以便互相校核，并尽量设置在廊道内进行观测。当设置在廊道内有困难时，也可设置在下游面上。对于拱坝，最好设置双向倾斜仪。用精密水准法观测时，两点间距离在基础附近不宜小于 20m，在坝顶不宜小于 6m。用静力水准法测倾斜时，测线应设在两端温差较小的部位。采用测斜仪观测时，其测斜管可兼作沉降仪的测量管。

对于心墙土石坝倾斜观测而言，测斜沉降管的布置应根据坝体结构的实际情况。对于大中型大坝来说，每个典型横断面应布置 2～4 条竖向测线（每条测线的水平位移和沉降

可结合布置，如测斜沉降管），其中，在坝轴线附近设置1条测线，心墙下游侧设1～3条测线，心墙上游可在最大坝高断面处设1条竖向测线。竖向测线底部应深入基础变形相对稳定处。防渗体变形一般采用测斜管加沉降环的方式进行监测，也可采用其他方式进行监测，但布设时应尽量减少监测设施对心墙造成的损害。图3.41为小浪底水利枢纽坝体倾斜监测布置。

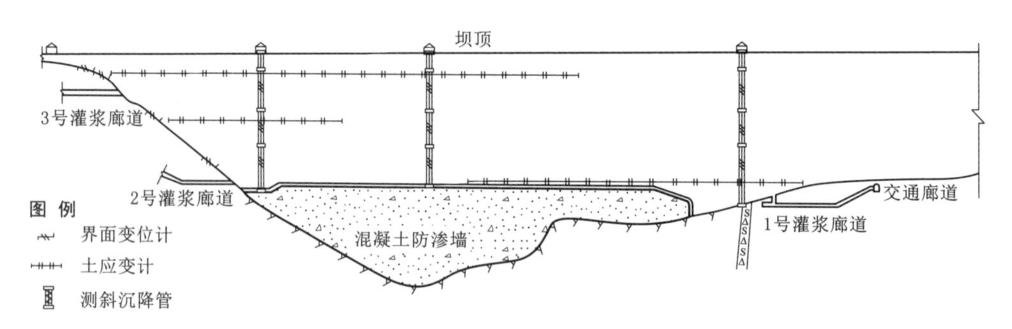

图3.41 小浪底水利枢纽坝体倾斜监测布置图

3.3.6 基岩变形监测

混凝土坝的坝基变形可采用基岩变位计、多点位移计、测温钢管标组、滑动测微计、铟钢丝（杆）位移计和伸缩仪和倒垂线组等来进行监测。

1. 基岩变位计

基岩变位计一般采用测缝计改装而成。若重力坝的建基面岩石较风化或软弱，可在重力坝的坝踵和坝趾部位的基岩垂直钻孔，埋设基岩变位计，监测基岩沿钻孔轴向的变形。

2. 多点位移计

多点位移计用于监测钻孔轴向的变形，其特点是位移传递杆的刚度较小，1个钻孔内可埋设多测点，以监测拉伸变形为主。一般用于监测岸坡坝段基础断层或两坝肩边坡不同深度的变形。多点位移计见图3.42（a）。

3. 滑动测微计

滑动测微计也用于监测钻孔轴向变形，其特点是精度高，可在整个测孔深度内以米为间隔单位连续监测。但是，需要人工将探头放入钻孔内，逐点测读，观测工作量较大。当重力坝的基础岩性较硬，但节理、裂隙构造密集，需要监测灌浆时的基础抬动情况时，可采用滑动测微计进行监测。滑动测微计见图3.42（b）。

4. 铟钢丝（杆）位移计和伸缩仪

铟钢丝（杆）位移计和伸缩仪的测量原理和布置原则与多点位移计基本相同，但一般利用坝基坝肩已有的勘探平洞、灌浆洞、排水洞和监测洞等布置，与钻孔类埋设仪器相比，具有直观、便于维护、可更换、受施工干扰小等优点。

5. 倒垂线组

若坝基有较大的顺河向缓倾角断层或软弱结构面，需要监测基础沿结构面的滑动时，可以在断层或软弱结构面的上下层，即不同深度设置倒垂线，以监测垂直于钻孔方向的位移。

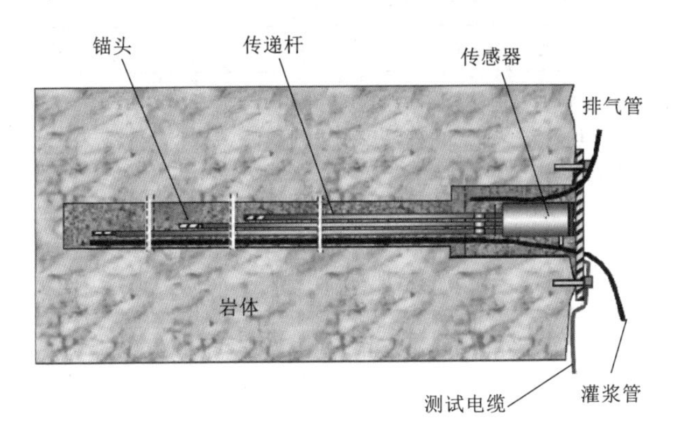

（a）多点位移计安装示意

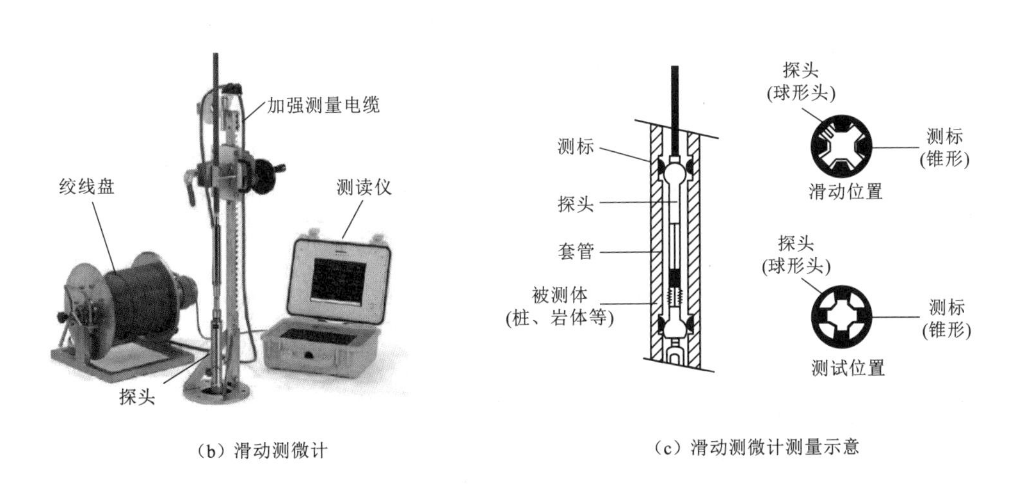

（b）滑动测微计

（c）滑动测微计测量示意

图 3.42　多点位移计和滑动测微计

3.4　渗流监测设计

3.4.1　概述

渗流是大坝安全监测的重要监测项目。水工建筑物建成后，在上、下游水位作用下，其挡水结构和基础会出现渗流现象。水库建成蓄水后，坝体和坝基可能会有渗透破坏的现象，控制渗流对坝体和坝基的稳定性有着重要意义。水对岩土有软化、泥化作用，会产生静水压力和动水压力等，而地表水、地下水是影响边坡和地下洞室稳定的重要因素之一。此外，若坝体下游部位存在渗流通道，并发生渗透破坏或排水棱体失效，将导致渗透压力升高，对其稳定性的影响十分明显。表 3.14 是对混凝土坝和土石坝渗流历时变化和空间分布的一般规律的总结，供设计时参考。

混凝土坝渗流监测项目包括扬压力、渗透压力、绕坝渗流、渗流量、近坝岸坡地下水位和水质分析等。图 3.43 是由实测得出的重力坝坝基面渗透压力分布图（以下游水位为

表 3.14 大坝渗流历时变化和空间分布一般规律

坝型	历时变化一般规律	空间分布一般规律
混凝土重力坝/拱坝	(1) 坝基扬压力一般主要受上游水位影响，水位上升，扬压力增大；岸坡坝段也会受地下水和降水影响；闸坝的扬压力还可能受下游水位、温度影响。 (2) 渗流量一般与上游水位正相关，与温度负相关，通常在冬季会明显增大。 (3) 两岸大坝绕坝渗流一般受上游水位、降水量影响	(1) 坝基扬压力纵向分布一般为河床部位高、两岸低；横向分布一般顺河向递减。 (2) 坝体渗压一般靠近上游侧较大，下游侧较小
土石坝	(1) 面板堆石坝面板后较高位置（高于下游水位）垫层料内的坝体渗压水头一般较小或无压；低高程垫层料内或河床部位坝基表面坝体渗压一般等于或略高于下游水位。 (2) 心墙堆石坝心墙渗压、靠近防渗体的坝基渗压一般受上游水位影响明显。 (3) 大坝渗流量通常与上游水位、降水量的相关性较强	(1) 黏土心墙渗压一般上游高、下游低，且呈明显下降趋势。 (2) 防渗体后建基面上的坝体渗压一般顺河向依次减小，测点水位略高于下游水位，靠下游测点渗压水位与下游水位基本齐平

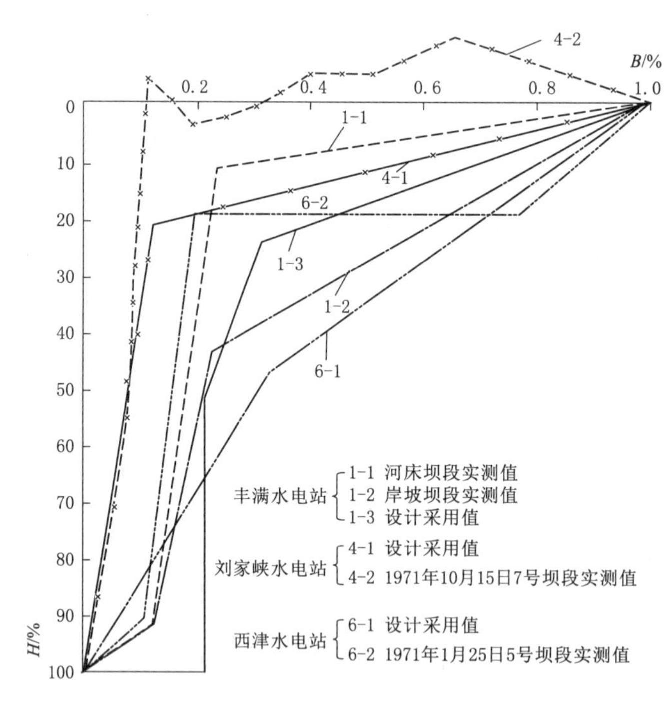

图 3.43 实测重力坝坝基面渗透压力分布图

H、B—进行标准化后，各坝上下游水位差和坝体底部宽度

基准线）。由于重力坝坝体与地基接触面积大，因而坝基的扬压力较大，对坝体稳定不利，重力坝失事大多也是由基础引起的。因此，应把坝基面扬压力、基础渗透压力、渗流量及绕坝渗流作为重点监测项目。对于混凝土拱坝，应把“拱坝＋基础”作为一个统一体来对待，渗透压力不仅能在岩体中形成相当大的渗透压力推动岩体滑动，而且会改变岩体的力学性质（降低抗压强度和抗剪强度），是控制拱坝坝肩岩体稳定的重要因素之一。渗流对

拱坝的影响不容忽视，故扬压力、基础渗透压力、渗流量和绕坝渗流也是拱坝的重点监测项目。

土石坝渗流监测项目包括坝体与坝基渗透压力（浸润线）、绕坝渗流、渗流量与水质分析等。由图 3.44 所示的流网图可见，不同类型土石坝渗流场的特点不同，应有针对性地布置渗流监测项目。对于心墙坝，重点监测项目应是心墙防渗体、坝体及坝基的渗流稳定。对于面板坝，应以基础渗流量为监测重点，对渗流量的监测可判断面板、两岸基础的防渗效果，如果将面板及基础的渗流量分开，可找出渗流量增加的原因和部位。

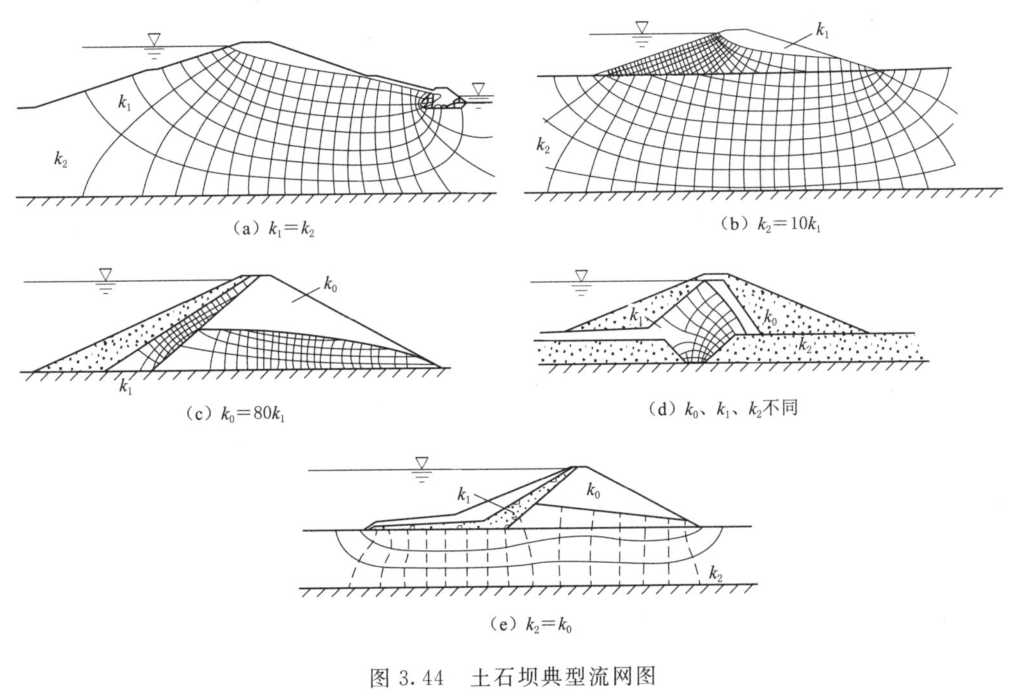

图 3.44 土石坝典型流网图

k—渗透系数

3.4.2 扬压力监测

扬压力是指库水对坝基或坝体上游面产生的渗透压力，以及尾水对坝基面产生的浮托力。混凝土坝坝基扬压力的大小和分布情况主要与基岩地质特性、裂隙程度、帷幕灌浆质量、排水系统的效果、坝基轮廓线和扬压力的作用面积等因素有关。向上的扬压力减小了坝体的有效重量，降低了重力坝的抗滑稳定性。在重力坝的稳定计算中，扬压力的大小直接关系重力坝的安全性。而对于拱坝，通过扬压力的分布和变化可以判断坝基和帷幕是否拉裂、帷幕灌浆和排水的效果、坝体是否稳定。

3.4.2.1 监测方法

重力坝及拱坝的坝基扬压力和渗透压力观测一般采用渗压计或测压管。渗压计的优点是灵敏度高，测值不滞后；但若埋入坝体或坝基内的渗压计损坏，不易更换，若仪器测值漂移、失真，也不易校正。基岩面上渗压计安装、埋设示意图见图 3.45（a），混凝土浇筑层面渗压计安装、埋设示意图见图3.45（b）。测压管的优点是测值直观、可靠，便于维修、更换；测压管内水位可能会有滞后，尤其是埋设在渗透系数较小介质内时。测压管结构示意图见3.46（a），测压管安装、埋设示意图见3.46（b）。测压管内水位可以用水位测深计（电测水位计）或压力表（有压时）人工观测，也可在测压管内放置可更换的渗压计自动观测。测压管内放置可更换渗压计时的结构见图3.46（c）。

测压管管口装置及管内渗压计安装应符合下列要求：

（1）管口装置应根据测压管水位的测量方式，选择适用于无压、有压和自动化监测的要求进行设置。

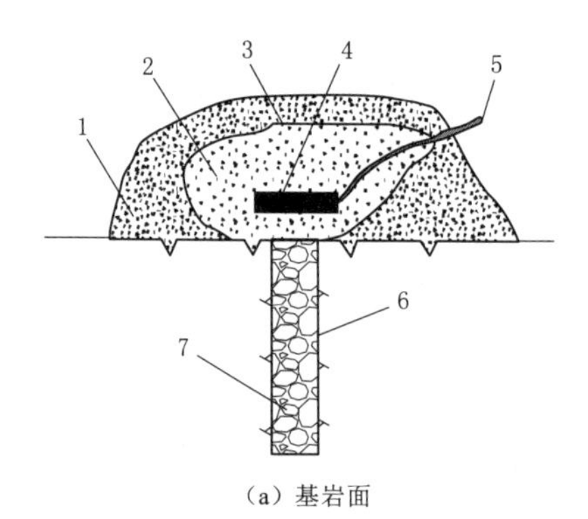

（a）基岩面

1—水泥砂浆；2—中粗净砂；3—麻袋；4—渗压计；5—电缆；6—钻孔；7—砂砾

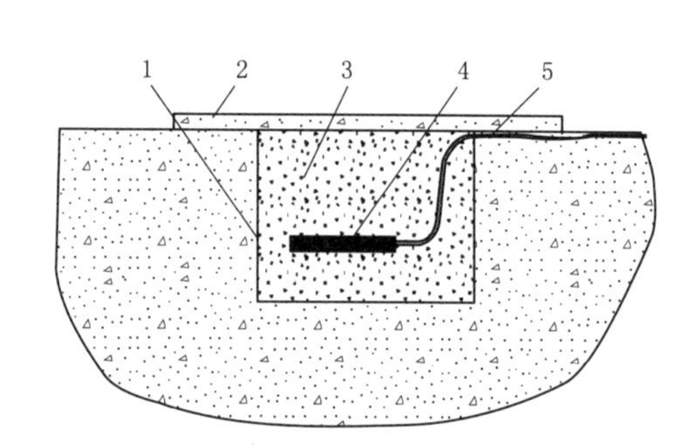

（b）混凝土浇筑层面

1—预留孔或制备坑；2—混凝土盖板；3—干净中细砂；4—渗压计；5—电缆

图3.45　渗压计安装、埋设示意图

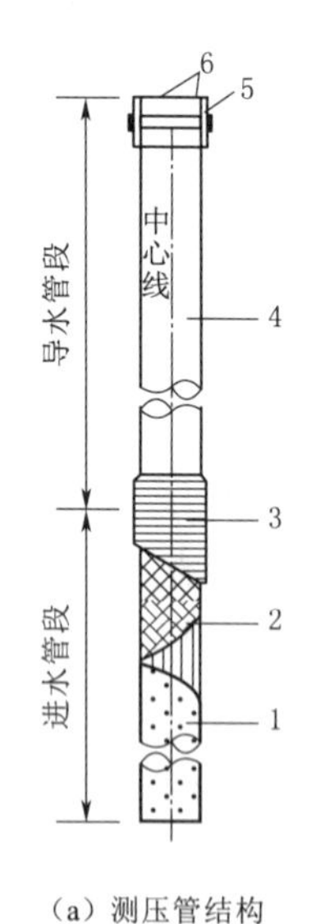

（a）测压管结构

1—进水孔；2—土工织物过滤层；3—外缠铅丝；4—金属管或硬工程塑料管；5—管盖；6—电缆出线及通气孔

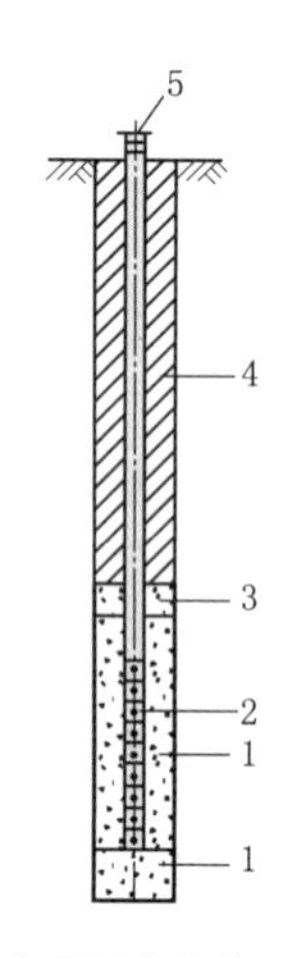

（b）测压管安装、埋设

1—中粗砂反滤；2—测压管；3—细砂；4—封孔料；5—管盖

图3.46（一）　测压管结构、安装、埋设及管口装置示意图

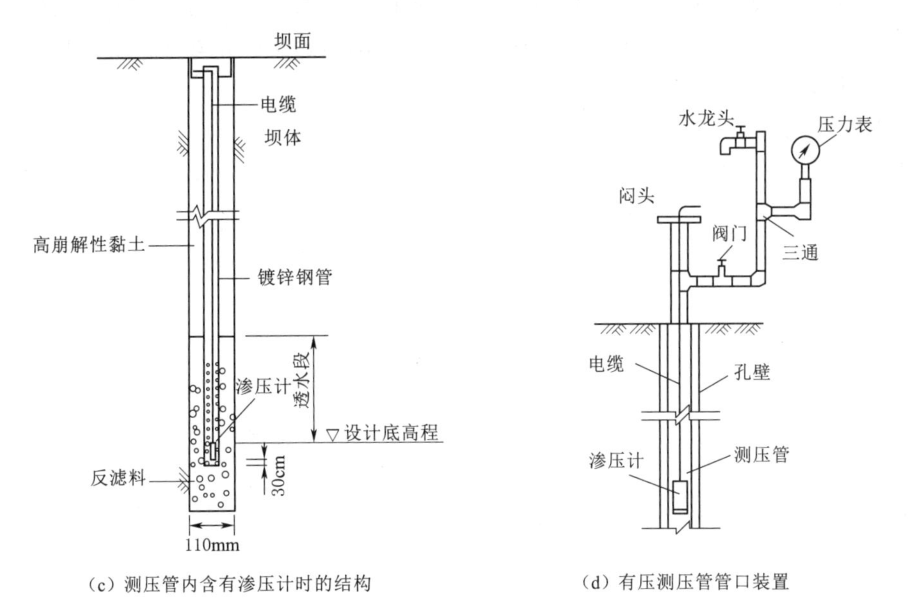

(c) 测压管内含有渗压计时的结构

(d) 有压测压管管口装置

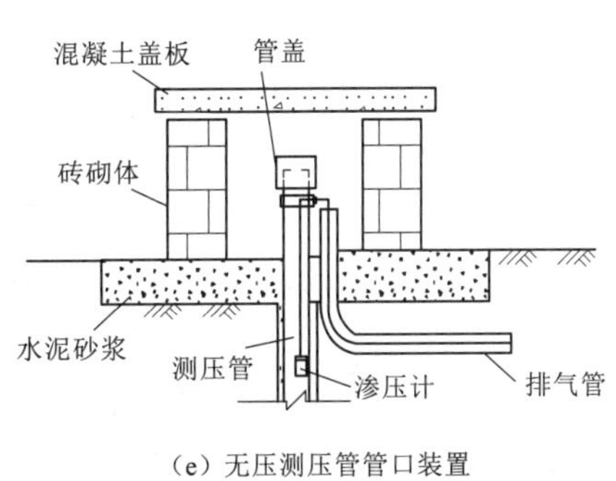

(e) 无压测压管管口装置

图 3.46（二） 测压管结构、安装、埋设及管口装置示意图

(2) 对进水段设有反滤保护的测压管，渗压计宜安置在测压管底部；对进水段无反滤保护的测压管，渗压计应用不锈钢丝吊装在底部可能淤积高度之上，安装完后，应测定渗压计实际安装高程，并用电测水位计校准。

(3) 管口保护装置要求结构简单、牢固，能防止雨水流入和人畜破坏，并能锁闭且开启方便。有压测压管管口装置见图 3.46 (d)，无压测压管管口装置见图 3.46 (e)。

除了坝基扬压力，为了反映筑坝混凝土的防渗性能和施工质量，有时还需要进行坝体渗透压力/扬压力的监测。坝体渗透压力/扬压力一般通过在坝体混凝土埋设渗压计来进行监测。

3.4.2.2 监测布置

1. 监测断面布置

扬压力监测应根据大坝类型、工程规模、坝基地质条件、渗控措施等进行布置。纵向和横向扬压力监测断面应结合布置，宜设纵向监测断面 1～2 个，横向监测断面不少于 3 个。纵向监测断面应布置在第一道排水幕线上，当有下游排水幕时，还宜在下游侧布置 1

个纵向监测断面。选择在最大坝高坝段、岸坡坝段、地质构造复杂坝段布置横向监测断面。横断面间距宜为50～100m，如坝轴线较长，各坝段坝体结构与地质条件大致相同，则可加大横断面间距。

2. 测点布置

纵向监测断面上每个坝段宜至少设1个测点；重点监测部位测点应适当加密。若坝基有大断层或强透水带，灌浆帷幕和第一道排水幕之间宜增设测点。

每个横向监测断面宜设置3～4个测点，若地质条件复杂，可适当加密测点。在防渗墙或板桩后宜设测点。有下游帷幕时，应在其上游侧布置测点。

扬压力监测孔在建基面以下深度不宜大于1m，与排水孔不应互换或代用。坝基若有影响大坝稳定的浅层软弱带，应适当增设测点。浅层软弱带多于一层时，应分层设置测点，渗压计或测压管宜分孔安设。渗压计的集水砂砾段或测压管的进水管段应埋设在软弱带以下0.5～1.0m的基岩内。应做好软弱带不同层面间和软弱带与建基面间的止水，防止下层潜水向上层的渗透。建基面设有封闭抽排措施的消力池和水垫塘宜设置扬压力测点。

混凝土坝扬压力监测布置实例见图3.47～图3.49。

3.4.3 渗透压力监测

土石坝渗透压力监测是指对坝体的浸润线，以及包括两岸、地基、人工防渗和排渗设施等关键部位在内的整个渗流场的渗透压力分布的监测。目的是掌握坝体在运行期间的渗透压力分布情况和变化规律；结合工程地质情况、钻探与试验资料、土的渗透变形资料及其他监测资料，分析有无管涌、流土或接触冲刷等渗透变形或破坏；判断防渗、排水、降压设施是否有效，发现异常渗流情况，及时采取有效处理措施，保证工程安全运用。

3.4.3.1 监测方法

土石坝坝体渗透压力（浸润线）的观测一般采用渗压计或测压管。一般测压管适用于作用水头小于20m的坝、渗透系数大于或等于10^{-4}cm/s的土中、渗水压力变幅小的部位及监测防渗体裂缝等。渗压计适用范围较广，且方便进行自动化监测。

3.4.3.2 监测布置

对于均质坝，应在横向监测断面的坝基面沿上、下游方向布置测点，坝轴线上游侧至少布置1个测点，下游排水体前缘布置1个测点，其间宜布置2～3个测点；坝体内正常蓄水位高程以下宜布置2～3个监测层面，每层内不少于3个测点。

对于土质心墙坝和斜墙坝，宜在典型横向监测断面的心墙或斜墙底部上游侧布置1～2个测点，其中1个测点位于心墙或斜墙上游反滤料内；心墙或斜墙底部下游侧宜布置2～3个测点，其中1个测点位于心墙或斜墙下游反滤料内；在心墙或斜墙底部宜布置2～3个测点。心墙或斜墙内渗透压力测点宜布置在正常蓄水位以下，布置2～5个监测层面，每个监测层面布置3～5个测点。心墙或斜墙底部设混凝土垫层的坝基，应在垫层顶部和底部对应布置渗透压力测点。

对于沥青混凝土心墙坝、土工膜心墙坝和斜墙坝，宜在典型横向监测断面的心墙或斜墙底部上游侧布置1～2个测点，其中1个位于心墙或斜墙与反滤料结合部；心墙或斜墙底部下游侧宜布置2～3个测点，其中1个位于心墙或斜墙与反滤料结合部；心墙或斜墙底部宜布置1～3个测点。

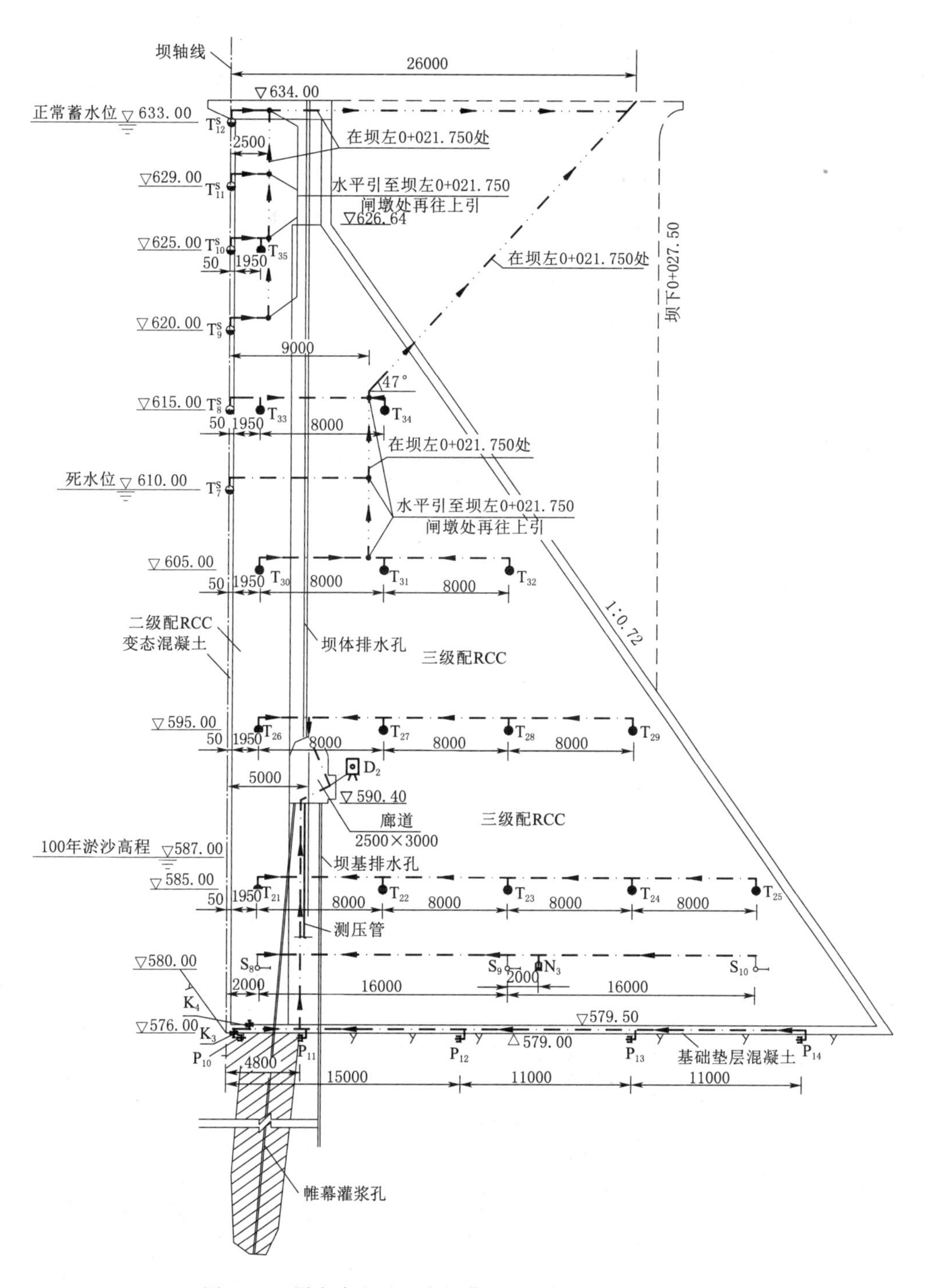

图 3.47 周宁水电站重力坝典型坝段扬压力监测布置图

P_{10}～P_{14}—渗压计；S_8～S_{10}—两向应变计组；N_3—无应力计；

T_{21}～T_{35}—坝体温度计；K_3～K_4—测缝计；T_7^S～T_{12}^S—水温计

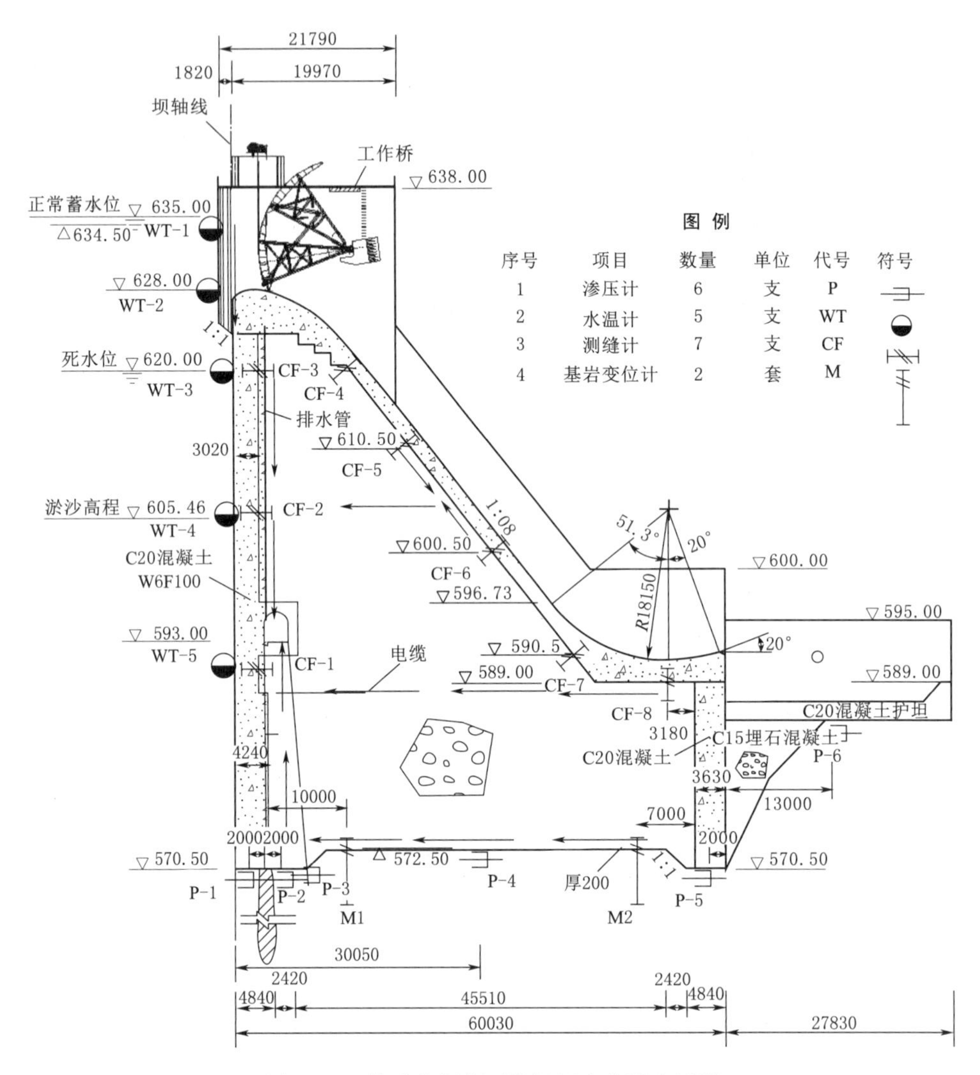

图 3.48 某重力坝典型段扬压力监测布置图

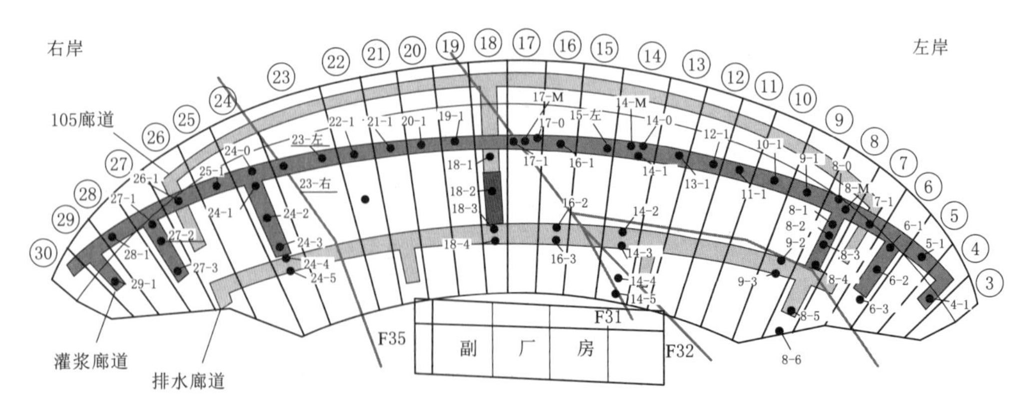

图 3.49 陈村拱坝扬压力监测布置图

●—扬压力测点

对于面板堆石坝，宜在典型监测横断面沿坝基面，在上游帷幕后，面板周边缝处、垫层料、过渡料和堆石区设置5～6个测点，其中堆石区不宜少于2个。高坝宜沿高程布置2～4个层面，在面板后垫层料和过渡料内布置渗透压力测点。

土石坝坝基尤其是坝基内的人工防渗和排水设施、坝基埋管（涵）、坝基断层、破碎带、软弱带等不利地质区部位也需要布置渗透压力监测测点，此处不再详述。

土石坝渗透压力监测测点典型布置如图3.50～图3.53所示。

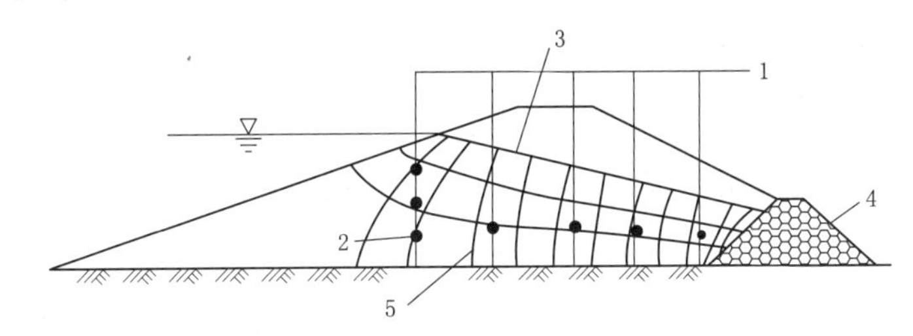

图3.50 梯形排水均质坝渗透压力监测测点布置

1—观测垂线；2—测点；3—浸润线；4—排水棱体；5—等势线

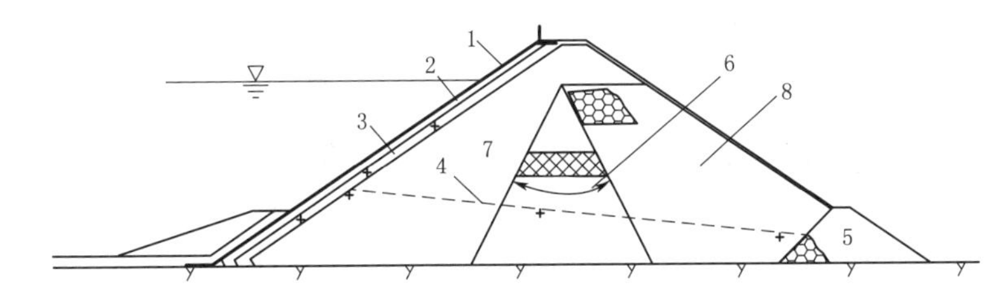

图3.51 面板堆石坝渗透压力监测测点布置

1—面板；2—垫层；3—过渡区；4—浸润线；5—排水棱体；6—可变动的主堆石区与下游堆石区的过渡区；7—主堆石区；8—下游堆石区；+—测点

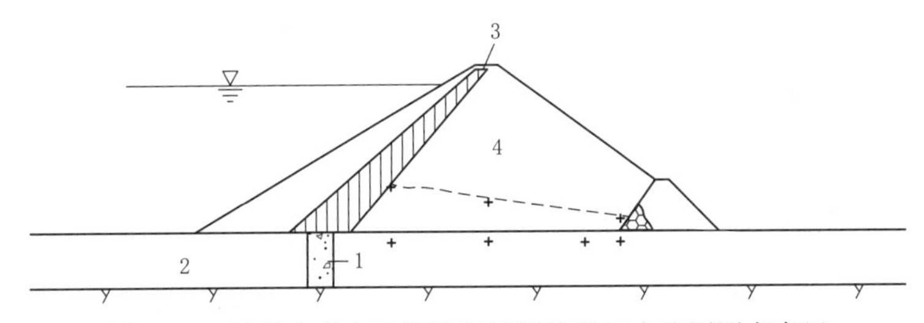

图3.52 混凝土截水墙防渗斜墙坝渗透压力监测测点布置

1—混凝土截水墙；2—坝基；3—斜墙；4—坝壳；+—测点

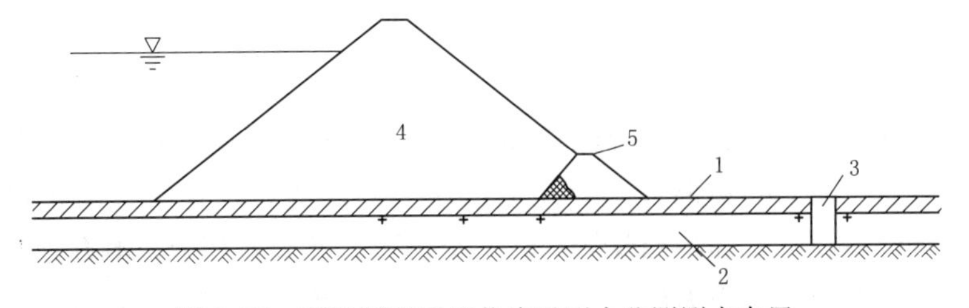

图3.53 双层坝基减压井渗透压力监测测点布置

1—弱透水层；2—强透水层；3—减压井；4—坝体；5—排水棱体；+—测点

3.4.4　孔隙水压力监测

孔隙水压力监测的目的是掌握饱和土及饱和度大于95%的非饱和黏土，在固结过程中产生的孔隙水压力的分布和消散情况。通常在均质土坝、冲填坝、尾矿坝、松软地基、土石坝土质防渗体、砂壳等土体内需要进行孔隙水压力监测。

3.4.4.1　监测方法

孔隙水压力采用孔隙水压力计（渗压计）监测，当黏性土的饱和度低于95%时，宜选用带有细孔陶瓷滤水石的高进气压力孔隙水压力计。孔隙水压力计在施工期埋设时，宜采用坑式法；在运行期埋设时，宜采用钻孔法。另外，孔隙水压力计应在仪器埋设前（饱水24h）至少测读3次，读取其零压力状态下的稳定测值作为基准值。埋设孔隙水压力计时，宜取得坝体的渗透系数、干密度、级配等物理力学指标。必要时，可取样进行有关土的力学性质试验。单支孔隙水压力计埋设示意图见图3.54（a），多支孔隙水压力计埋设示意图见图3.54（b）。

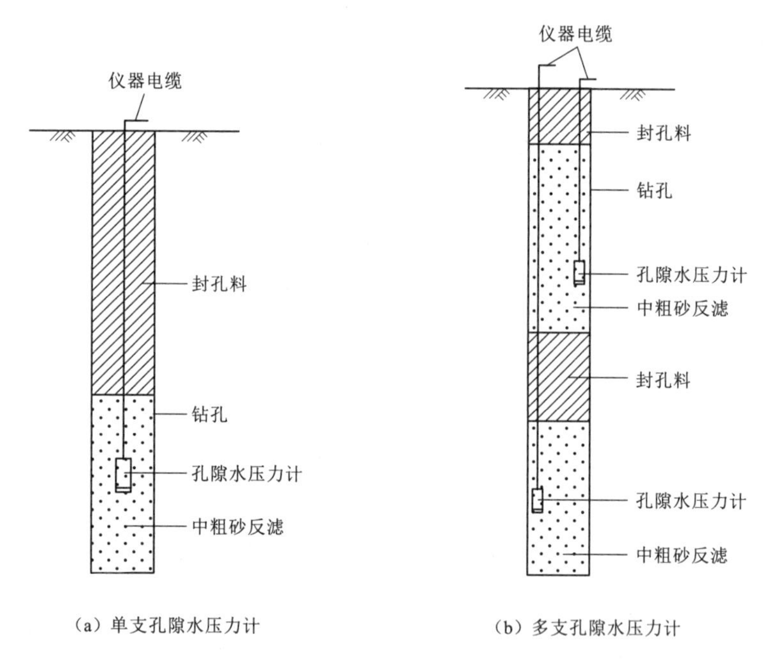

（a）单支孔隙水压力计　（b）多支孔隙水压力计

图3.54　孔隙水压力计埋设示意图

3.4.4.2　监测布置

孔隙水压力监测宜布置2～5个监测横断面，应优先设于最大坝高、合龙段、坝基地质地形条件复杂处。在同一横断面上，孔隙水压力测点的布置宜能绘制孔隙水压力等值线，可设3～4个监测高程，同一高程设3～5个测点。孔隙水压力监测断面宜与渗流监测相结合，孔隙水压力测点可作为渗透压力测点使用。以均质土坝为例，孔隙水压力测点典型布置如图3.55所示。

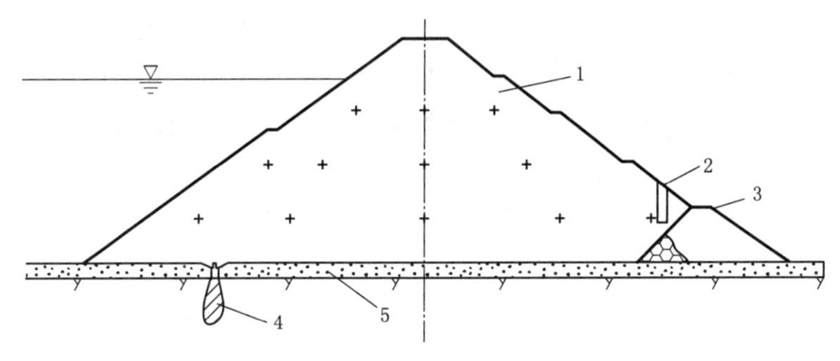

图 3.55 均质土坝孔隙水压力测点布置

1—均质土坝；2—观测井；3—排水棱体；4—截水墙；5—砂砾层；+—测点

3.4.5 绕坝渗流监测

绕坝渗流是指库水环绕大坝坝肩岸坡产生的流向下游的渗透水流。在一般情况下绕坝渗流是一种正常现象，但如果大坝与岸坡连接不好，岸坡过陡产生裂缝或岸坡中有强透水层，就有可能造成集中渗流，引起变形和漏水，威胁坝的安全和蓄水效益。因此，需要进行绕坝渗流监测，以了解坝肩与岸坡、副坝接触处的渗流变化，判明这些部位的防渗与排水效果。

3.4.5.1 监测方法

绕坝渗流监测一般采用测压管，测压管内水位可以用电测水位计或压力表（有压时）人工观测，也可在测压管内放置可更换的渗压计自动观测。

测点的埋设深度应视地下水情况而定，观测不同透水层水压的测点应深入到透水层中，可采用多管式测压管。单管式测压管见图 3.56（a），多管式测压管见图 3.56（b）。

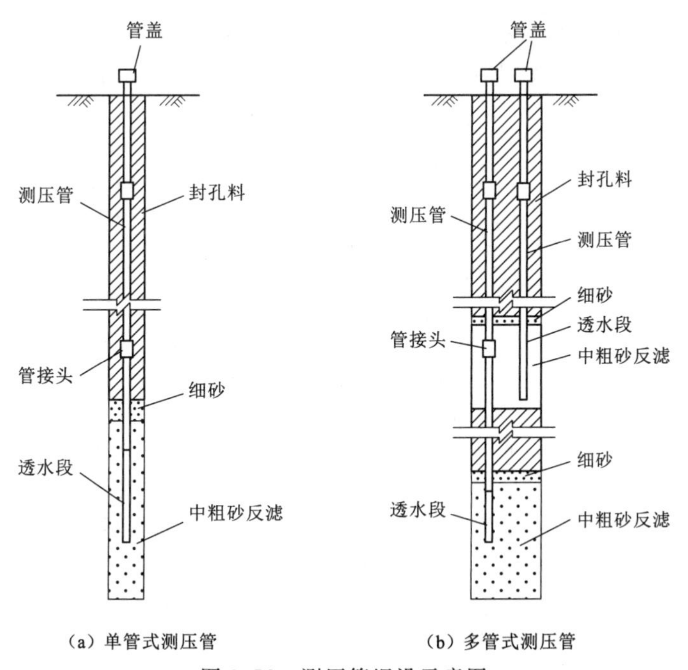

图 3.56 测压管埋设示意图

对于层状渗流，应分别将测孔钻入各层透水带，至该层天然地下水位以下的一定深度，一般为1m，埋设测压管或渗压计进行监测。必要时，可在一个孔内埋设多管式测压管，或安装多个渗压计，但必须做好上下层测点间的隔水设施。若采用水位孔，当孔中水位高出管口高程时，一般采用孔口压力表装置监测；当孔中水位低于管口高程时，可采用测深钟、电测水位计、气压U形管和示数水位器等监测管中水位。

3.4.5.2 监测布置

监测布置应根据地形地质条件、渗流控制措施、绕坝渗流区渗透特性及地下水情况而定，宜沿流线方向或渗流较集中的透水层（带）设2～3个监测断面，每个断面上设3～4个测孔（含渗流出口），帷幕前可设置少量测点。

对于土石坝与刚性建筑物接合部的绕坝渗流监测，应在接触边界的控制处设置测点，并宜沿接触面不同高程布设测点。在岸坡防渗齿墙和灌浆帷幕的上、下游侧宜各布设1个测点。

陈村混凝土拱坝左岸绕坝渗流的监测布置见图3.57。碧口心墙土石坝左岸绕坝渗流测孔布置见图3.58。

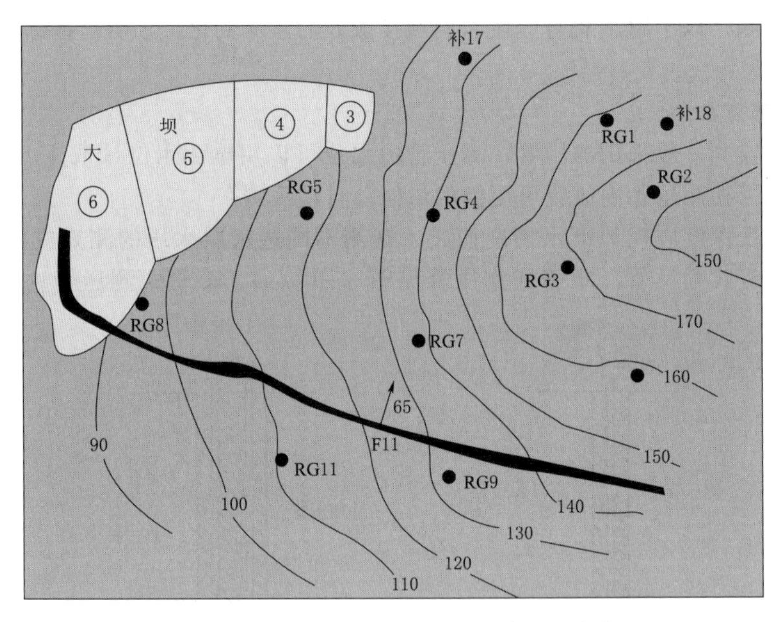

图3.57 陈村混凝土拱坝左岸绕坝渗流测点布置

3.4.6 渗流量监测

渗流量是指库水穿过大坝地基介质和坝体孔隙产生的渗透水量。一般当渗流处于稳定状态时，其渗流量与水头的大小保持稳定的相应变化，在同样水头及环境温度情况下，渗流水量的显著增加或减少可能意味着渗流稳定的破坏。故渗流量监测是评判坝体安危的重要监测项目之一，渗流量监测包括渗漏水的总流量、分区流量及其水质监测。

3.4.6.1 监测方法

1. 混凝土坝

廊道或平洞排水沟内的渗流量宜用量水堰法监测，重力坝的渗水量较小，一般都可采

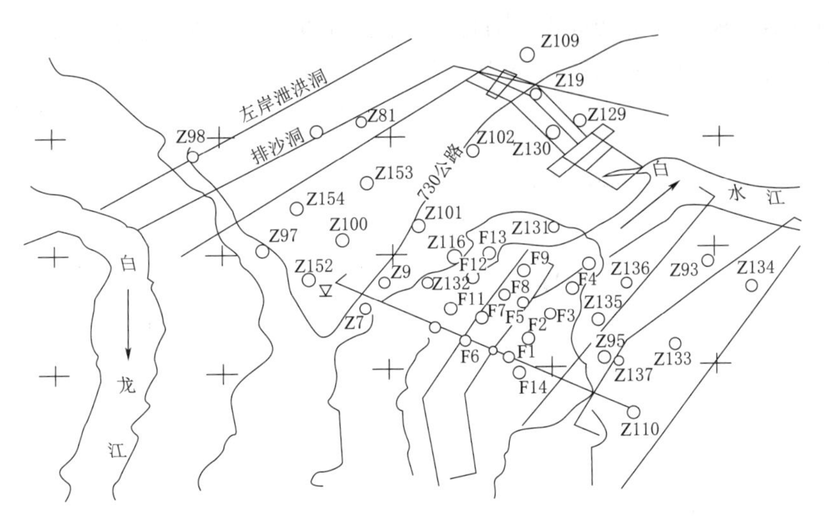

图 3.58 碧口心墙土石坝左岸绕坝渗流测孔布置图

F_1～F_9 和 F_{11}～F_{14}—坝体渗流监测点；其他为绕坝渗流测孔

用直角三角形量水堰，堰上水头可人工测读，也可用流量计监测。排水孔渗流量很小的渗流点宜用容积法监测。坝体混凝土缺陷、冷缝和裂缝的渗流水宜采用目测法检查或容积法监测。应结合工程的集流和排水设施布置分区监测，坝基和坝体渗流量应分别监测。河床坝段和两岸坝段的坝基渗流量应分段监测，必要时可单独监测每个排水孔的渗流量。坝体上游侧排水管的渗流水流入排水沟后，可采用分段集中的方式监测。

2. 土石坝

量水堰应设在排水沟直线段的堰槽段。该段应采用矩形断面，两侧墙应平行和铅直。槽底和侧墙应衬护防渗。堰板应与堰槽两侧墙和水流方向垂直。堰板应平整，高度应大于5倍的堰上水头。堰口过流应为自由出流。测读堰上水头的水尺或测量仪器应设在堰口上游，距离堰口3～5倍堰上水头处。尺身应铅直，其零点高程与堰口高程之差不得大于1mm。必要时可在水尺或测量仪器上游设栏栅稳流或设置连通管量测。测流速法监测渗流量的测速沟槽应满足规定：直线段长度不小于15m；断面一致；可保持一定纵坡，不受其他部位水流的干扰。

用容积法时，充水时间不得少于10s。平行二次测量的流量误差不应大于平均值的5%。用量水堰观测渗流量时，水尺的水位读数应精确至1mm，测量仪器的观测精度应与水尺测读一致。堰上水头两次观测值之差不得大于1mm。量水堰堰口高度与水尺、测量仪器零点应定期校测，每年至少一次。

堆石坝常规的渗流监测方法是在下游坝脚设置量水堰进行渗流量监测；当尾水较低，下游河床较低时，采用单个量水堰是监测大坝渗流总量常用并可靠的方法。

通常情况，当渗流量小于1L/s时宜采用容积法；当渗流量在1～300L/s之间时宜采用量水堰法；当渗流量大于300L/s或受落差限制不能设置量水堰时，应将渗透水引入排水沟中，采用测流速法。量水堰测量系统有人工读数和传感器自动观测两种。当采用人工读数量测时，在堰槽内设置水位尺，观测堰口水头，渗流量按标准堰流量公式计算；当采用传感器自动观测时，在堰槽内安装堰流计，自动采集堰口水头，渗流量按标准堰流量公式计算。各种量水堰的结构见图3.59所示。

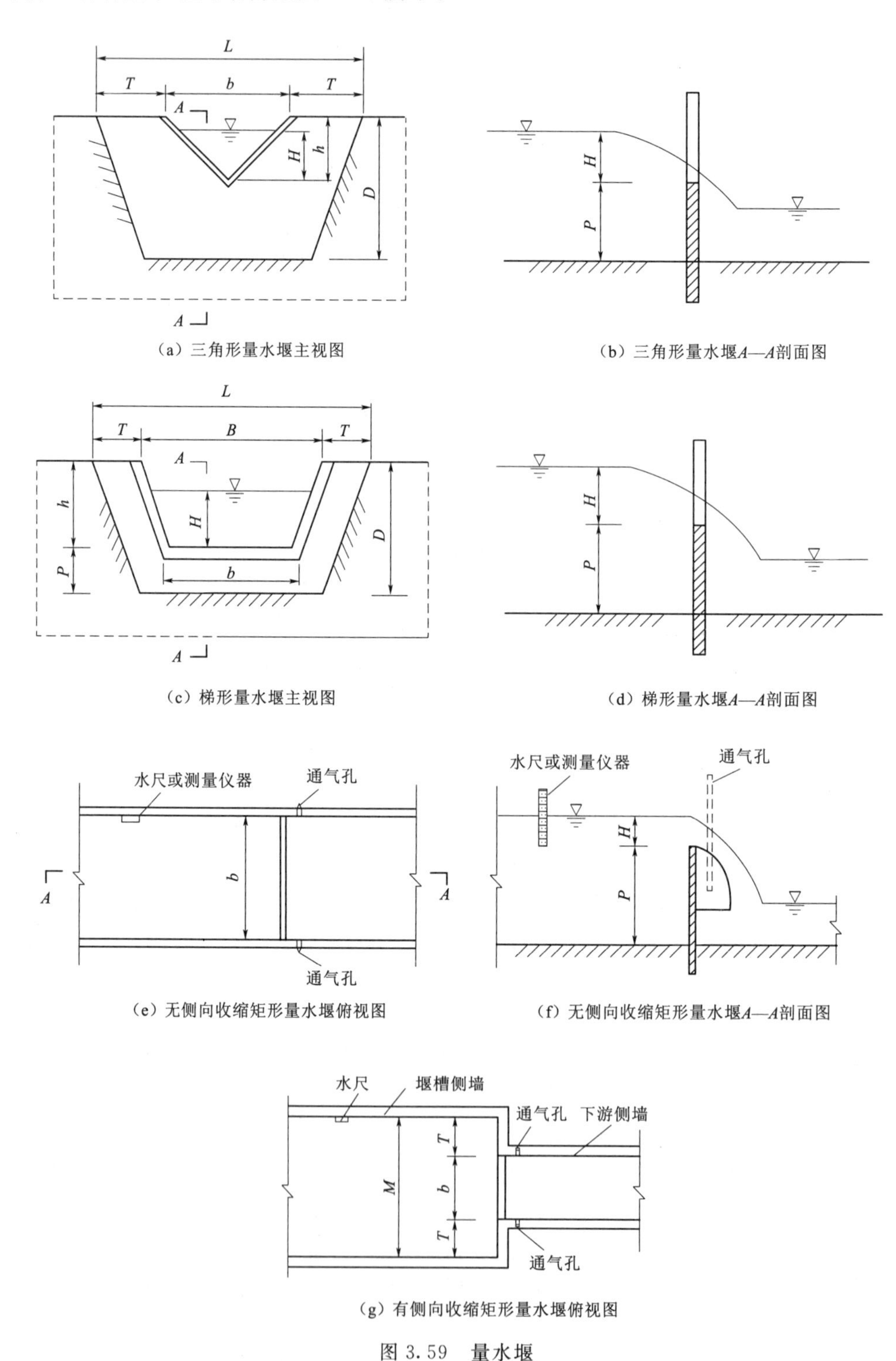

图3.59 量水堰

3.4.6.2 监测布置

1. 混凝土坝

应根据坝体、坝基排水设施的布置和渗漏水的流向，布置渗流量监测点。重力坝的坝体、坝基和绕坝渗流量监测点一般设在基础灌浆廊道和两岸坝基排水平洞内。为了便于分析，应尽可能分区拦截，分区观测。渗漏流量的观测要与绕坝渗流水位、扬压力及水库上下游水位配合进行。

靠坝体上游面排水管渗漏水以及坝体混凝土缺陷、冷缝和裂缝的漏水为坝体渗流，大多流入基础廊道上游侧排水沟内，可根据排水沟设计的渗流水流向，分段集中量测，也可对单处渗漏水采用容积法量测；坝基排水孔排出的渗漏水为坝基渗流，一般流入基础廊道下游侧排水沟，河床和两岸的坝基渗漏水宜分段量测，也可对每个排水孔单独采用容积法量测渗流量。同时还可在坝体廊道或坝基的排水并集中观测总渗流量。

岩滩重力坝渗漏量监测布置见图 3.60。

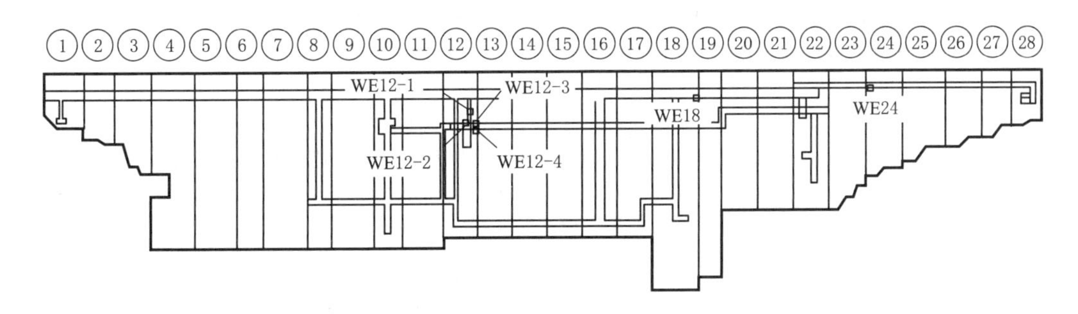

图 3.60 岩滩重力坝渗漏量监测布置图

拱坝及坝基渗流量监测布置应结合枢纽地质条件、渗排措施和渗漏水的流向进行统筹规划，原则上应区分坝体、坝基、坝肩河床、两岸拱座等不同部位、不同高程的渗漏水量，且每个渗控区域的排水面的渗流量监测点均应闭合，以便在渗漏水量有异常变化时进行针对性的分区分析。必要时，还应对每处渗水点的渗漏水量进行单点测量。基于拱坝的受力特点，应特别加强坝肩地质条件薄弱地带（如卸荷岩体、软弱岩体等）的灌浆洞、排水洞的渗漏水量监测，条件具备时宜在地质条件薄弱地带工程处理（如固结灌浆、置换等）前建立完整的渗流量观测体系，以便比较处理效果。

2. 土石坝

土石坝的渗流量监测布置应根据坝基地质条件，渗透（漏）水的出流、流向、汇集条件，排水设施和监测方法等确定。对坝体、坝基、绕坝渗流，以及减压井、减压沟和排水廊道等导渗渗流量，宜分区、分段监测，有条件时宜修建截水墙、监测廊道等辅助设施。当坝体（基）下游有渗透（漏）水出逸时，宜在大坝下游附近设导渗沟，可分区、分段设置，在导渗沟出口或排水沟内设量水堰。对于设有排水检查廊道的面板堆石坝、心墙坝、斜墙坝等，量水设施应在廊道内分区、分段设置。

当坝址区存在天然涌泉出流时，应据地形条件修建排水沟，在沟内设量水堰。当坝基覆盖层深厚或下游尾水较高时，可设截水墙汇集渗流进行监测。当深覆盖层地基下游无尾水且渗透（漏）水低于河床面，在坝下游河床中间隔设置测压管，经地下水坡降计算来求取渗流量时，测压管间距一般为 10～20m，以获得 10cm 以上的水头差为宜。

3.5 混凝土温度、应力监测设计

大坝温度、应力、应变历时变化和空间分布的一般规律见表 3.15。以下分别对它们的监测设计进行介绍。

表 3.15　应力、应变以及温度历时变化和空间分布一般规律

坝型	历时变化一般规律	空间分布一般规律
混凝土重力坝/拱坝	（1）混凝土应变一般与温度正相关，钢筋应力一般与温度负相关，呈年周期变化规律。 （2）闸墩的锚索应力在锁定和初期损失较大，后期基本稳定，并呈年周期变化规律。 （3）坝体温度初期受混凝土水化热影响明显，水化热消散后，主要受气温影响或保持平稳	（1）蓄水期坝踵压应力一般减小或转为拉应力。 （2）重力坝坝体温度一般在坝体中部较为稳定，下游侧受气温影响明显，年变幅较大
土石坝	（1）面板堆石坝面板混凝土应变一般与温度正相关，钢筋应力一般与温度负相关，呈周期变化规律。 （2）黏土心墙土压力施工期受上部填筑加载影响，蓄水后一般受上游水位影响。堆石体土压力主要受填筑加载影响	（1）面板堆石坝面板横坡向应力一般在中下部压应力较大，上部两侧压应力小或为拉应力；顺坡向应力一般在面板中部以压应力为主，上部和下都则可能出现拉应力。 （2）黏土心墙、堆石体土压力一般低高程大，高高程小

3.5.1 温度监测

混凝土坝温度监测的目的是了解混凝土在水化热、水湿、气温和太阳辐射等因素影响下，坝体内部温度分布和变化情况，以研究温度对坝体应力及体积变化的影响，分析坝体的运行状态，随时掌握施工中混凝土的散热情况，借以研究、改进施工方法，进行施工过程中的温度控制，防止产生温度裂缝，确定灌浆时间，并为科研、设计积累资料。

3.5.1.1 监测布置

温度监测应设置在重点监测坝段，其测点分布应根据混凝土结构的特点和施工方法确定。坝体温度测点应根据温度场的特点布置，布置坝面温度和基岩温度测点，在温度梯度较大的坝面或孔口附近宜适当加密测点。

在重力坝监测坝段的中心断面上，宜按网格布置温度测点，网格间距为 8～15m。对于坝高 150m 以上的高坝，间距可适当增加到 20m，以能绘制坝体等温线为原则。引水坝段的测点布置应顾及空间温度场监测要求。重力坝纵缝面和拱坝横缝面灌区未布置兼测温度的测缝计时，每个灌区宜布置温度计。可在距上游 5～10cm 的坝体混凝土内沿高程布置坝面温度测点，间距宜为坝高的 1/15～1/10，死水位以下的测点间距可适当加大。表面温度计在蓄水后可作为坝前库水温度计，在受日照影响的下游坝面可适当布置若干坝面温度测点。

在拱坝监测坝段，根据坝高可布置 3～7 个水平监测截面。在水平监测截面和垂直监测断面的每一条交线上可布置3～5个测点。在拱座的水平监测截面上可增设必要的温度测点。当拱坝两岸日照相差很大时，两岸下游面宜分别布置温度测点。在坝体温度监测断面的底部，宜在上、下游附近的坝内各设置一个5～15m深的孔，在孔内不同深度处布置测点监测基岩温度。另外，在能兼测温度的其他仪器处，不宜再布置温度计。

对于面板堆石坝面板，可以利用应力应变测点兼测温度。高面板堆石坝还应在典型监测条块布置温度计，水位变动区应加密布置，正常蓄水位以上至少布置1个测点。

典型的重力坝温度监测布置见图3.47和图3.61。典型拱坝的温度监测布置见图3.62。

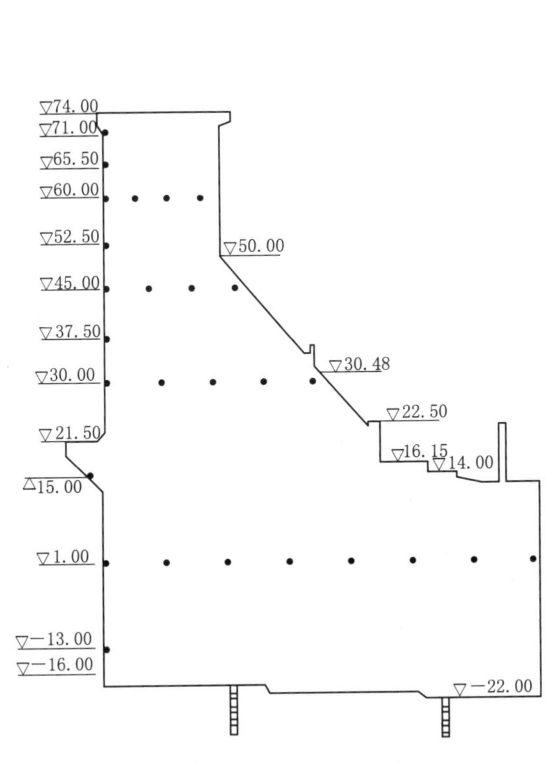

图3.61　典型重力坝温度监测布置图
●—坝体温度计

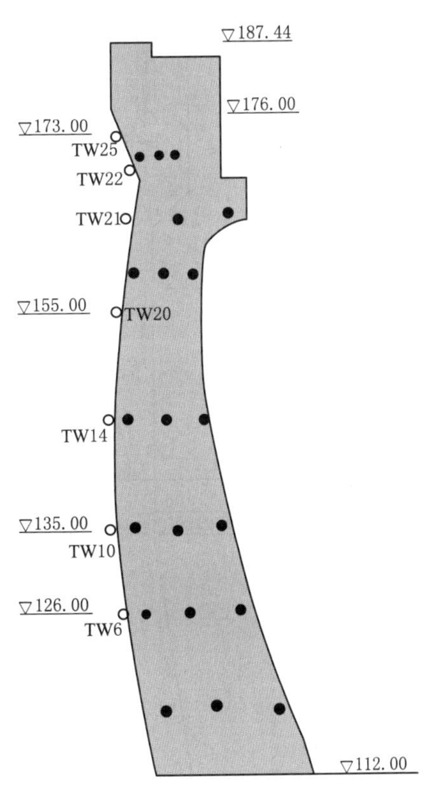

图3.62　典型拱坝温度监测布置图
○—坝面温度计（兼测水温）；●—坝体温度计

3.5.1.2　仪器选用

目前，国内在混凝土坝温度监测中应用最多的是铜电阻式温度计，其输出信号为电阻值，性能可靠，长期稳定性较好，但易受电缆电阻和接触电阻变化的影响。其他类型的温度计包括：①钢弦式温度计，其输出信号为频率，灵敏度高，不受由于浸水而引起的电缆电阻、接触电阻变化的影响，但价格较高；②热敏电阻式温度计，它的特点是灵敏度高、体积小、长期稳定性较差；③热电偶式温度计，其外形尺寸很小，可测量很小点上的温度，价格低廉，施工方便，坚固耐用，但热电偶产生的电压信号极小，且易受外界干扰和长电缆不均匀性的影响。若单纯为了监测大体积混凝土施工期温度，控制混凝土的施工温度，施工单位常采用手持式红外温度计、水管闷温等监测手段。

近年来也有采用分布式光纤测温系统（DTS）监测混凝土坝体温度的实例。采用光纤在混凝土坝体内的网络布置有两种形式：①平面网络布置形式，取坝体一个典型横断面，光纤从下而上做蛇形（S形）布置；②空间网络布置形式，取坝体一个典型坝段，光纤自下而上连续地沿水平截面从左至右或从右至左做蛇形（S形）布置。第一种布置形式简单，第二种布置形式可以获得多个横断面的温度分布情况，了解施工期和运行期坝体温度空间分布和变化情况。对于碾压混凝土坝，还可以对碾压层面进行渗流定位监测。某碾压混凝土大坝横断面光纤敷设布置见图3.63。

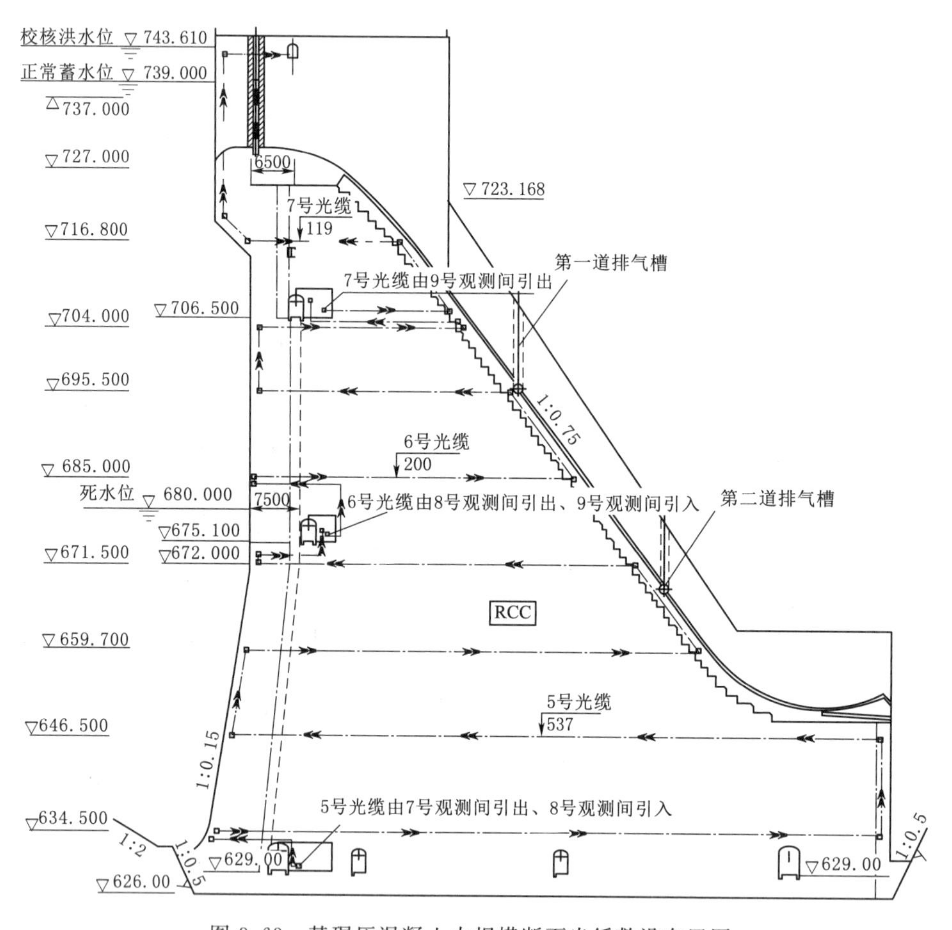

图3.63　某碾压混凝土大坝横断面光纤敷设布置图

索风营大坝工程采用了分布式光纤测温系统（采集间隔为0.25m），其监测的结果与采用电阻式温度计监测结果的对比分析结果表明：两种监测结果之间的偏差小于0.5℃，两者的监测结果相关性和变化趋势基本一致。因此，可认为光纤测温系统与常规仪器同样能满足大坝温度监控工作的技术要求，但存在仪器价格昂贵、测试和维护工作要求高、二次仪表适应恶劣环境（水、雾、灰尘等）性能较差等缺点。

3.5.2　应力监测

混凝土坝内应力观测的目的是了解坝体应力的实际分布和变化情况，寻求最大应力的位置、大小和方向，以便估计大坝的安全程度，为检验设计和科学研究提供资料，为大坝

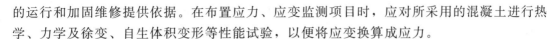

的运行和加固维修提供依据。在布置应力、应变监测项目时，应对所采用的混凝土进行热学、力学及徐变、自生体积变形等性能试验，以便将应变换算成应力。

3.5.2.1 监测布置

测点的应变计数量和方向应根据应力状态而定。空间应力状态宜布置七向～九向应变计组，平面应力状态宜布置四向或五向应变计组，主应力方向明确的部位可布置单向或两向应变计组。每一应变计（组）旁1.0～1.5m处应布置1支无应力计。无应力计与相应的应变计（组）距坝面的距离应相同。坝体受压部位可布置压应力计，压应力计和其他仪器之间应保持0.6～1.0m的距离。

1. 重力坝

重力坝的应力应变监测布置除满足上述条件外，还应满足下列要求：应根据坝高、结构特点及地质条件选定重点监测坝段；各重点监测坝段可布置1～2个监测断面；在每个监测断面上，可布置几个不同高程的水平监测截面；水平监测截面宜距坝基5m以上，必要时应在混凝土与基岩结合面附近布置测点；同一水平监测截面上的测点不应少于2个，纵缝两侧应有对应的测点。

监测坝体应力的应力计（组）与上下游坝面的距离宜大于1.5m，在严寒地区还应大于冰冻深度，纵缝附近的测点宜距纵缝1.0～1.5m。对于边坡陡峻的岸坡坝段，宜根据设计计算及试验成果的应力状态布置应变计（组）。

2. 拱坝

拱坝的应力应变监测布置除满足上述条件外，还应满足下列要求：根据拱坝坝高、体形、坝体结构及地质条件，可在拱冠、1/4拱圈处选择铅直监测断面1～3个，在不同高程上选择水平监测截面3～7个；在薄拱坝的水平监测截面上，靠上、下游坝面附近应各布置一个测点，应变计（组）的主平面应平行于坝面；在厚拱坝或重力拱坝的水平监测截面上应布置2～3个测点；拱坝设有纵缝时，测点可多于3个；水平监测截面上监测应力分布的应变计（组）距坝面不应小于1.0m，测点距基岩开挖面应大于3.0m，必要时可在混凝土与基岩结合面附近布置测点；拱座附近的应变计（组）支数和方向应满足监测平行拱座基岩面的剪力和拱推力的需要，在拱推力方向还可布置压应力计；在坝踵和坝趾除布置应力应变监测点外，还应配合布置其他项目监测点。

3. 面板堆石坝

面板应变监测的测点按面板条块布置，并宜布置于面板条块的中心线上。应根据工程规模、坝体结构，选择1～5个面板监测条块，并宜与监测断面相结合，其中1个应设置在河床中部最长面板条块。对于高面板堆石坝，还应在面板受压部位增设1～2个面板监测条块。应根据应力分布情况，在监测面板条块上沿不同高程布置应力应变测点，高面板坝还宜在各期面板水平施工缝部位增设测点。

各测点应力应变监测仪器应成组布置，宜布置二向～四向应变计组。面板底部周边缝附近应力应变较复杂部位宜布置四向应变计组，应力应变测点附近宜对应布置无应力计。钢筋应力测点宜与面板应变测点配套布置，面板钢筋计宜按顺坡向和水平向布置。

3.5.2.2 仪器选用

应变计组由一个应变计支架（多向）和多支应变计组成，用于监测混凝土的空间应力状态，包括大、小主应力和最大剪应力的大小与方向。应变计组通常包括单向应变计、两向应变计组、三向应变计组、四向应变计组、五向应变计组、七向应变计组和九向应变计组等，部分应变计组结构型式见图 3.64。每组应变计组附近埋设一支无应力计，用于消除温度、湿度、水化热、蠕变等对混凝土变形的影响。无应力计的介绍见 3.5.3 节。

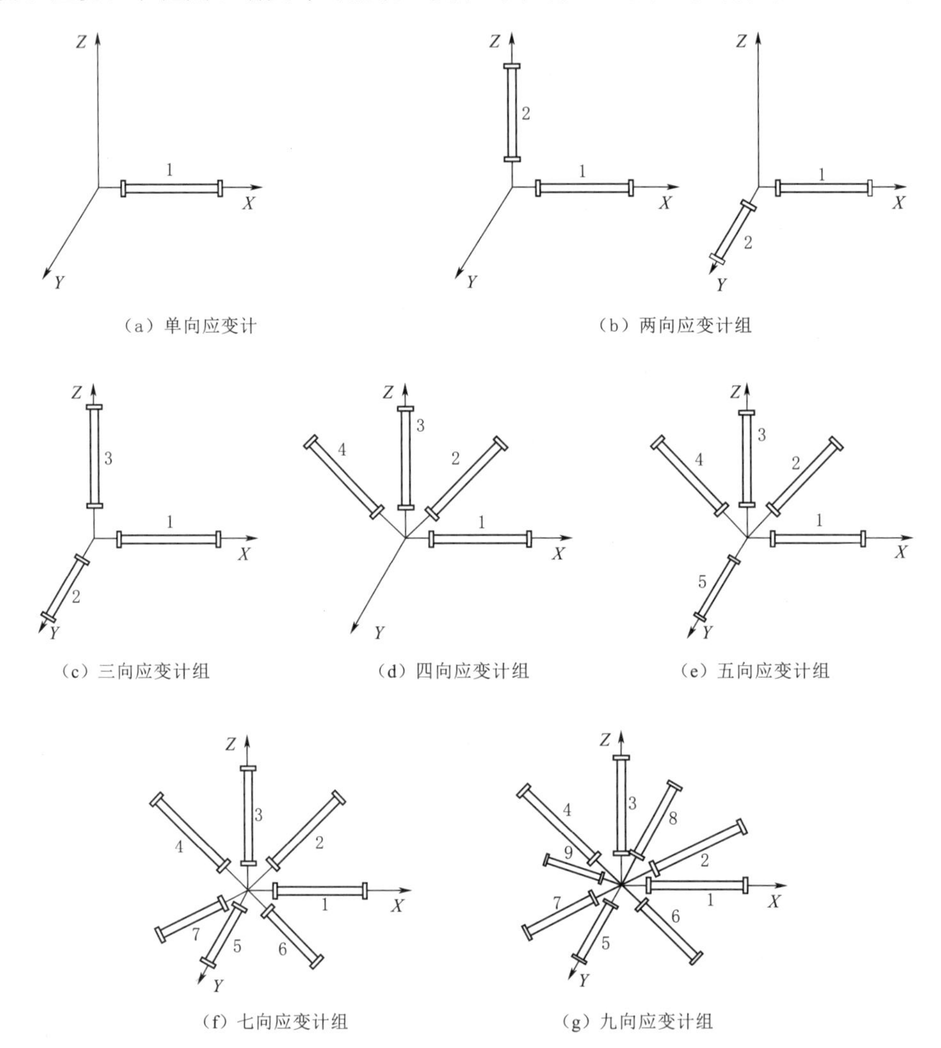

图 3.64 应变计组示意图

3.5.3 自由体积变形监测

对于混凝土材料来说，温度变形、湿度变形和自生体积变形等都属于自由体积变形。温度变形是材料热胀冷缩引起的变形；湿度变形是混凝土因湿度变化而引起的变形；自生体积变形是水泥水化热和其他一些未知的物理化学变化引起的，其变化规律比较复杂，有单调变化的（膨胀型的、收缩型的），也有非单调变化的，甚至还有周期性变化的。在实际工程中，一般采用无应力计测量零应力状态下混凝土的自由体积变形，差动电阻式无应力计能同时监测测点的温度。无应力计与单向应变计或应变计组配套使用，埋设在同一测点的混凝土内，也可以和钢筋计配套使用。

无应力计由应变计传感器和无应力计套筒组成，剖面图见图3.65（a），平面图见图3.65（b）。无应力计应变传感器选用与之配套观测的同类型、同规格（或小量程）应变计；套筒一般采用锥形双层套筒，套筒内外层之间可填木屑或橡胶等，内筒内侧涂抹5mm厚沥青。应变计采用铅丝固定在套筒内。

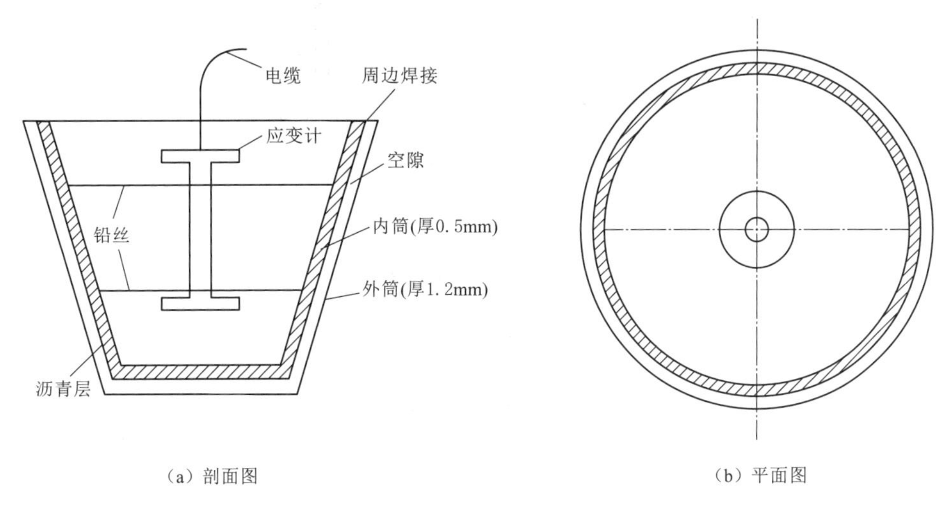

（a）剖面图　（b）平面图

图3.65　无应力计结构示意图

3.5.4　钢筋、钢板应力监测

3.5.4.1　钢筋应力监测

（1）在水工建筑物的底孔、廊道、闸墩、隧洞、管道、厂房等钢筋混凝土结构内，宜根据工程需要布设适量的钢筋应力观测断面，每个断面一般需布设3～5个观测点，并应布设相应的钢筋无应力计。钢筋应力通常是测量应变求得的。

（2）布设的钢筋计应焊接在同一直径的受力钢筋的轴线上，焊接方式可采用对焊、坡口焊或溶槽焊，但不得采用帮焊。

（3）受力钢筋之间的绑扎接头应距仪器1.5m以上。当钢筋为弧形时，其曲率半径应大于2m，并需保证钢筋计中安装传感器的钢套部分不受弯曲。

（4）在布设面板坝面板的钢筋应力测点时，宜在面板条块预计拉应力区的顺面板坡方向布置钢筋计，并应考虑与应变计适当结合。

3.5.4.2　钢板应力监测

（1）对于影响工程运行安全的钢管、蜗壳等重要结构，宜布设钢板应力观测断面。

（2）在钢管观测断面上一般至少布置3～4个测点，在蜗壳或其他水工钢结构上可根据应力分布特点布设观测点。

（3）每一测点均应布设环向（切向）仪器，并适量布设相应的轴向（纵向）仪器，测点处钢板的曲率半径不宜小于1m。

（4）钢板计采用夹具固定在钢板上，焊接夹具时宜采用仪器模具定位，如采用大应变计，则夹具尺寸相应放大。夹具及仪器表面应涂沥青。

（5）钢板计可不专设无应力计，但在计算时应考虑钢材温度膨胀系数的影响，也可以说钢板无应力计应变等于钢板温度膨胀产生的应变。

典型的钢板计安装见图3.66。

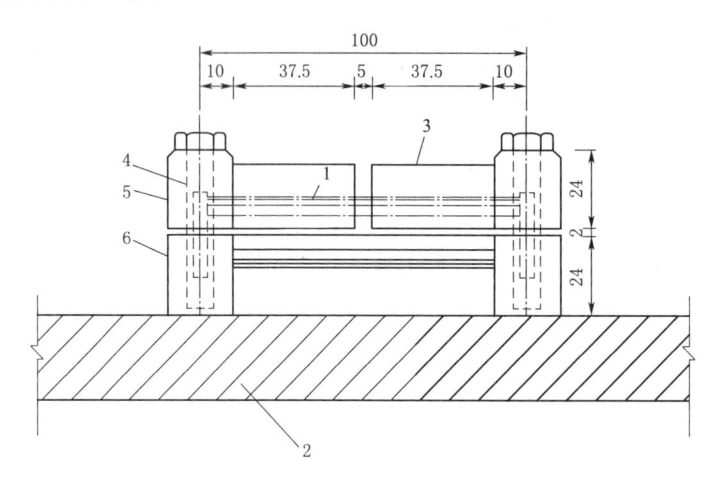

图3.66 钢板计安装示意

1—小应变计；2—钢管（板）；3—保护盖；4—螺钉；5—上卡环；6—下卡环

3.5.5 土压力监测

土压力（应力）监测包括对土与堆石体的总应力（即总土压力）、垂直土压力、水平土压力，及大、小主应力等项目的监测。土壤或堆石体的大、小主应力通过采用埋设不同方向的土压计组的监测结果间接确定。

土压力监测按照以下方法进行布置：根据坝体结构、地质条件等因素确定，一般大型工程可布设1个监测横断面（基面），特别重要的工程或坝轴线呈曲线的工程，经论证有必要时可增设1个监测横断面。监测断面的位置应与坝内孔隙水压力、变形监测断面相结合。

在土压力监测断面上，一般可沿高程布设2～3个监测截面，如需由总压力推求有效应力，则应在测点处同时布设渗压计，同一测点内各监测仪器之间的距离约为1m。对于面板堆石坝，可在监测断面的中下部布置2～5个层面进行土压力监测，测点宜布置在上游过渡料、坝轴线，及坝轴线上、下游侧中部，且应与内部变形测点布置相结合。对于心墙或斜墙堆石坝，宜在上下游堆石体、心墙或斜墙内部，及其上、下游反滤料布置土压力计测点，且与渗透压力或孔隙水压力测点对应布置。

监测截面内监测仪器的布设应根据实际情况而定。当监测垂直或水平土压力时可布置相应方向的单支土压计；当监测主应力和剪应力时土压计应成组布设，每组不少于3个。由于坝内土压力监测技术尚不够成熟，不宜布置大量仪器。

3.6 环境量监测设计

3.6.1 监测项目

环境的改变会对水工建筑物的工作状态产生很大的影响，环境是影响结构内部应力应变的外在因素，也是大坝安全监测的重要组成部分。与水工建筑物安全监测有关的环境量主要包括库水位、库水温、气温、降水量、冰压力、坝前淤积和下游冲刷等项目。

上、下游水位（水荷载）是水工建筑物需要承受的主要荷载，外界气象条件包括气温、降水量等是影响水工建筑物工作状态的主要因素，水位和环境温度是必测项目。对于高坝大水库，由于水库调节周期较长，水库的温度和原河流的水温有很大的不同。库水温和库水位一样，是大坝变形、渗流、应力的主要影响因素，也是大坝运行管理的重要依据，在监测库水位同时，也应进行水温监测。混凝土坝上游坝面附近布置的温度计测值可作为库水温测值。

3.6.2 监测方法

3.6.2.1 水位监测

上游水位一般以坝前水位为代表，在坝前至少设置1个测点。如果枢纽布置包括几个泄水建筑物，彼此又相距较远，则应分别设置上游水位测点。若需监测库区的平均水位，则可在坝前、库周设多个水位测点。上游水位测点应设在水流平稳，受风浪、泄水和抽水影响较小，且便于安装设备和监测的岸坡稳固地点或永久建筑物上。库区水位测点距溢洪设施都不宜小于最大溢洪水头的3倍。

下游水位测点应布设在受泄流影响较小、水流平顺、便于安装和观测的部位，一般布设在各泄水建筑物泄流汇合处的下游、不受水跃和回流影响的地点。测点宜布设在坝趾附近，当下游河道无水时，可采用测压管监测河道中的地下水位代替下游水位。

水位可用水位计或水尺进行监测，有条件时可以采用自记水位计或遥测水位计。常用的水尺有直立式、倾斜式、矮桩式和悬锤式。

(1) 直立式水尺一般分木质和搪瓷两种。木质水尺宽10cm，厚2～3cm，长1～4m，表面用红白蓝或红黄黑油漆画分格距，每格间距为1cm，每10cm和每米处标注数字。搪瓷水尺宽7cm，长1m，尺面用白底蓝条或白底红条分格距并标注数字。水尺钉在桩上，并面对库岸以便观测。水尺的观测范围要高于最高水位和低于最低水位各0.5m。因此，常需设置一组水尺，相邻水尺间应有0.1～0.2m的重合。

(2) 倾斜式水尺安置在库岸斜坡上，适用于流速大的地方。水尺上的刻度是先用水准仪测量每米水位标记线的位置，再把相邻两条米标记线间距离等分100格，并用油漆画上线条、标上数字。

(3) 矮桩式水尺由固定矮桩和临时附加的测尺组成。当河流漫滩较宽，不便用倾斜式水尺，或因流冰、航运、浮运等冲撞而不宜用直立式水尺时，可用这种水尺。

(4) 悬锤式水尺通常设置在坚固陡岸、桥梁或水工建筑物的岸壁上，用带重锤的悬索测量水面距离某一固定点的高差来计算水位。

3.6.2.2 气温监测

气温是反映空气冷热程度的物理量，是影响大坝工作状态的主要因素之一，特别是对于没有进行混凝土内部温度观测的大坝，在进行资料分析时，气温是不可缺少的自变量。

如气象台站离库区较远，则在坝区附近至少应设置一个气温测点；如库区有气象台站，可以直接利用气象台站观测的气温，但为了便于管理或便于接入监测自动化系统，可在坝区附近设气温监测点。气温测点处应设置气象观测专用的百叶箱，箱体离地面1.5m，箱内布置各类可接入自动化系统的直读式温度计或自计温度计。必要时可增设干、湿温度计。

3.6.2.3 降水量监测

降水入渗地表，可能影响大坝绕坝渗流和坝基参流的监测成果，是渗流分析的依据之一。坝区附近至少应设置一个降水量测站。降水量监测可以采用雨量器、自记雨量计、遥测雨量计、自动测报雨量计等设备。

雨量测点应选择四周空旷、平坦，避开局部地形、地物影响的地方。一般情况下，四周障碍物与仪器的距离应超过障碍物的顶部与仪器关口高度差的2倍。雨量测点周围应有专用空地面积，布设一种仪器时面积不少于4m×4m，布设两种仪器时面积不少于4m×6m；周围还应设置栅栏，保护仪器设备。

为了解决降雨自动测量供电和数据传输问题，无线自动雨量站被设计出来。无线自动雨量站由翻斗式雨量传感器、雨量微电脑采集器和GPRS无线数传模块构成。雨量微电脑采集器具有雨量显示，自动记录，实时时钟，历史数据纪录，超限报警和数据通信等功能。翻斗式雨量传感器得到的雨量电信号传输到雨量微电脑采集器，雨量微电脑采集器将采集到的雨量值通过RS232串口传输给GPRS数传模块，再传送给数据中心计算机。整个系统可以由太阳能电池板供电。无线自动雨量站可采用广泛应用于气象、水文、农业和环保等领域的新型全自动地面降雨监测设备，可作为雨量单测站或组网使用。无线自动雨量站结构示意与实物见图3.67。无线自动雨量站除了监测雨量，还可以同时监测空气温度、湿度、风速、风向、大气压力、太阳辐射和光照度等。

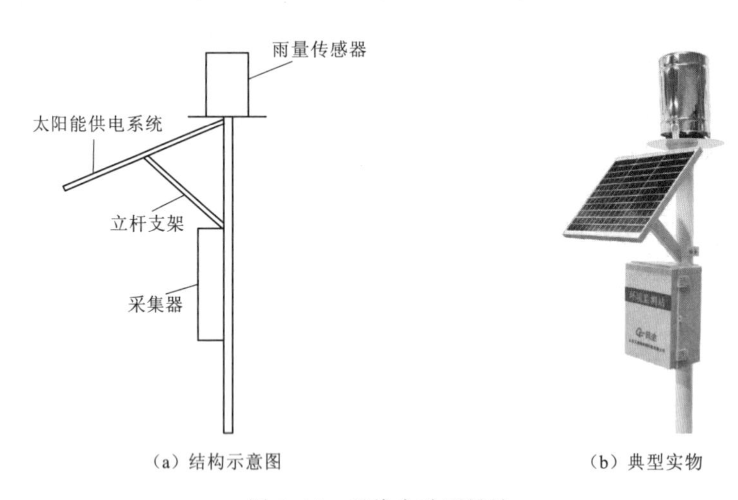

(a) 结构示意图　　(b) 典型实物

图3.67 无线自动雨量站

3.7 大坝安全监测设计工程实例

以下分别介绍重力坝、拱坝、心墙堆石坝和边坡工程安全监测设计的实例。注意，在

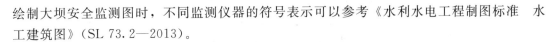

绘制大坝安全监测图时，不同监测仪器的符号表示可以参考《水利水电工程制图标准 水工建筑图》(SL 73.2—2013)。

3.7.1 棉花滩碾压混凝土重力坝

3.7.1.1 工程概况

棉花滩水电站位于福建省永定县境内，坝址在汀江干流棉花滩峡谷河段中部福至亭处，距永定县城约21km，邻近广东省。该工程以发电为主，兼有防洪、航运、水产养殖等综合效益。水电站建成后，是闽西南最大水电站，也是省网主要电源之一，可以担任省网调峰、调频任务，同时，可增加网内有调节能力的水电比重，发挥补偿效益，改善省网电源北重南轻的布局，效益显著。

棉花滩水电枢纽工程属Ⅰ等工程，主要由碾压混凝土重力坝、湖洋里副坝、坝顶开敞式溢洪道、泄水底孔、左岸输水建筑物及地下发电厂房、左岸200kVGIS洞内式配电装置及地面控制楼等建筑物组成。

碾压混凝土重力坝最大坝高113m，坝顶全长308.5m，坝顶高程为179.00m。水库正常蓄水位173.00m，调节库容11.22亿m^3，属于不完全调节水库，校核洪水位177.80m，相应总库容20.35亿m^3。坝体设置3个表孔溢洪道，堰顶高程155.00m；1个泄水底孔，底部高程115.40m。地下发电厂房内设有主厂房（含安装场）、主变室、尾水调压室等，主厂房（含安装场）尺寸为129.5m×21.9m×52.08m（长×宽×高），主变室与主厂房平行，其尺寸为97.35m×16m×14.8m（长×宽×高）。

棉花滩电站主体工程于1998年4月正式开工，同年9月河床截流，2000年12月18日下闸蓄水，2001年4月29日首台4号机正式并网发电，2001年12月9日电站四台机组投入商业运行。电站装机60万kW，年发电量15.1亿kW·h。

图3.68为棉花滩水电枢纽工程平面布置图。

3.7.1.2 外部变形监测

大坝外部变形监测项目主要有正垂线、倒垂线、引张线和视准线，垂直位移监测采用水准测量。棉花滩水电枢纽工程的外部变形监测布置见图3.69。

(1) 视准线监测。视准线监测设备设在坝顶179.00m高程处，自坝左到坝右依次布置有JC1至JC13共13个测点，工作基点分别设在左、右岸山坡上。

(2) 引张线监测。引张线监测设备设在坝顶179.00m高程处，自坝左到坝右依次布置有EX1至EX12共12个测点，工作基点分别设在左、右岸山坡上。

(3) 垂线监测。棉花滩大坝正、倒垂线用于监测坝顶及坝体内部的水平径向切向位移量。在左右岸坝头以下119.00m高程处各布置一条倒垂线（IP4、IP5），其监测点PP11、PP12位于坝顶179.00m高程；在2号坝段自上而下依次布置有两条正垂线（PL5、PL2），其监测点分别为位于140.00m和100.00m高程廊道内的PP7和PP6，为校正正垂线测值，其下53.00m高程处布置有一条倒垂线IP2，其监测点PP5高程为100.00m；在4号坝段自上而下依次布置有三条正垂线（PL7、PL4、PL1），其监测点分别为位于140.00m、100.00m和76.00m高程廊道内的PP4、PP3和PP2，为校正正垂线测值，其下26.00m高程处布置有一条倒垂线IP1，其监测点PP1高程为100.00m；在5号坝段自

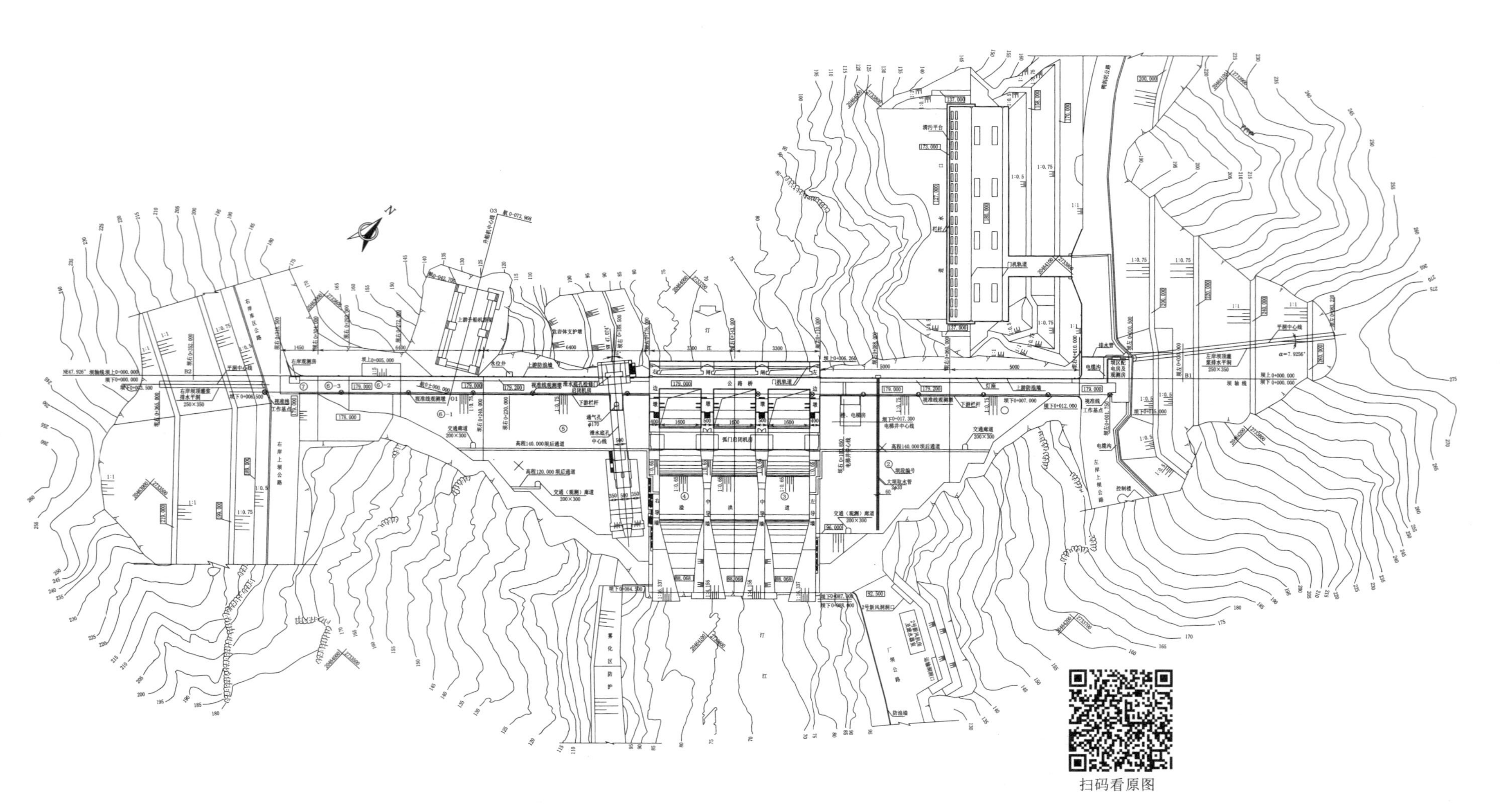

图 3.68　棉花滩水电枢纽工程平面布置图（单位：高程、桩号以 m 计；其他尺寸以 cm 计）

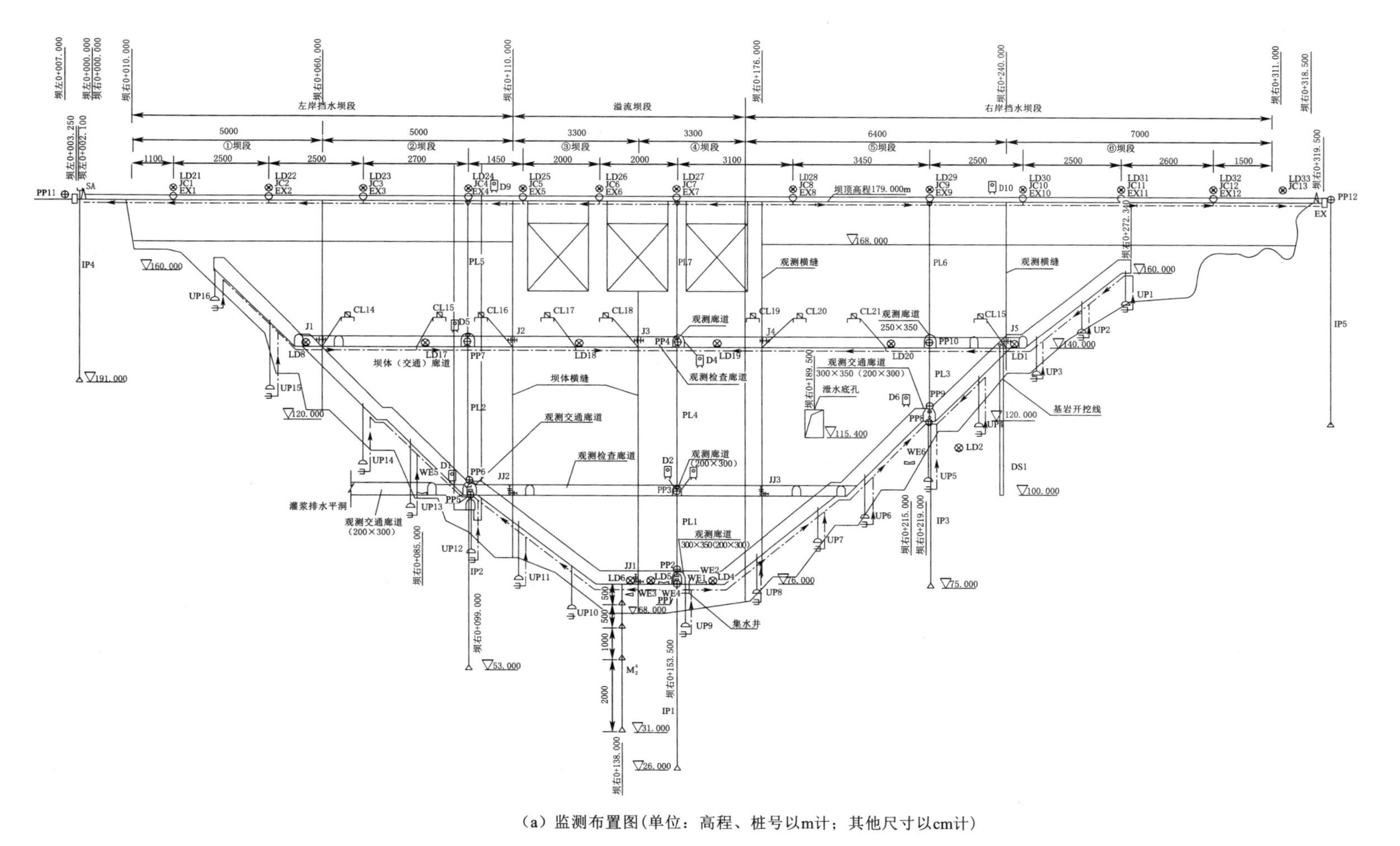

（a）监测布置图(单位：高程、桩号以m计；其他尺寸以cm计)

图 3.69（一）　棉花滩水电枢纽工程安全监测布置图

图形符号	代号	仪器名称	型号	单位	数量	图形符号	代号	仪器名称	型号	单位	数量
	SA	视准线	190×190F-4A型	个/套	14/1		N	无应力计		支	10
	EX	引张线仪/引张线	SWT型	个/套	12/1		T^S	表面温度计	DW型	支	7
		活动砚标	M-400型	支	3		T	坝体温度计	DW型	支	75
	LD	坝体沉降点	B-2型	个	30		J	测缝计	CF-12型	支	5
	IP	倒垂线		套	5		K	裂缝计	CF-12型	支	26
	PL	正垂线		套	7		JJ	三向测缝计	3D-4420-2	支	3
	PP	垂线坐标仪	CG-2A型	支	6		M	基岩交形计	配CF-12	套	5
	DS	双金属标		个	1		WE	量水堰/渗压计	自制4500AL-ALV	支	4
	CL	电水平倾角计	6700型	个	22				自制/YL型	支	6
	UP	测压管/渗压计	4500S型	m/支	930/39		D	终端箱		套	11
	P	渗压计	4500S型	支	19			国产电缆	YSZW（5×0.75）	m	7500
			YZ-5型	支	12			进口电缆	4500-9型等	m	8000
	S^5	五向应变计	D1-10或D1-25型	支/组	50/14		M_2^4	多点位移计	BWO-1量程12mm	套	1

（b）仪器设备汇总

图 3.69（二） 棉花滩水电枢纽工程安全监测布置图

上而下依次布置有两条正垂线（PL6、PL3），其监测点分别为位于 140.00m 和 120.00m 高程廊道内的 PP10 和 PP9，为校正正垂线测值，其下 26.00m 高程处布置有一条倒垂线 IP3，其监测点 PP8 高程为 120.00m。

（4）大坝沉陷监测。为监测大坝沉陷，棉花滩大坝坝体及进水口平台共布置有 37 个沉降监测点，其中 LD21～LD33 测点布置在坝顶 179.00m 高程，位置与引张线测点重合；LD1 及 LD8～LD20 测点布置在坝体内 140.00m 高程廊道内；LD4～LD6 测点布置在坝体内 76.00m 高程廊道内；LD2 测点布置在右岸 112.00m 高程基岩内；LD34～LD39 测点布置在进水口平台上。坝体廊道内沉降点监测采用布置于 LD1 测点附近的双金属标 DS1 作为基准。

3.7.1.3 渗流监测

（1）坝基扬压力监测。坝基扬压力孔分别位于纵向基础廊道以及三个横向廊道内，共布置了 25 个测点，其编号为 UP1～UP25。其中 UP1～UP16 位于 1 号～6 号坝段纵向基础灌浆廊道，UP17～UP25 位于三个横向廊道内，所有测点均有人工和自动化测值。UP5 孔在 2003 年 6 月堵塞，后在其旁边新建了另外一个扬压力观测孔，新建扬压力孔命名为新 UP5（UP5 - NEW），原来的命名为旧 UP5（UP5 - OLD）。各测点人工监测频次基本为 3 次/月，自动化监测频次为 1 次/d。坝基扬压力监测布置见图 3.69 和图 3.70。

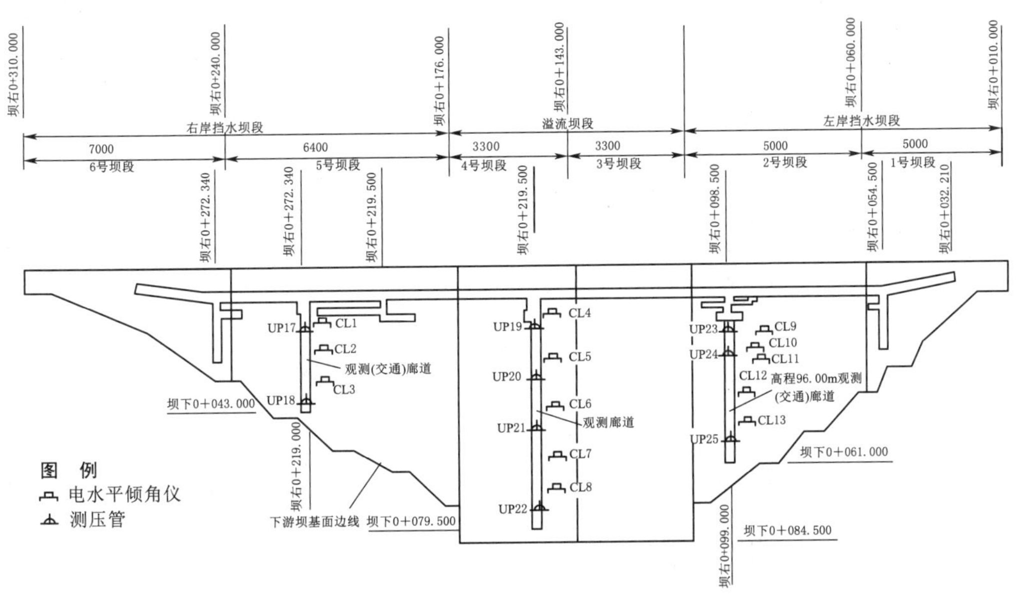

图 3.70 横向廊道内观测点布置图

（2）渗漏量监测。棉花滩大坝采用三角堰来进行渗漏量测量，其布置情况如下：76.00m 高程廊道集水井两侧的上、下游排水沟内各设置 2 支量水堰，分别测量坝体和坝基的渗流量，其中测坝体渗流量的测点编号分别为 WE1 和 WE3，测坝基渗流量的测点编号为 WE2 和 WE4；在左、右排水平洞的排水沟中各设置一支量水堰，测点编号分别为 WE5 和 WE6，故 76.00m 高程总共布置 6 支量水堰。在 96.00m、120.00m 和 140.00m 高程出坝廊道的下游出口段共设了 4 支（140.00m 高程布置 2 支）量水堰，测点编号分别为 WE7、WE8、WE9 和 WE10。这 10 个测点中有 6 个测点接入了自动化系统。考虑到 WE5 和 WE6 的水从 WE7 中流出，大坝渗漏量分坝基渗漏量、坝体渗漏量和总体渗漏量，按下式进行计算：

坝基渗漏量＝WE2＋WE4＋WE5＋WE6

坝体渗漏量＝WE1＋WE3＋WE7＋WE10－WE5－WE6

总体渗漏量＝坝体渗漏量＋坝基渗漏量

渗漏量人工监测频次基本为 3 次/月，部分月份测值比较密集，为 10 次/月；自动化监测频次为 1 次/d。渗漏量测点布置见图 3.69。

(3) 绕坝渗流。为了监测棉花滩大坝左、右两岸的绕坝渗流和地下水位的变化情况，在两岸共布设了 14 个渗流观测孔，左岸为 L1～L7，共 7 个，右岸为 R1～R7，共 7 个。其布置情况如下：在左右坝肩各设置 7 个测点，其中帷幕前各设 1 个测点，在帷幕后各设 2 个测点，在坝体下游的山坡上各设有 4 个测点，以观测坝肩的渗流状况。其中 R1 和 L1 位于帷幕前，其他测点位于帷幕后。绕坝渗流所有测点采用人工和自动化两种监测方式。

3.7.1.4　内部监测

(1) 温度计。为了解混凝土水化热、水温、气温及太阳辐射等因素对坝体温度的影响，在 2 号坝段、3 号坝段、4 号坝段、5 号坝段、泄水底孔、导流洞、引水隧洞与尾水隧洞共布置温度计 95 支。在运行期正常在测的温度计共 72 支，已全部接入更改后的自动化监测系统，其余温度计已封存停测。测点布置见图 3.71 和图 3.72。

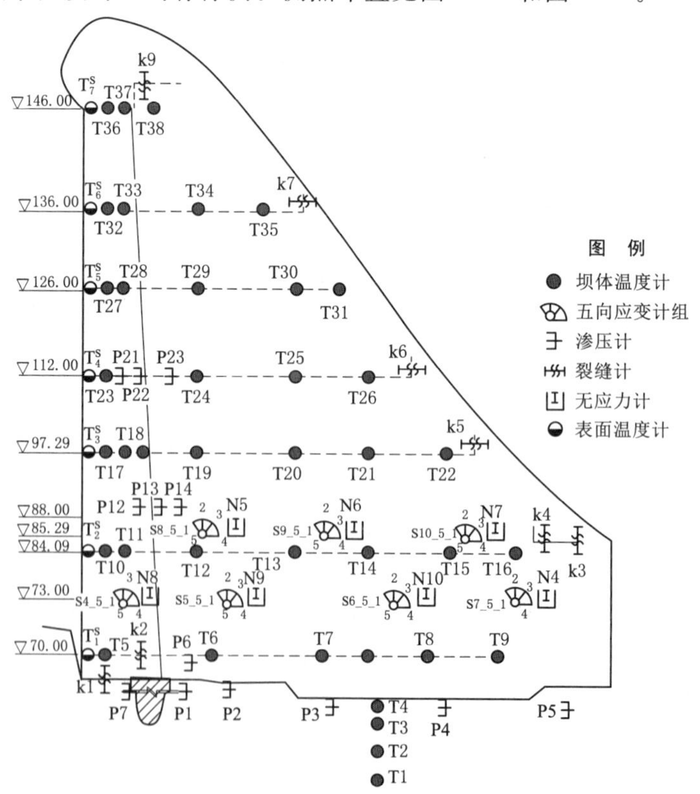

图 3.71　溢流坝 4 号坝段坝体测点观测布置图

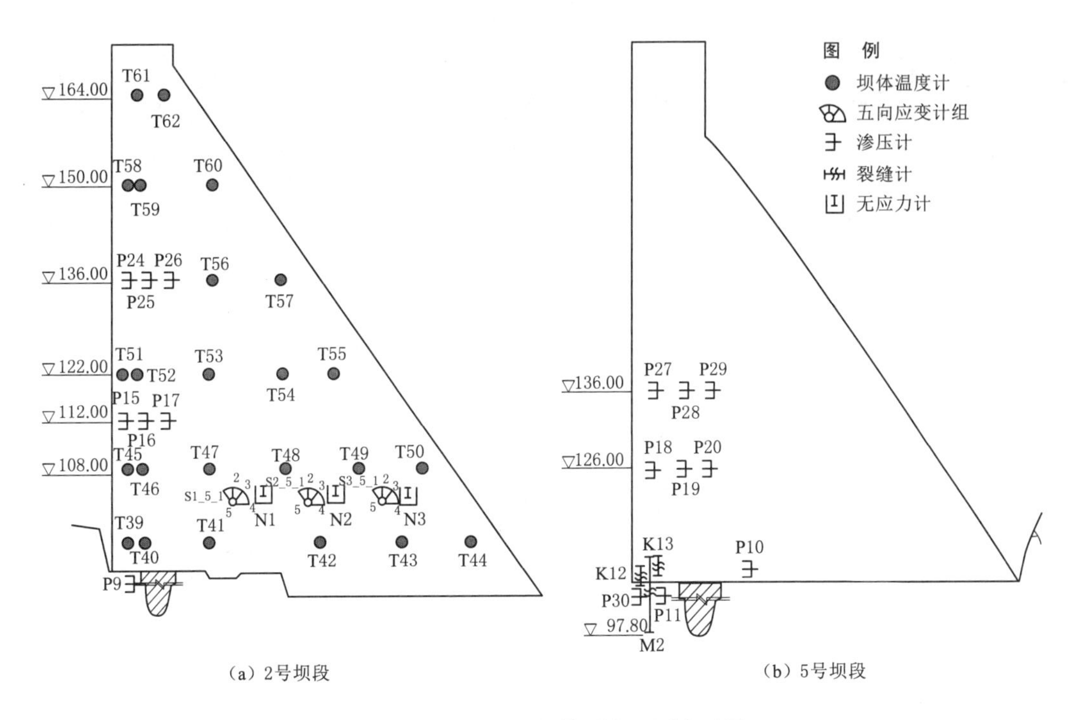

图 3.72 挡水坝段坝体测点观测布置图

(2) 渗压计。为监测大坝渗透压力的变化，大坝内渗压监测共布置了 69 个测点，各测点分别分布在 2 号坝段、4 号坝段、5 号坝段、导流洞堵头、厂房上游边墙、开关站和坝内输水系统中。其中在 2 号～5 号坝段共设 32 个测点，仪器编号以“P”开头；在导流洞堵头设有 DP1、DP2、DP3 共 3 个测点；厂房上游边墙也设有 9 个测点，仪器编号用“CP”开头；进水口边坡布置了 3 个测点分别为 JP3－1－1、JP2－2－1 和 JP2－3－1；开关站边坡也布设有以“KP”开头的 5 个测点；钢管段的渗压计仪器编号用“SP”开头，钢管段的加长段布设有 4 个测点；在 1 号岔管和 2 号岔管各布设有 3 支渗压计。渗透压力测点布置见图 3.71、图 3.72 和图 3.73。

(3) 钢筋计。为监测泄水底孔闸墩应力变化情况，共埋设差阻式钢筋计 20 支，钢筋计的编号为 R1～R14 及 R1′～R6′，测点 R8 及 R1′～R6′在运行期间均已报废，其余 13 个测点在 2002 年监测系统改造后已全部接入自动化监测系统。输水系统钢筋计的编号为 SR1～SR8，钢筋计测点布置见图 3.73。

(4) 钢板计。钢板计主要用于监测 2 号与 4 号输水压力钢管应力变化情况，2002 年接入自动化监测系统后，共有 11 支继续监测，布置在引水钢管的末端水平段。钢板计测点布置见图 3.73。

(5) 裂缝计与测缝计。大坝共布置裂缝计及测缝计 108 支，其中部分已损坏。

(6) 无应力计。在 2 号、4 号坝段和导流洞，对应于每组五向应变计（组）都埋设有无应力计，共 12 支。

(7) 应变计。在 2 号、4 号坝段和导流洞埋设有五向应变计，共 11 组。

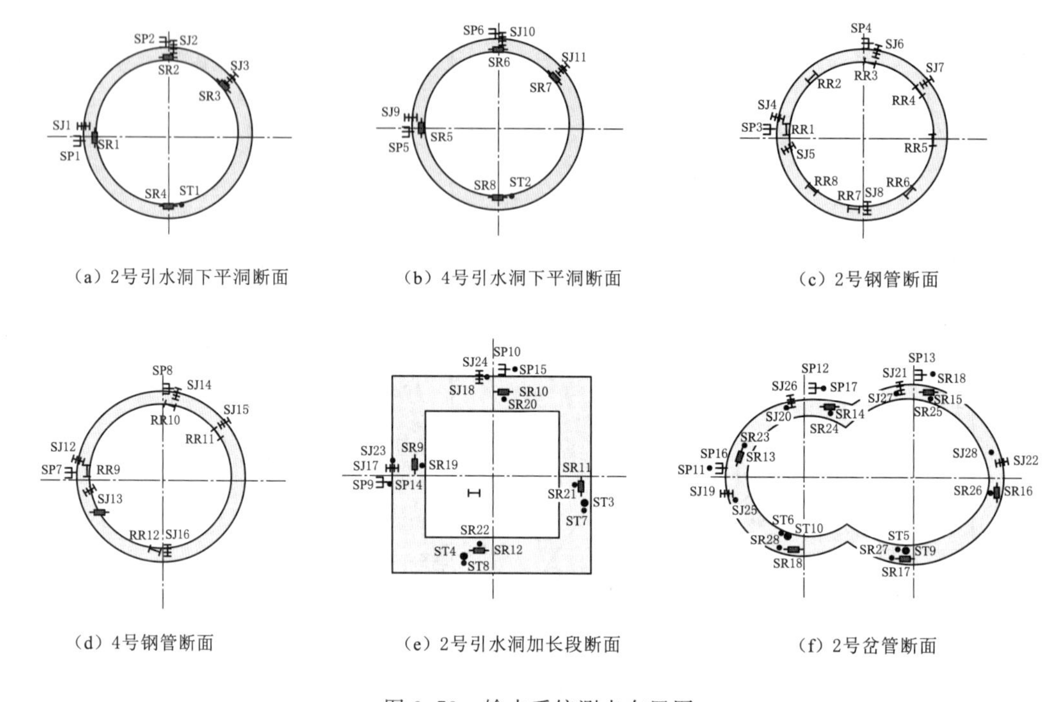

（a）2号引水洞下平洞断面　（b）4号引水洞下平洞断面　（c）2号钢管断面

（d）4号钢管断面　（e）2号引水洞加长段断面　（f）2号岔管断面

图 3.73　输水系统测点布置图

钢筋计；钢板计；渗压计；测缝计

（8）锚索测力计。大坝闸墩以及泄水底孔埋设有20支锚索测力计。

（9）锚杆应力计。在主厂房围岩、主变室围岩以及尾调室围岩分别埋设了锚杆应力计，以监测围岩的应力变化。其中，国产锚杆应力计分别埋设于主厂房、主变室以及尾调室，共85个测点；进口锚杆应力计埋设于主厂房，共36个测点。

（10）电水平倾角仪。电水平倾角仪主要用于监测1号～6号坝段纵向廊道、2号坝段、4号坝段、5号坝段的垂直位移变化情况。

（11）岩石变位计。为了监测坝基岩体的受力变形过程，在2号、4号和5号坝段的河床坝基处布置了5支岩石变位计。

（12）多点位移计。棉花滩大坝的多点位移计用来监测厂房建筑物围岩及3号坝段内部的变形。测点分别埋设于3号坝段、主厂房、主变室、尾调室、GIS室、进水口边坡及开关站边坡。其中3号坝段埋设的是差阻式多点位移计，共8个测点，均接入了自动化监测系统。厂房建筑物围岩埋设的是弦式多点位移计，共48个测点，有42个测点接入了自动化监测系统。

3.7.2　龙羊峡重力拱坝

3.7.2.1　工程概况

龙羊峡水电站总装机容量128万kW，总库容247亿m^3，是黄河上最大的龙头水库。大坝为混凝土重力拱坝，最大坝高为178m，底宽80m，最大中心角32°03′39″，上游面弧长396m，左右岸均设有重力墩和混凝土副坝，挡水建筑物前沿总长1227m。坝基岩性均一，为花岗闪长岩，岩盘为块状岩体。在坝线上游、右岸副坝右端及下游冲刷区的右岸为三叠系变质砂岩夹板岩。坝区岩体经受多次构造运动，断裂发育，北西向压扭性断裂和北东向张扭性断裂构成坝区构造骨架，地质条件复杂，有 8 条大断裂和软弱带切割，且库内有上亿立方米的巨大滑坡，详见图 3.74。

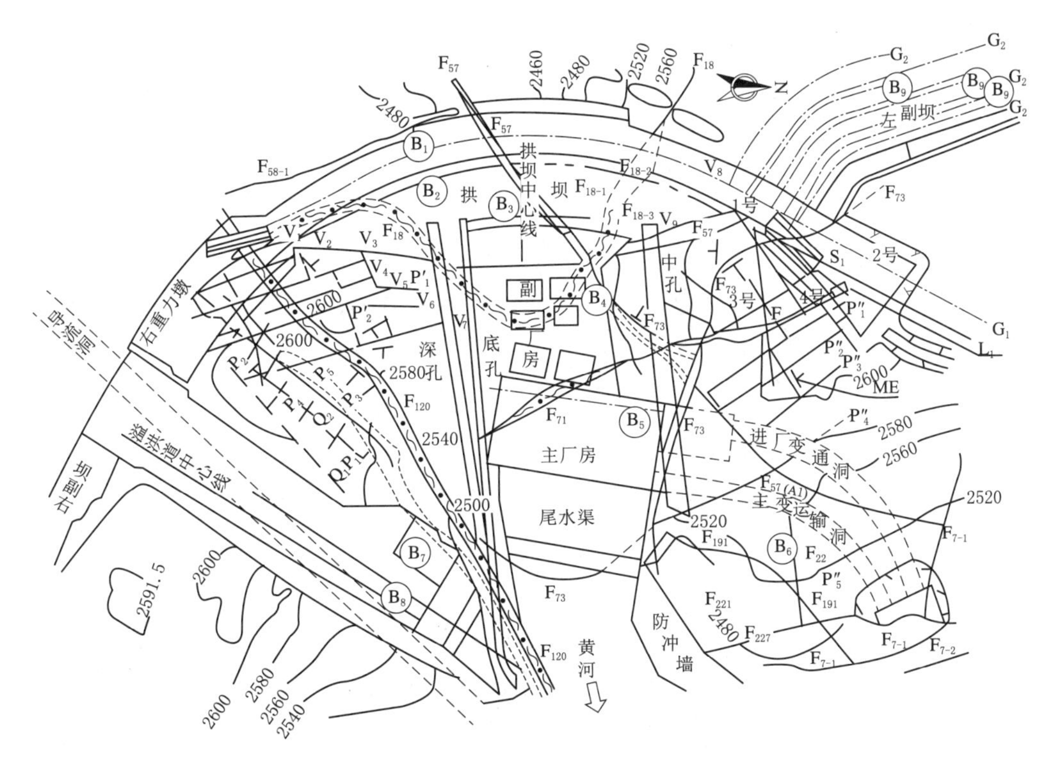

图 3.74　坝区岩体主要断裂分布及基础处理总图（单位：m）

G_1～G_2—帷幕灌浆洞中心线；B_1～B_8—排水洞中心线；P_1～P_5—F_{120}抗剪洞塞；P'_1～P'_2—T_{168}抗剪洞塞；P''_1～P''_5—F_{73}～F_{125}抗剪洞塞；V_1～V_9—F_{18}置换洞塞；F_1—F_{71}灌浆置换洞塞；Q_1～Q_2—F_{120}灌浆置换洞塞；1 号～4 号—传力洞塞；S_1～S_2—传力槽塞；L_1—F_{71}置换竖井塞

主要工程地质问题有：①两岸坝肩的深层抗滑稳定性较差；②距拱端较近的两岸坝肩断层岩脉及其交汇带将产生较大变形；③坝区岩石透水性较小，但断裂发育，成为主要渗水通道；④各泄水建筑物的冲刷区位于坝线下游，冲刷坑范围内局部岩体有失稳的可能。

根据枢纽布置形式、工程地质条件和存在的问题，要求大坝安全监测能准确、迅速、直观地取得数据，确保大坝安全运行。为此，坝基观测的主要内容是：①坝基和坝肩岩体的变形和位移（垂直、水平），特别是坝肩主要断层结构面的张拉、压缩、剪切变形；②坝基、坝肩岩体的地下处理工程结构物的性态、应力状况；③坝基、坝肩岩体的渗漏状况，渗透压力（指坝基扬压力、绕坝渗透压力）、渗漏量、浸蚀情况等；④位于高陡边坡上的泄水建筑物的稳定状况，高速水流作用下下游防冲工程的安全状况，冲坑两侧山体的稳定状态；⑤区域或局部性的地震及坝肩岩体动力反应观测。

3.7.2.2 变形监测

（1）坝址区平面变形控制网。平面变形控制网是为宏观监测大坝、基础、两岸坝肩岩体、泄水建筑物以及下游消能区岸坡的稳定和水平位移而设置的。根据龙羊峡坝址区具体的地形、地质条件，平面变形控制网由七点组成，为精密边角网，详见图3.75，网中边长采用ME5000光电测距仪测量。

图3.75 龙羊峡坝区平面控制网（含绕坝渗流）

为了获取在施工期两岸坝肩岩体的变形及稳定状况，1986年6月采用ME3000精密光电测距仪对施工网进行了全网的复测。经平差计算，观测成果表明：大坝坝基开挖、混凝土浇筑期间，两岸近坝区的上部岩体均向河心变位。左岸近坝线上游岩体倾向河心12mm左右，下游侧岩体倾向河心25mm左右，左岸近坝线坝肩岩体倾向河心15mm左右，左岸变形明显大于右岸，同时变形岩体的范围也大得多。

将1989年初变形控制网和施工网点的资料综合起来进行变形分析：两岸坝肩上部岩体受到水荷载的推力，有向下游变位的趋势，这种变形出现在初期蓄水的头两年间，而后在水库水位从2547m升至2575m时变位不明显。

（2）坝址区精密水准控制网。精密水准控制网是为研究大坝、坝基和两岸坝肩岩体垂直位移而设立的。它与坝址下游区地形变化观测网、库区左岸精密水准线路联系在一起，组成龙羊峡高程控制网，参见图3.76。

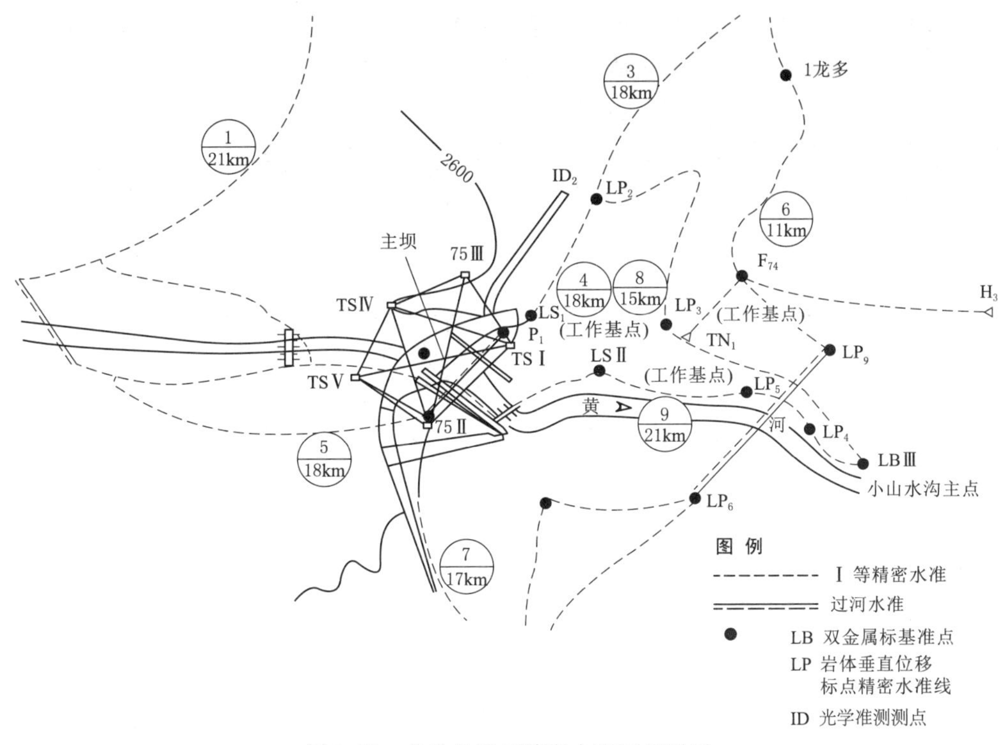

图 3.76 龙羊峡坝区精密水准网网形图

根据龙羊峡水电站的具体地形地理条件，水准网由九条线路组成多个环线，环线全长为 12km。网中建有三个深埋式双金属标志作为高程基点，观测采用东德蔡司厂生产的 Ni002 自动安平水准仪，按国家二等精密水准要求作业。本网首次观测始于 1979 年，与施工控制水准网结合在一起进行了 6 次复测，下闸蓄水前 3 次，下闸蓄水后 3 次。观测成果表明：在大坝坝基开挖、混凝土浇筑期间，坝基、两岸坝肩岩体发生下沉的垂直位移。左岸坝肩上部岩体与河床基础（主坝 8 号坝段 2443m 廊道内设 BM8 甲）的下沉量差不多，约为 20mm，但远离坝肩部位的点，比如进厂公路十字路口的钢管厂 JD2 点、下游 3 号交通洞进口处的 TSII 点的垂直位移很小。右岸坝肩上部岩体沉降量小于左岸，为 12～14mm。下闸蓄水后，坝基、坝肩岩体的垂直位移趋于平稳，大部分测点高程变化值均小于 2mm。

(3) 谷幅测线长度测量。在近坝轴上、下游坝肩的上部岩体上，布置了 3 条谷幅测量线。采用 ME3000（ME5000）光电测距仪测量边长变化，观测周期为 10～15 天一次。

龙羊峡坝肩谷幅测量始于 1986 年 6 月，蓄水后连续三年的观测资料说明：上游谷幅变化很小，约 2mm，且有随水库水位升高测线伸长的相关关系；紧靠坝肩下游拱座的谷幅一直发生收缩的塑性变形，量级已达 13mm。

(4) 高陡边坡稳定监测。按照工程地质方面提出的要求，参照地质力学模型试验的成果，结合两岸护坡工程的格局，在两岸坝肩地表和下游冲刷区右岸高边坡岩体上设置位移监测点 25 个。测点的水平位移、垂直位移分别采用精密测边交会和二等水准及三角高程测定法测定。

(5) 坝基水平位移监测。龙羊峡水电站坝基和坝肩岩体的深层滑动位移主要采用倒垂线法进行监测，在布置形式上组成地下垂线网（图 3.77）。

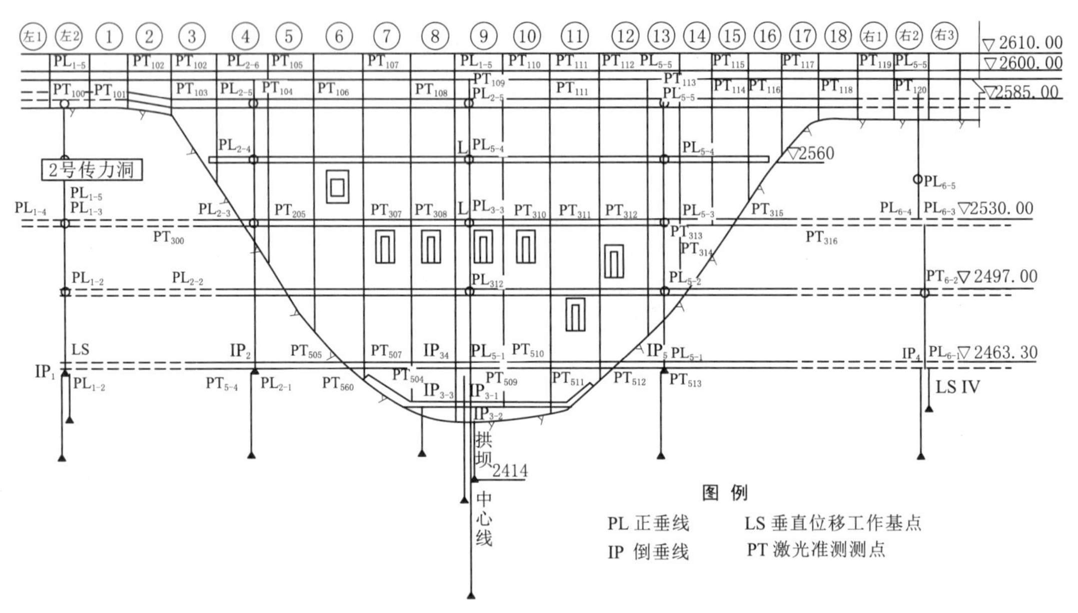

图 3.77 龙羊峡主坝纵剖面观测布置

垂线观测网由 13 条倒垂线、7 条正垂线组成：主坝坝基设置倒垂线 7 条、正垂线 5 条；右岸副坝坝基设置 2 条倒垂线；两岸坝肩岩体内设置 4 条倒垂线、2 条正垂线。除右岸副坝倒垂线外，所有倒垂线锚固点高程均在 2423m 以下的岩盘上，比河床最低建基面 2435m 高程低 12m。为了监测倒垂线锚固点的稳定性，将地下监测网与表部监控网联为一体，在主坝 4 号（左 1/4 拱）、9 号（拱冠）、13 号（右 1/4 拱）坝段 2600m 高程正垂线悬挂点处，设立标点，直接与坝址区变形控制网联测测定。

左岸监测岩体变位的垂线通过了左岸主要断层带。IP_{11}垂线位于中孔鼻坎基础岩体内 2462m 高程位置，设置了两根倒垂线，锚块分别埋设在 F_{215}的上盘和下盘上，下盘锚块高程 2419.3m。右岸监测岩体变位的垂线通过了右岸主要断层底滑面。三年的垂线观测资料表明：两岸坝肩 2530m 高程以下岩体变位很小，顺河向、横河向变位均在 1～2mm 内变动；左岸以 F_{73}为底滑面，右岸以 T_{314}及 F_{18}为底滑面，上、下盘岩体的相对变位过程线及波动形态表明没有明显的变位，处于稳定状态；坝基河床基岩变位也很小，径向 1mm 左右，切向向左岸 0.5～0.8mm，三根不同深度垂线测值基本相同，说明倒垂锚固点是稳定的，坝基岩体向深部变位很小。

(6) 坝基倾斜观测。坝基倾斜观测布置在主坝 2438m 高程的基础横向排水廊道内，测线四条，每条测线由四个墙上水准标志组成，兼测坝基岩体的不均匀沉陷。测线用精密水准观测各测点间的相对高差变化，计算倾斜角，求出基础倾斜值。

大坝蓄水至今的观测成果表明：坝基垂直位移下沉约为 1.5mm，未发现不均匀沉陷。坝基倾斜主要表现为受水荷载的推力向下游倾斜，量级大多小于 8″，与坝体垂线观测中径向位移值朝向下游侧一致。

（7）主要断裂带的张拉、压缩、剪切位移观测。观测项目：坝前断裂张拉变形，坝肩断层压缩、剪切变形观测见图 3.78、图 3.79。

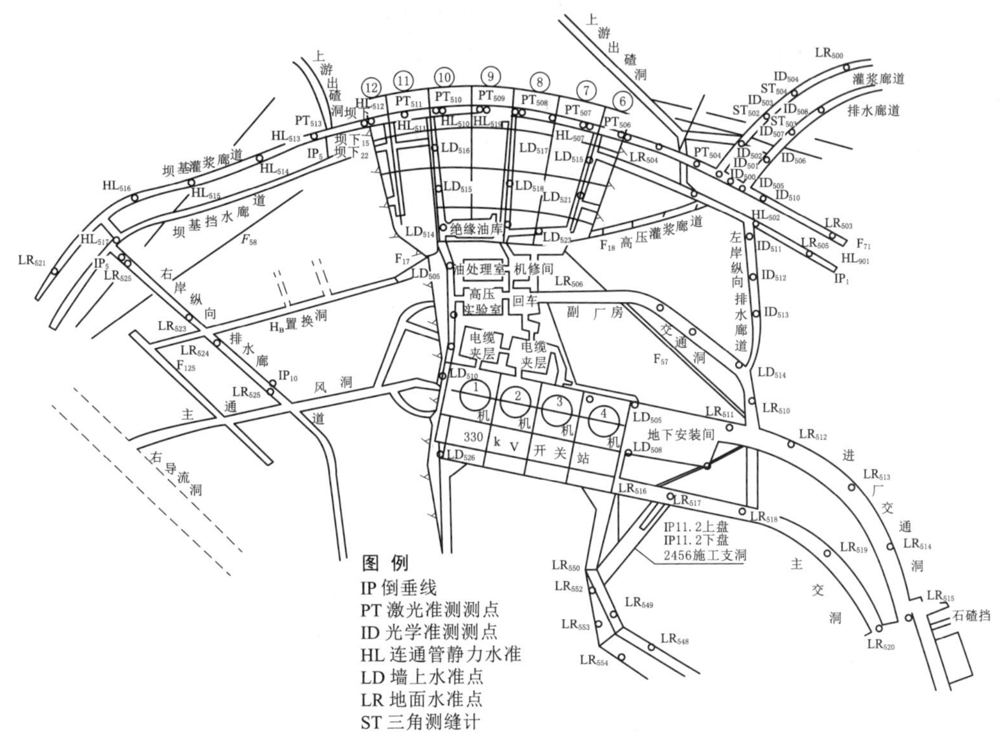

图 3.78　龙羊峡水电站 2463 层外部观测点布置

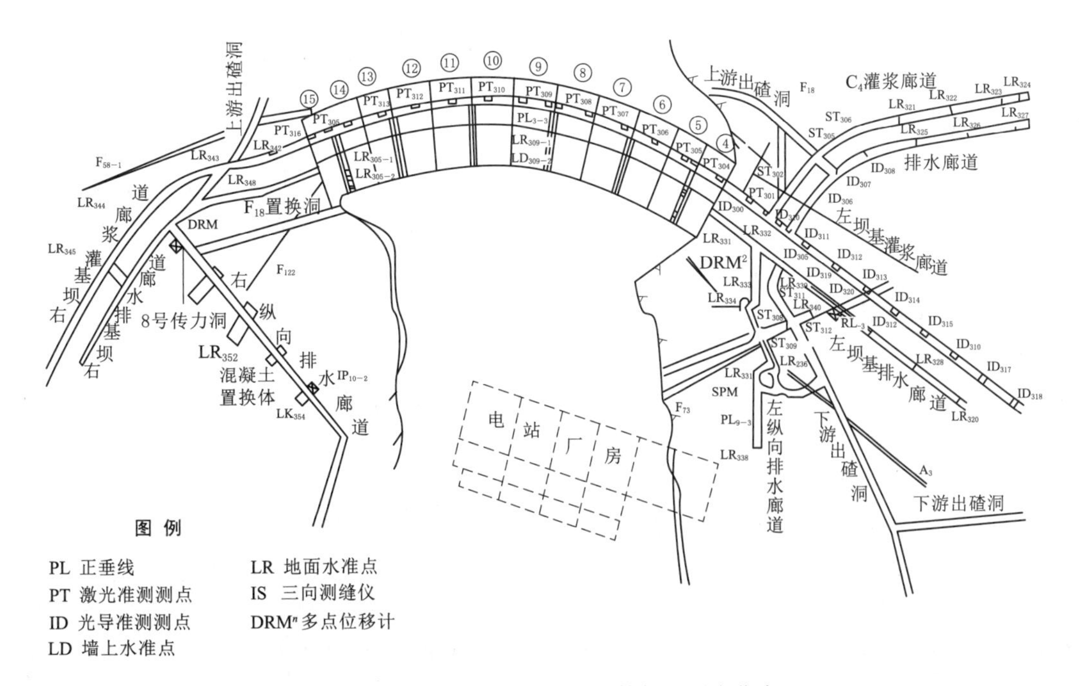

图 3.79　龙羊峡水电站 2530 层外部观测点位布置

左岸坝肩坝轴线以上有 G_4、F_2 等断层构造带通过，在拱坝推力作用下，坝肩岩体经受拉剪作用，影响左岸坝肩岩体的稳定。G_4 为一组雁行排列的纬晶岩劈理带，总的延伸方向为 NE30°左右，倾向 NW，倾角 80°以上，平均宽度约为 5m，延至北大山沟减为 1～2m。模型试验和结构计算结果表明：在正常蓄水下 G_4 将有不同程度的拉裂，原因是坝基产生拉应力区。因此设计要求：除对 G_4 采用严密的工程处理措施外，尚需加强观测，明确是否因 G_4 产生大的变形危及左岸坝肩岩体的稳定。右岸坝肩坝轴线上游也有一条 NNW 向的断层 F_{58-1} 通过，宽度仅有 5cm，且胶结较好，对右岸坝肩岩体的影响程度小于左岸 G_4，但也可能产生张拉变形，形成渗水通道，殃及 F_{120}。

针对坝前断裂拉裂变形和坝肩断裂压缩剪切变形，设置了以下观测项目：

1）多点位移计系统。在左岸坝肩岩体 2463.3m、2497m、2530m 高程的帷幕灌浆廊道中，在拱座以及 IP_2、PL_2 正倒垂线附近，钻设径向、水平向钻孔，安装多点位移计，直接测量 G_4 的开裂度和坝轴线上游岩体的张拉变形。

选取 2530m 高程面，于左、右岸顺河向排水廊道中，左岸 PL 正垂线上方，与断层正交设置水平向多点变位计，直接测量 F_{71}、F_{67}、F_{73} 断层的压缩变形。右岸 PL_6 垂线下游向与断层斜交，设置水平向多点位移计，直接测量 F_{120}、A_2 的压缩、剪切变形。

2）精密量测系统。在 G_4 对应的 2463.3m、2497m、2530m 层帷幕灌浆、排水隧洞中设置精密量距导线和精密水准测线，以观测岩体的相对变位（张拉、剪切、垂直）。

3）在跨 G_4 的灌浆、排水隧洞混凝土衬砌体上游墙分缝处，设置型板式三向测缝计，直接量测因岩体变位所引起的混凝土建筑物的变形。

4）在两岸大坝上游建立变形控制网点，测量地表变形。

5）在右岸坝前贴坡混凝土体内，用风钻水平钻孔穿过 F_{58-1}，安装岩石变位计，直接测量 F_{58-1} 的拉伸变形。岩石变位计埋设高程为 2484m、2500m、2520m、2540m 和 2560m。

下闸蓄水以来的前三年观测资料表明：水库蓄水位低于 2550m 时，左岸 G_4 开裂甚微，仅 0.2～0.3mm，右岸 F_{58-1} 仅 0.1mm；水库蓄水位达 2575m 时，左岸 G_4 开裂增大，小于 1mm，右岸 F_{58-1} 在 2560m 高程处开裂达 0.7mm；两岸坝肩断层的压缩变形值不大，左岸 0.3mm，右岸最大 0.4mm。

3.7.2.3 坝基温度、应变、应力观测

坝基温度、应变、应力观测的目的在于了解不同工作条件下，坝基岩体和地下基础处理工程结构内部的工作状况，分析其状态变化是否正常，监控大坝安全运行。主要观测项目有：坝体温度观测；坝基及地下基础处理工程结构内部应变、应力观测；坝体混凝土与基岩接触缝的开度观测，参见图 3.80、图 3.81。

（1）坝基温度观测。为了解基岩内部的散热情况及地温分布状况，在下列不同部位进行温度观测：在大坝拱冠梁基础基岩内，沿深度铅直向布置三排基岩温度测点；在左、右 1/4 拱（5 号坝段、13 号坝段）坝基中部岩体内，沿深度铅直向布置一排基岩温度测点；在左岸 2550m 高程传力洞、右岸 2530m 高程 F_{18} 置换洞塞的岩体内，沿深度铅直向、水平向各布置一排基岩温度测点。

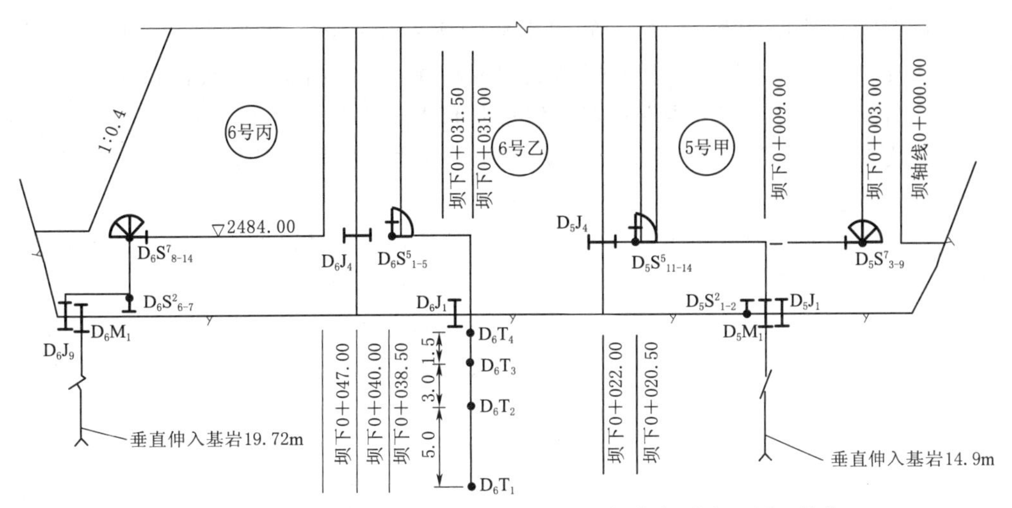

图 3.80 主坝 5 号甲、6 号乙、6 号丙坝段基础部位仪器布置图（单位：m）

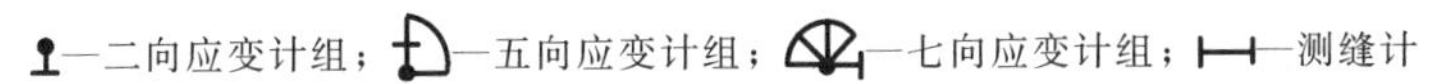

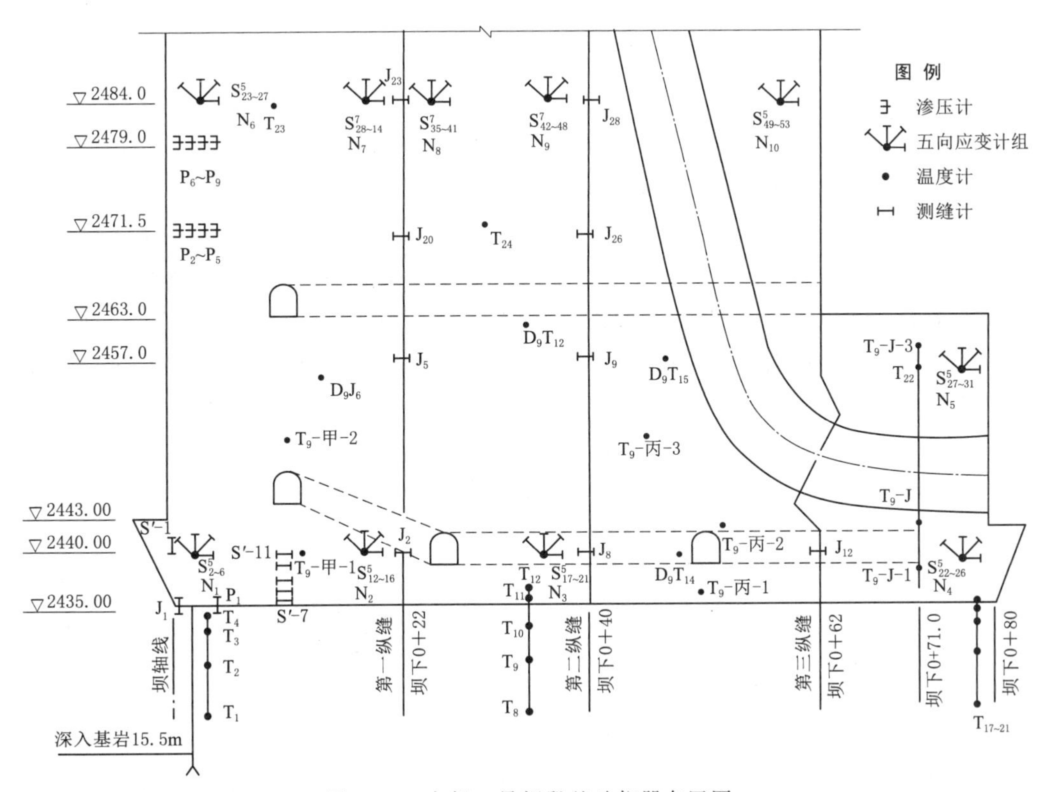

图 3.81 主坝 9 号坝段基础仪器布置图

观测资料表明：坝基基岩温度约为 10.5℃，年变幅很小，约为±1℃；两岸坝肩由于边坡坝段处于施工阶段，温度变幅较大。

(2) 坝基及地下基础处理工程结构内部应变、应力观测。根据大坝应力计算、模型试验成果，结合变形观测布置，选择拱冠 9 号坝段、左右 1/4 拱即 5 号坝段和 13 号坝段为主观测径向断面；选取2600m、2576m（坝肩拱座）、2558m、2520m、2484m高程五个拱圈为主观测水平截面。因此，将径向断面的基础基岩、拱向观测截面的拱座基岩列为重点部位，布置岩基应变、应力观测仪器。埋设的仪器有单向（水平、垂直）、双向、五向应变计组；无应力计；WL-60压应力计；用测缝计改装的岩石变位计（按需要水平向或垂直向埋设）等。

对龙羊峡大坝两岸坝肩断层进行了深层特殊处理，分层设置了传力洞、混凝土置换洞和抗剪洞塞，由于这些处理结构受力十分复杂，为了解其受力状态、与围岩的结合状况，选择了2463m、2497m、2530m、2550m高程四层处理结构，在混凝土体内布设了钢筋应力计、应力计、应变计（少量的七向应变计组）、无应力计、测缝计、岩石变位计等。

观测资料表明：拱冠坝基受力状况良好，坝踵处于受压。

（3）坝体混凝土与基岩接触缝的开度观测。坝体混凝土与基岩接触缝的开度变化是评价坝体和岩体整体作用的重要观测项目。最好能在拱端和坝踵、坝趾部位全面布置三向测缝计，但由于当时国产的三向测缝计尚不过关，故没有在龙羊峡坝基埋设，仅在径向断面的坝基、拱向截面的拱座处埋设了单向测缝计和岩石变位计。

观测结果表明：基岩与坝体混凝土结合良好，大多数仪器开度测值变化微小，仅0.3mm左右，个别部位缝展度达2mm。

3.7.2.4 渗流监测

渗流观测是坝基原位观测中十分重要的观测项目，它包括绕坝渗流观测、坝基扬压力观测、坝基主要断层带渗压观测、岩体渗漏量观测、渗透水质分析五项。

（1）绕坝渗流观测。本观测系统主要根据水文地质条件、渗漏类型和地下水流线的形态等因素进行布置。对于散状渗漏类型，一般应沿主要透水结构面做网格布置；而从地下水流线来考虑，则一般应沿流线方向布置。同时，由于坝区岩体内存在对坝基、坝肩稳定不利的缓倾角夹泥结构面，以及在岩体受力后能产生较大压缩剪切变形的构造带，因此地下水位观测孔又必须通过这些对工程影响较大的构造带。综合上述因素，观测孔基本按网状布置。网格的一个方向大体沿着与地下水等高线相交的方向布置；另一个方向则大体沿北东方向，即约平行于对坝区渗透起主导作用的张扭性构造带的方向布置，使观测网中部分钻孔分别通过G_4、N、F_{120}、NA_2和F_7等断层构造带。

地下水观测孔布置在左右副坝范围内，上自坝轴线以上约50m，下至南北大山水沟，面积约为0.6km^2。孔距一般为50～100m，两岸共设置41个观测孔。钻孔深度一般深入天然地下水位以下10～20m，孔径不应小于75mm，以便取出水样，孔口设保护装置。

此外，大坝下游坝肩岩体设有三道顺河向排水幕，其中右岸两道，一道在溢洪道底板下，廊道内打孔至导流洞，另一道在F_{120}左侧；左岸一道。左、右岸坝肩排水幕均有三层廊道，分别与坝基第二道排水幕的2530m、2497m、2463.3m高程的廊道相连接。顺河向排水幕最低一层廊道的排水孔可以作为观测孔使用，两岸副坝下游的排水孔也可用于地下水动态的观测。

（2）坝基扬压力观测。为监视坝基扬压力的大小及其变化，在大坝基础内设置了扬压力观测断面。坝基帷幕灌浆廊道内，沿帷幕灌浆孔中心线方向设置纵断面，在此纵断面上，坝基每间隔一个坝段设两个或一个钻孔。设两孔时，其中一个孔倾向上游，倾角

60°，孔底位于帷幕上游，另一孔孔底在帷幕下游，用这样一对孔互相对照，监视帷幕的工作状况。设置一个孔时，钻孔在帷幕下游。

沿坝基上下游方向设置横断面。在右岸副坝（右 2 号）、右岸重力墩各设一个观测横断面，重力拱坝内设 4 个横断面，左岸重力墩设一个横断面，共计 7 个横断面。其中右岸副坝内的横断面主要监测溢洪道附近破碎较严重的基岩地区扬压力分布情况，此处距河床较远，地下水渗流流态接近两向渗流场；右岸重力墩内的断面主要监测 NE 向断层构造带 F_{120} 和 A_2 的渗流情况；13 号坝段和 4 号坝段的观测断面位于岸坡地下水的有压-无压渗流区；河床 8 号、9 号坝段及 10 号、11 号坝段的横断面位于河床地下水渗流承压区；左岸重力墩内的观测断面主要监测 G_4 的渗漏情况。

纵、横断面内的观测钻孔间隔一般为 5～8m，孔深入基岩下 1m，钻孔孔径不小于 75mm，孔口安装压力表。坝基、厂基、岩基扬压力纵、横观测剖面共 14 个，观测孔约为 250 个，需钻孔数约 80 个，总孔深 700m。

（3）坝基主要断层带渗压观测。为了解坝基主要断层构造带 F_{120}、F_{57}、F_{73} 及 G_4 防渗处理后的效果，判断可能由于渗透问题引起的事故隐患，在上述断层构造带设置了 38 支电阻式渗压计，以观测不同的高程部位的渗透水压力。河床 F_{57} 上的渗压计的最低埋设高程是 2385m。另外，原深层处理结构所处的断层构造带已埋设了 22 支电阻式渗压计，总计共 60 支。

经河床拱冠 9 号坝段坝踵处的渗压计观测，在库水位为 2575m（水库水深 140m）时，渗压计渗压为 $-1.8kg/cm^2$，相应渗压高程为 2450m，说明河床坝基与混凝土结合良好，坝基围岩固结灌浆效果显著。

（4）岩体渗漏量观测。龙羊峡水电站枢纽排水系统总体布置：在主坝设置了七层纵向排水廊道，两岸坝肩内设置三层排水廊道。为了区分各层不同部位的渗漏量，特别是 NE 张扭性构造带的渗漏情况，对各层排水廊道的流向进行了总体规划设计，在每个汇集口处均设置了量水堰，在渗流集中的集水井和总出口布置了渗流量测量点。量水堰采用直角三角形堰板，测点约 40 点，其中 2443m 层 6 点、2463m 层 12 点、2497m 层 10 点、2530m 层及其以上约 12 点。

经巡视检查，当发现排水幕中通过主要渗漏通道断层的排水孔排水异常时，可随时进行单孔渗漏水量测试。如 1988 年 3 月 28 日发现右坝基第二道排水幕的 60 号排水孔孔口涌水，隧洞顶拱围岩 A_2 岩脉渗水加大，总量达 60L/min，随后进行跨 A_2 帷幕段的加深、加强、化灌等工程施工。

（5）渗透水质分析。龙羊峡水电站水质化学分析项目按一般分析要求进行，但必须满足水质类型变化和浸蚀性评价的要求。分析中如发现其他异样物质或涉及环保等污染问题，需进行专门性的分析研究。选取水样做化学分析的频率一般每年两次，分别在汛前和汛后进行。水样取水点：坝前库水；通过各主要断裂带的部分排水孔及地下水观测孔；采用过化学灌浆处理部位的排水孔；一般完整结构岩体中的部分排水孔。总水样取水点数 20 点。

3.7.3 鲁布革心墙堆石坝

3.7.3.1 工程概况

鲁布革水电站位于云南、贵州两省交界的黄泥河上，属南盘江左岸支流的最后一个梯级，装机60万kW。坝型为直窄心墙堆石坝，坝顶高程1138m，坝顶宽10m，最大坝高103.8m。坝基岩为质地坚硬的白云岩和石灰岩。大坝心墙开挖清基到基岩面，上设0.5～1m厚的混凝土垫层，混凝土垫层与基岩用锚筋锚固，心墙和坝基及左右岸的连接处铺设了1m厚左右的接触黏土。心墙采用砂页岩风化料作为防渗材料，心墙顶宽5m，底宽37.9m。心墙上游设一层反滤，反滤料为河滩料。下游设粗细两层反滤，主要采用人工砂，部分采用河滩料。堆石体大部分采用工程开挖料，用振动平碾碾压施工。

大坝及其坝基内设置和埋设了全面的观测仪器系统。从施工期开始对大坝的位移、变形、应力和渗流进行了完整连续的观测。大坝于1987年1开始填筑施工，至1989年7月填筑到顶。

3.7.3.2 外观监测

建立首部枢纽监测网，包括由8个基点组成的Ⅱ等三角网和Ⅱ等水准网。设置6条视准线，坝面测量标点共46个，详见图3.82。

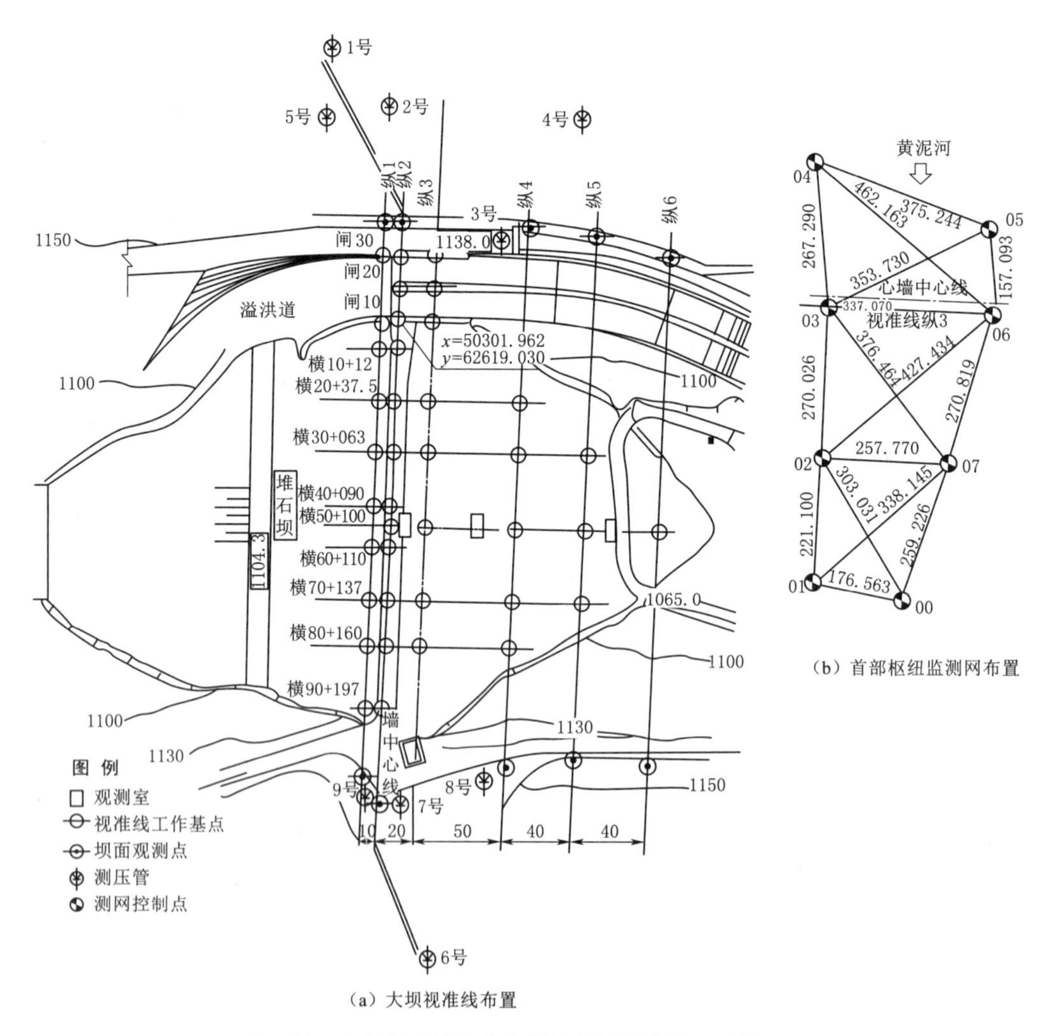

图3.82 大坝视准线及首部枢纽监测网布置（单位：m）

3.7.3.3 内部观测

内部观测的布置详见图 3.83～图 3.85。

(1) 渗流监测。绕坝渗流观测孔左岸布置 5 个，右岸 4 个，以观测水库蓄水后左、右岸绕坝渗流的水位变动。

渗压计布置在河床和左、右岸坡的心墙与混凝土垫层间，共 21 支，以观测蓄水后沿接触面的渗水压力变化，监视可能产生的接触面渗流破坏。布置在心墙内的 9 支渗压计，在施工填筑期观测心墙风化料的孔隙水压力，在蓄水和运行期观测心墙内的渗水压力。

(2) 变形监测。

1) 测斜仪和电磁沉降仪。在心墙轴线上的 0+36.7 和 0+100 桩号布置两个测孔，测孔内埋测斜仪的 PVC 导管，导管外每间隔 3m 套一个电磁沉降测头。用测斜仪测量导管的水平位移，用电磁沉降仪测量沉降测头的垂直位移（沉降）。

2) TS 位移计。布置在心墙左、右岸坝肩三个高程的 18 支 TS 位移计，用于观测坝肩部位的心墙土体在坝轴线方向的拉伸、压缩范围和程度，以及观测心墙土体沿岸坡的剪切变形量。在大坝河谷部位的 1075.46m 高程和 1117.18m 高程各埋设了两支成串联的 TS 位移计，用来观测心墙与上游堆石体之间的相对位移。

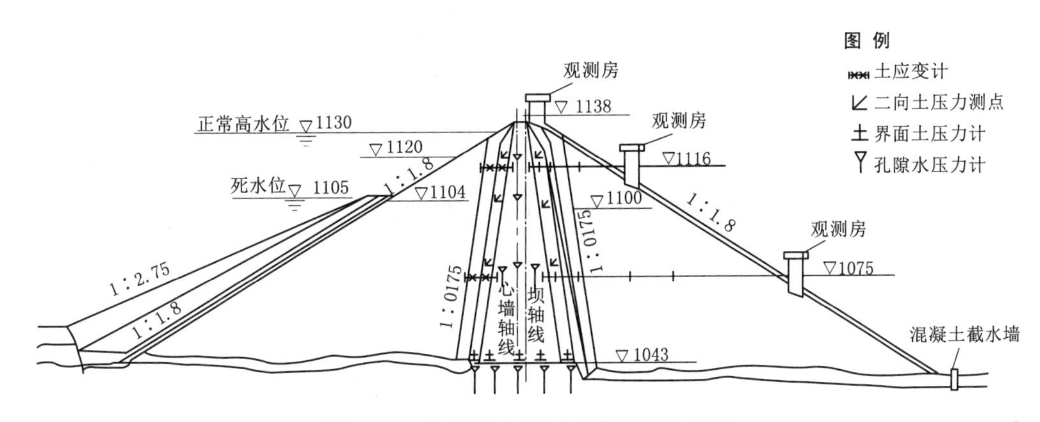

图 3.83 坝体最大断面观测仪器布置图

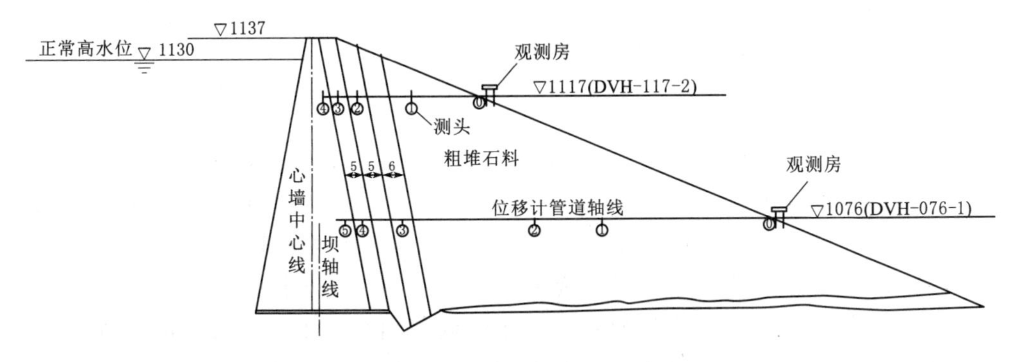

图 3.84 垂直水平位移计布置示意图

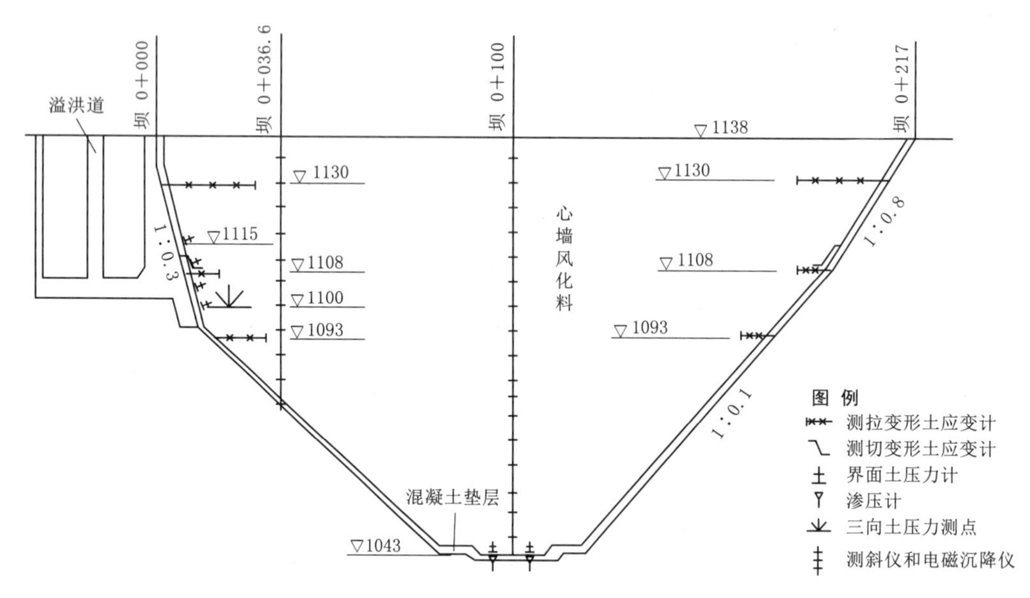

图 3.85 沿心墙中心线纵断面观测仪器布置图

3）垂直水平位移计。在 0+100 桩号的 1076m 高程和 1117m 高程埋设了两套垂直水平位移计，分别为 5 个测头和 4 个测头，用于观测下游堆石体的沉降和水平位移。

（3）土压力和孔隙水压力监测。

1）界面土压力计。埋在心墙底部两个观测断面的 6 支界面土压力计，用于观测心墙底部的拱效应。埋在左岸 1∶0.3 边坡的混凝土挡墙 4 个高程的界面土压力计，用于观测陡岸坡上的土体压力，以监视心墙土体与岸坡的接触情况。10 支界面土压力计均为钢弦式仪器。

2）土中土压力计。在心墙及其上下游反滤层中总共埋设了 32 支土中土压力计，用来观测土体的总应力，以查明心墙内部的拱效应。桩号 0+020 高程 1117m 的测点观测左岸陡边坡混凝土挡墙附近土体的三向应力，1 个测点由不同埋设方向的 7 支土中土压力计组成。32 支土中土压力计均为钢弦式仪器。

3）孔隙水压力计。如前所述，埋在心墙内的孔隙水压力计在施工填筑期观测心墙风化料的孔隙水压力。

3.7.4 清江隔河岩水电站引水洞出口及厂房高边坡

3.7.4.1 工程概况

隔河岩水电站为清江干流梯级开发的骨干工程，以发电为主，兼有防洪及航运等综合利用效益。当正常蓄水位为 200m 时，库容 31.2 亿 m^3，死水位为 160m 时，库容 12.2 亿 m^3，调节库容 21.8 亿 m^3，具备年调节性能。厂房内装 4 台单机容量 30 万 kW 水轮发电机组，总装机容量 120 万 kW，保证出力 18.7 万 kW，年发电量 30.4 亿 kW·h。电站建成后成为华中电网的调峰、调频骨干电站之一，与系统内葛洲坝、丹江口及其他水电站补偿调节，可发挥更大的效益。水库正常蓄水位以下预留 5 亿 m^3 防洪库容，对提高荆江河道的防洪能力产生有利的影响。

隔河岩水电站为Ⅰ等工程，枢纽由泄洪建筑物、引水式地面厂房、开敞式开关站及斜坡式升船机等组成。大坝最大坝高151m，坝顶弧长665.45m；溢流坝段布置在河床中部，坝顶表孔7孔，表孔堰顶高程181.8m，孔口尺寸为12m×18.2m；深孔孔底高程134m，孔口尺寸为4.5m×6.5m；底孔孔底高程95m，孔口尺寸为4.5m×6.5m。

引水隧洞出口和电站厂房高边坡是隔河岩电站的监测重点之一。边坡由正面出口边坡和侧面电站厂房边坡组成为弧形，自西向东边坡走向由N30°E转为N70°E，倾向NW。边坡范围长约350m，最大施工坡高达220m。岩层走向70°～80°，倾向SE，倾角25°～30°。虽为逆向坡，但岩体上硬（灰岩）下软（页岩）；有10余条断层、夹层，4组裂隙，2个危岩体及岩溶塌陷体等地质缺陷；局部地区岩体较破碎。为确保边坡施工期及电站运行期的安全，必须预防和避免可能出现的边坡整体性或局部关键块体的失稳破坏；过大的沉陷（岩体下座）或不均匀沉陷可能导致某些台阶边坡的倾覆；201号夹层局部应力集中，岩体破碎，局部被压坏或剪坏；因此，需要进行边坡位移监测。岩石边坡中不利断裂构造的存在是引起边坡失稳的诱发因素，所以监测重点放在边坡中存在的主要断裂的位移和地下水的变化情况上。高边坡安全监测仪器埋设布置见图3.86。

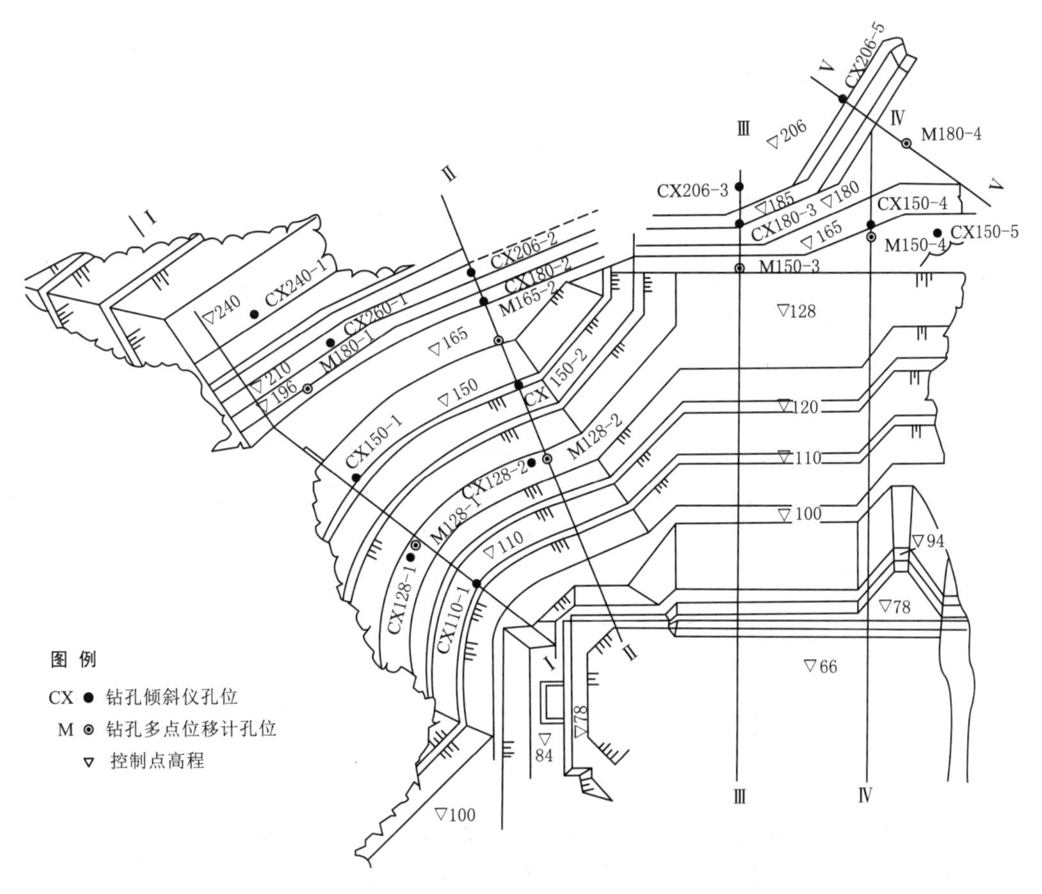

图3.86 电站厂房及引水洞出口高边坡安全监测仪器埋设布置图

3.7.4.2 监测布置

监测的目的是了解边坡的变形破坏特性，预报其安全稳定性，检验和校核工程设计，并为边坡的加固措施提供依据。因此，监测布置的总体考虑是：既要以整体稳定性的监测为主，也兼顾局部断裂等岩体缺陷的监测；既重点进行深部位移监测，也进行表面位移监测；既主要进行位移监测，也适当进行渗压监测。因此，深部位移监测按若干个观测断面布置，利用排水廊道进行表面位移收敛监测，在主要断层裂隙处进行开合度监测。

（1）监测断面的布置。由于边坡范围长而高，监测经费有限，设计、地质和科研三方共同拟定5个监测断面。

1）Ⅰ—Ⅰ断面：靠近高边坡侧向边坡下游末端，正位于4号危岩体上，上有岩溶塌陷体，下有301号夹层、F_{15}、F_{16}断层，且岸剪裂隙发育，岩体完整性差。因4号危岩体并不全部挖除，该断面边坡较高，故设此监测断面。

2）Ⅱ—Ⅱ断面：断面顶部系岩溶塌陷体，中部有201号夹层和F_{10}断层等，该部位的201号夹层下部为软弱页岩，施工期间坡高最大，它和Ⅰ—Ⅰ断面都位于侧面边坡。Ⅱ—Ⅱ断面为有限元计算的典型断面，根据计算结果，整体稳定性不及正面边坡。

3）Ⅲ—Ⅲ断面：断面位于正面边坡1号、2号引水隧洞之间，岩体被断层F_{18}、F_1、F_2、F_{2-1}、和F_{15}所切割，较破碎，且穿过此间的201号夹层被挖除并置换为混凝土，置换过程中岩体的稳定性和置换后的效果都需监测。此外，正面边坡有限元计算、地质力学模型试验也取自该断面，通过监测可以互相比较。

4）Ⅳ—Ⅳ断面：位于3号、4号引水隧洞轴线之间，天然边坡两面临空，NE70°和NE30°的两组发育的岸剪裂隙在此交汇；加上处于断层F_{18}的上盘，岩石比较破碎；页岩区覆盖厚，风化较严重；此外，隧洞上部覆盖薄，引水洞开挖及爆破振动对边坡的稳定也不利。

5）Ⅴ—Ⅴ断面：位于两侧临空的5号危岩体上，岸剪裂隙发育；4号机组到大坝护坦一带山坡岩体下沉明显（裂隙宽达数米），在植被被破坏、开挖和爆破振动的影响下，应加强监测。

（2）监测仪器的选型。仪器选型的基本考虑是：以利用钻孔进行岩体深部位移和渗压监测为主，表面位移监测为辅；选择钻孔倾斜仪和多点位移计进行岩体深部位移监测；在边坡台阶表面和排水廊道断裂处分别布置测缝计和收敛计测线；渗压计设置在深部变形测量孔的底部，以节约钻孔和经费。深部位移监测包括铅垂方向和水平方向。利用钻孔多点位移计测铅直方向位移，利用钻孔倾斜仪测水平方向位移。要求仪器能适合现场条件，长期稳定性好，并满足工程的精度和量程。实践证明，所选用的仪器大多数都能满足要求。

（3）监测仪器的布置。仪器布置的基本考虑是：以控制边坡整体稳定性为主，兼顾局部稳定性监测。整体稳定性采用钻孔变形和钻孔渗压测量监测，测量变形的钻孔沿监测断面的深度方向不间断，即上一个台阶布置的监测孔要穿过下一个布孔台阶的高程。渗压计只安装在某些测斜仪或多点位移计孔孔底，不另占用钻孔。局部稳定性采用测缝计和收敛计进行监测。监测力求控制每个监测断面上存在的断裂构造的位移情况和变化趋势。因此，当观测断面上存在断裂构造时，要求监测钻孔穿过断裂构造。

页岩以上以水平挠度监测为主，沉陷监测主要放在页岩部分，分别采用钻孔测斜仪和多点位移计。要求布置的多点位移计从灰岩穿过201号夹层直到页岩岩体中。监测仪器的布置情况见图3.87。

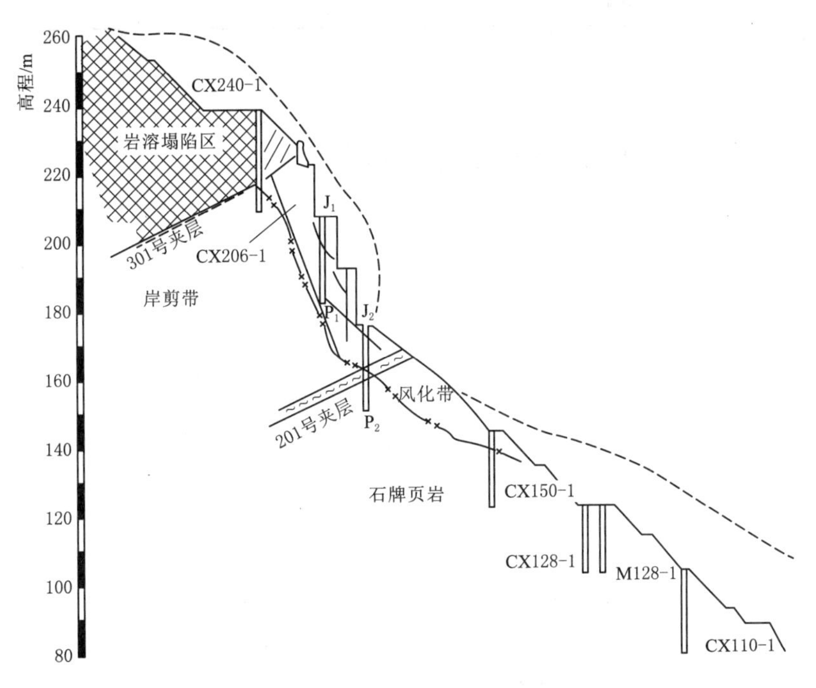

图3.87 Ⅰ—Ⅰ断面仪器布置示意图

CX—钻孔倾斜仪；M—多点位移计；J—测缝计；P—渗压计；———原地面线；—×—×—风化带分界线

（4）监测仪器数量统计。根据设计要求，边坡钻孔测斜仪共布设18个测孔；多点位移计共布设7套；测缝计共布设5支；渗压计共布设6支；排水廊道内收敛计布设13支。上述监测仪器除少量根据现场钻孔情况和开挖中的实际情况征得设计方面同意做出调整外，其他均按设计要求布置埋设。

思 考 题

（1）比较几种水平位移观测方法的优缺点和适用范围。

（2）垂线监测可以分成哪些类型？采用垂线如何获得坝体的绝对水平位移？

（3）如何对水平位移和竖向位移的工作基点进行校核？

（4）大坝垂直位移监测的方法有哪些？

（5）混凝土坝扬压力监测有何重要意义？如何进行监测？

（6）如何监测土石坝的浸润线？

（7）什么是绕坝渗流？如何进行监测？

（8）如何选择大坝渗流量的监测方法？

（9）什么是应变计组？

（10）大坝安全监测的环境量有哪些？

第4章 监测仪器设备的安装与维护

4.1 监测仪器设备的基本要求及分类

4.1.1 监测仪器设备的基本要求

监测仪器包含了传感器及其配套电缆、测量仪表和可用于实现自动化测量的数据采集装置。用于大坝安全监测的仪器设备所处的工作环境条件大都比较恶劣，有的仪器设备暴露在很高的边坡上，有的仪器设备深埋于地面以下几百米的坝体或地基中，有的仪器设备长期处于潮湿的工作环境或位于较深的水下，有的仪器设备埋设于岩土体或水工建筑物的外面，有的仪器设备要在正负几十摄氏度的变温条件下工作，有的仪器设备要在酸碱性较强的环境中工作，或经受日晒风吹雨淋、或施工爆破或人为损坏或酸碱侵蚀等，这些都影响监测仪器的可靠性和准确性，直接影响人们对建筑物结构性态和安全的评估。大部分监测仪器设备埋设完成后就无法进行修复或更换，因此除了必须具备良好的技术性能，满足必要的使用功能外，通常在设计制造时还需满足以下基本要求：

（1）高可靠性。设计应周密，应采用高品质的元器件和材料制造，并应严格进行质量控制，保证仪器设备安装埋设后具有较高的完好率。

（2）长期稳定性好。零漂、时漂和温漂满足设计和使用所规定的要求，一般有效使用寿命不低于15年。

（3）精度较高。必须满足安全监测实际需要的精度，有较高的分辨力和灵敏度，有较好的直线性和重复性。观测数据可能受到长距离和环境湿度变化的影响，但这种影响造成的测值误差应易于消除，仪器设备的综合误差一般应控制在2%F.S（full scale，量程）以内。

（4）耐恶劣环境。可在温度为－25～80℃，相对湿度为95%以上的条件下长期连续运行，设计有防雷击和过载保护装置，耐酸、耐碱、防腐蚀。

（5）密封耐压性好。防水、防潮密封性良好，绝缘度满足要求，在水下工作要能承受设计规定的耐水压力。

（6）操作简单。埋设、安装、操作方便，容易测读，最好是直接数字显示。具有中等以上文化水平的观测人员经过短期培训就能掌握使用。

（7）结构牢固。能够耐受运输时的振动和在工地现场埋设安装时可能遭受的碰撞、倾倒。在混凝土振捣或土层碾压时不会损坏。

（8）维护或维修要求不高。选用易于采购的元器件，便于检修和定时更换，局部故障容易排除。

（9）工程施工适应性强。埋设安装时对工程施工干扰小，能够顺利安装的可能性大，尽量不需要交流电源和特殊的影响土建施工的手段。

（10）性价比高。在满足相关技术要求的条件下，仪器设备的采购价格、维修费用、安装费用、配套的测读仪表、传输信号的电缆等直接和间接费用应尽可能低廉。

（11）能够实现自动化测量，自动化监测系统容易配置。

实际应用时可在《混凝土坝监测仪器系列型谱》（DL/T 948—2019）和《土石坝监测仪器系列型谱》（DL/T 947—2005）中，选择信誉好、售后服务有保障、有相应的仪器生产资质的厂家生产的监测仪器。为了便于运行管理和自动化监测，同一工程监测仪器设备的种类尽可能少，并尽量选用能与常用的数据采集装置兼容的监测仪器。

4.1.2 监测仪器设备的分类

用于水工安全监测的仪器设备按传感器分类有钢弦式、差动电阻式、电感式、电容式、压阻式、电位器式、热电偶式、光纤光栅、电阻应变片式、伺服加速度式、电解质式、磁致伸缩式、气压式等，目前比较常用的是钢弦式和差动电阻式仪器。监测仪器设备的分类方法还可按监测物理量进行分类，也可按相关标准中的型谱进行分类。

4.1.2.1 按监测物理量分类

监测仪器设备按监测物理量进行分类有变形监测仪器设备；应力、应变和温度监测仪器设备；渗流监测仪器设备；动力学及水力学监测仪器设备等。具体仪器见表 4.1。

表 4.1　按监测物理量分类的常用仪器

类别		主要仪器	备注
变形监测仪器设备	表面变形监测	经线仪、水准仪、测距仪、全站仪等	与表面变形监测仪器配套的监测设备有变形观测墩、水准点等，变形观测墩上安装有强制对中基座，水准点上安装有水准标志，便于高精度测量
	内部变形监测	沉降仪、静力水准仪、引张线式水平位移计、垂线坐标仪、激光准直、垂直传高仪、滑动测微计、多向位移计、多点位移计、测缝计、测斜仪、基岩变形计、裂缝计、位错计、收敛计、倾角计等	
应力、应变和温度监测仪器设备	应力、应变监测	无应力计、应变计（组）、钢筋应力计、钢板计、锚杆应力计、锚索测力计、土压力计等	
	温度监测	温度计	
渗流监测仪器设备		测压管、孔隙水压力计（渗压计）、水位计、量水堰等	
动力学监测仪器设备		速度计、加速度计和动态电阻应变片等	
水力学监测仪器设备		脉动压力计、水听器和流速仪	

4.1.2.2 按型谱分类

监测仪器设备按型谱分类有土石坝监测仪器和混凝土坝监测仪器，具体仪器见表 4.2。

表 4.2　按型谱分类的常用仪器

类别		主要仪器
土石坝监测仪器	压（应）力监测仪器	孔隙水压力计、土压（应）力计等
	变形监测仪器	沉降仪、位移计、测缝计、测斜仪、测斜计、光学测量仪器等
	渗流监测仪器	渗压计、测压管、量水堰渗流量监测仪等

续表

类　别		主　要　仪　器
土石坝监测仪器	混凝土应力应变及温度监测仪器	应变计、温度计、测缝计（埋入式）、混凝土应力计、钢筋应力计、锚索测力计、锚杆测力计、锚杆应力计等
	动态监测仪器	动态孔隙水压力计、动态土压力计、动态位移计、加速度计等
	测量仪表	钢弦式、差动电阻式、压阻式、气压式、伺服加速度式、电位器式、电阻应变片式、电解质式、电感式等
混凝土坝监测仪器	变形监测仪器	测斜仪、倾斜仪、位移计、收敛计、滑动测微计、测缝计（表面）、多点位移计、垂线坐标仪、引张线仪、激光准直位移测量系统、静力水准仪、光学测量仪器等
	渗流监测仪器	渗压计、测压管水位计、压力表、量水堰流量监测仪等
	应力应变及温度监测仪器	应变计、温度计、测缝计、混凝土应力计、钢筋应力计、锚杆应力计、锚索测力计及锚杆测力计等
	量仪表及数据采集装置	—

4.2　传感器的工作原理

由于差动电阻式、钢弦式和光纤传感器在水利工程中应用较为广泛，以下分别对这两种传感器的工作原理进行介绍。

4.2.1　差动电阻式传感器

差动电阻式（简称差阻式）传感器是由美国人卡尔逊研制成功的。这种传感器利用仪器内部张紧的弹性钢丝作为传感元件，将仪器感受到的物理量变化转变为模拟量，所以国外也称这种传感器为弹性钢丝式仪器。

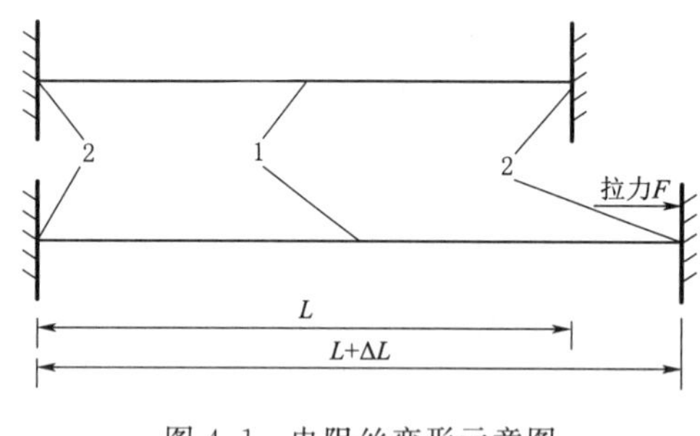

图 4.1　电阻丝变形示意图

1—钢丝；2—钢丝固定点

如图 4.1 所示，钢丝受到拉力作用而产生弹性变形，其变形与电阻变化之间的关系为

$$\Delta R/R=\lambda\Delta L/L \tag{4.1}$$

式中：ΔR 为钢丝电阻变化量，Ω；R 为钢丝电阻，Ω；λ 为钢丝电阻应变灵敏系数，无量纲；ΔL 为钢丝变形增量，mm；L 为钢丝长度，mm。

仪器钢丝长度的变化和钢丝的电阻变化是线性关系，测定电阻变化，利用式（4.1）可求得仪器承受的变形。另外，钢丝还有一个特性，当钢丝受不太大的温度改变时，钢丝电阻与其温度变化之间的近似关系为

$$R_T=R_0(1+\alpha T) \tag{4.2}$$

式中：R_T 为当温度为 T℃时的钢丝电阻，Ω；R_0 为当温度为 0℃时的钢丝电阻，Ω；α 为电阻温度系数，一定范围内为常数，1/℃；T 为钢丝温度，℃。

只要测定了仪器内部钢丝的电阻值，根据式（4.2）就可以计算出仪器所处环境的温

度值。

差动电阻式传感器基于上述两个基本原理，利用弹性钢丝在力的作用和温度变化下的特性设计而成，把经过预拉、长度相等的两根钢丝用特定方式固定在两根方形断面的铁杆上，钢丝电阻分别为 R_1 和 R_2，因为钢丝设计长度相等，R_1 和 R_2 近似相等，见图 4.2。

当仪器受到外界的拉压产生变形时，两根钢丝的电阻产生差动的变化，一根钢丝受拉，其电阻增加，另一根钢丝受压，其电阻减少。两根钢丝的串联电阻 R_1+R_2 不变而电阻比 R_1/R_2 发生变化，测量两根钢丝电阻的比值，就可以求得仪器的变形或应力。

当温度改变时，引起两根钢丝的电阻变化是同方向的，温度升高时，两根钢丝的电阻都减少。测定两根钢丝的串联电阻 R_1+R_2，就可求得仪器测点位置的温度。

差动电阻式传感器的读数装置是电阻比电桥（惠斯通型），电桥内有 1 个可以调节的可变电阻 R，还有 2 个串联在一起的 50Ω 固定电阻 $M/2$，其测量原理见图 4.3。将仪器接入电桥，仪器钢丝电阻 R_1、R_2，电桥中可变电阻 R，以及固定电阻 M 构成了电桥电路。图 4.3（a）是测量仪器电阻比的线路，调节 R 使电桥平衡，则有

$$R/M=R_1/R_2 \tag{4.3}$$

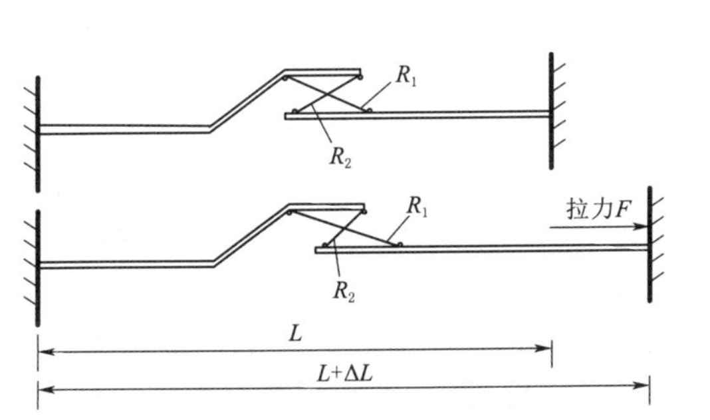

图 4.2 差动电阻式传感器结构示意图

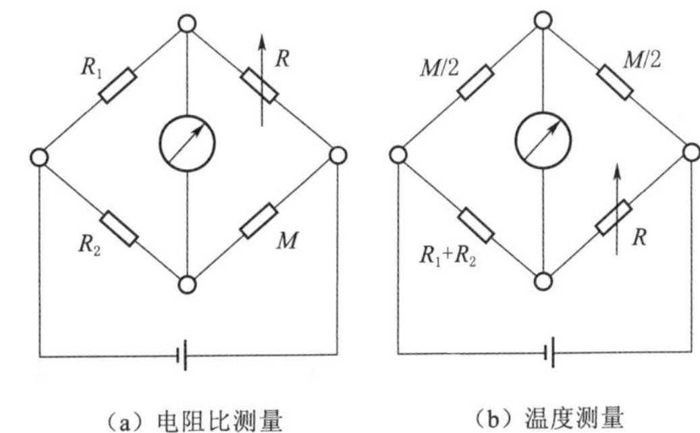

图 4.3 电桥工作原理图

因为 $M=100\Omega$，故由电桥测出的 R 值是 R_1 和 R_2 之比的 100 倍，$R/100$ 即为电阻比。电桥上电阻比最小读数为 0.01%。

图 4.3（b）是测量串联电阻时，利用图 4.3（a）所示电桥接成的另一电路，调节 R 达到平衡时，有

$$(M/2)/R=(M/2)/(R_1+R_2) \tag{4.4}$$

简化式（4.4）得

$$R=R_1+R_2 \tag{4.5}$$

这时从可变电阻 R 读出的电阻值就是仪器钢丝的总电阻，从而求得仪器所在测点的温度。

综上所述，差动电阻式仪器以一组差动的电阻 R_1 和 R_2，与电阻比电桥形成桥路从而测出电阻比和电阻值两个参数，来计算出仪器所承受的应力（变形）和测点的温度。

4.2.2 钢弦式传感器

钢弦式传感器也称为振弦式传感器，由受力弹性外壳（或膜片）、钢弦、坚固夹头、激振线圈、振荡器和接收线圈等组成。钢弦常用高弹性弹簧钢、马氏不锈钢或钨钢制成，

它与传感器受力部件连接固定，利用钢弦的自振频率与钢弦所受到的外加张力关系式测得各种物理量。钢弦式传感器结构简单可靠，传感器的设计、制造、安装和调试都非常方便，而且钢弦经过热处理之后蠕变极小，钢弦式传感器零点稳定。钢弦式传感器所测定的参数主要是钢弦的自振频率，常用钢弦频率计测定，也可用周期测定仪测周期，两者互为倒数。

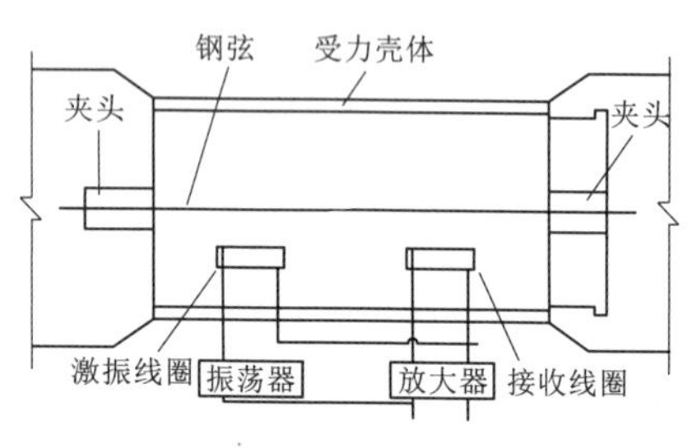

图 4.4 钢弦式传感器（连续激振型）工作原理图

以连续激振型为例介绍钢弦式传感器的工作原理，见图 4.4。

钢弦式仪器是根据钢弦张紧力与谐振频率成单值函数关系设计而成的。由于钢弦的自振频率取决于它的长度、钢弦材料的密度和钢弦所受的内应力，其关系式为

$$f=\frac{1}{2}L\sqrt{\frac{\sigma}{\rho}} \tag{4.6}$$

式中：f 为钢弦自振频率，Hz；L 为钢弦有效长度，m；σ 为钢弦的应力，Pa；ρ 为钢弦材料密度，kg/m^3。

当传感器制造成功后，所用的钢弦材料和钢弦的直径有效长度均为不变量，对于线弹性材料，钢弦的应力 σ 与钢弦受到的张力 F 呈线性关系。由式（4.6）可以看出，钢弦的自振频率仅与钢弦所受的张力有关。因此，张力 F 可用频率 f 的关系式表示，即

$$F=K(f_x^2-f_0^2)+A \tag{4.7}$$

式中：K 为传感器灵敏系数；f_x为张力变化后的钢弦自振频率，Hz；f_0为传感器钢弦初始频率，Hz；A 为修正常数，在实际应用中可设 $A=0$。

由式（4.7）可以看出，钢弦式传感器的张力与钢弦的应力一样，与频率的关系为二次函数，见图 4.5（a）；频率平方与张力为一次函数关系，见图 4.5（b）。通过最小二乘法变换后的式（4.7）为线性方程。根据仪器的结构不同，张力 F 可以变换为位移、压力、压强、应力、应变等各种物理量。两支不同的传感器对应的式（4.7）中的传感器灵敏系数 K 不同。此外钢弦的张力与自振频率的平方差呈直线关系。但不同的传感器中钢弦的长度、材料的线性度很难加工得完全一样。因此，修正常数（图 4.5 中 Y 轴的截距）相应于每支传感器也都不尽相同。为防止资料整理时的起始测值的不一致，通常根据资料的要求人为设 $A=0$，使一个工程中的多支传感器起点一致，以方便计算中的数据处理。

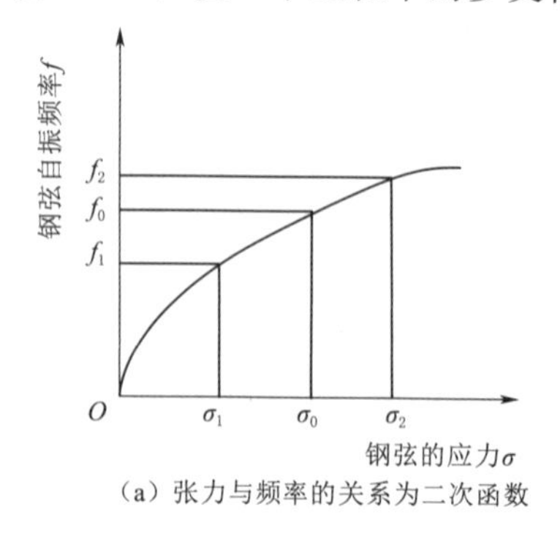

（a）张力与频率的关系为二次函数

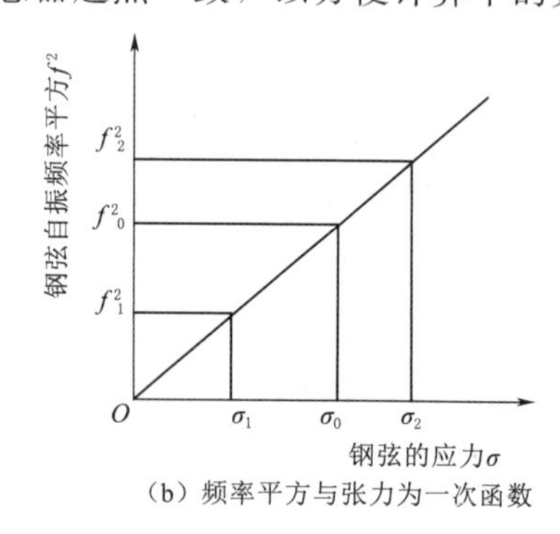

（b）频率平方与张力为一次函数

图 4.5 钢弦传感器输出特性

钢弦式传感器的激振一般由电磁线圈（通常称磁芯）完成。工作原理可用图 4.6 说明。通过将各类物理量转换为拉（或压）力作用在钢弦上，改变钢弦所受的张力，在磁芯的激发下，使钢弦的自振频率随张力变化而变化。通过测出钢弦自振频率的变化，代入式（4.7）中即可换算成相应的物理量。

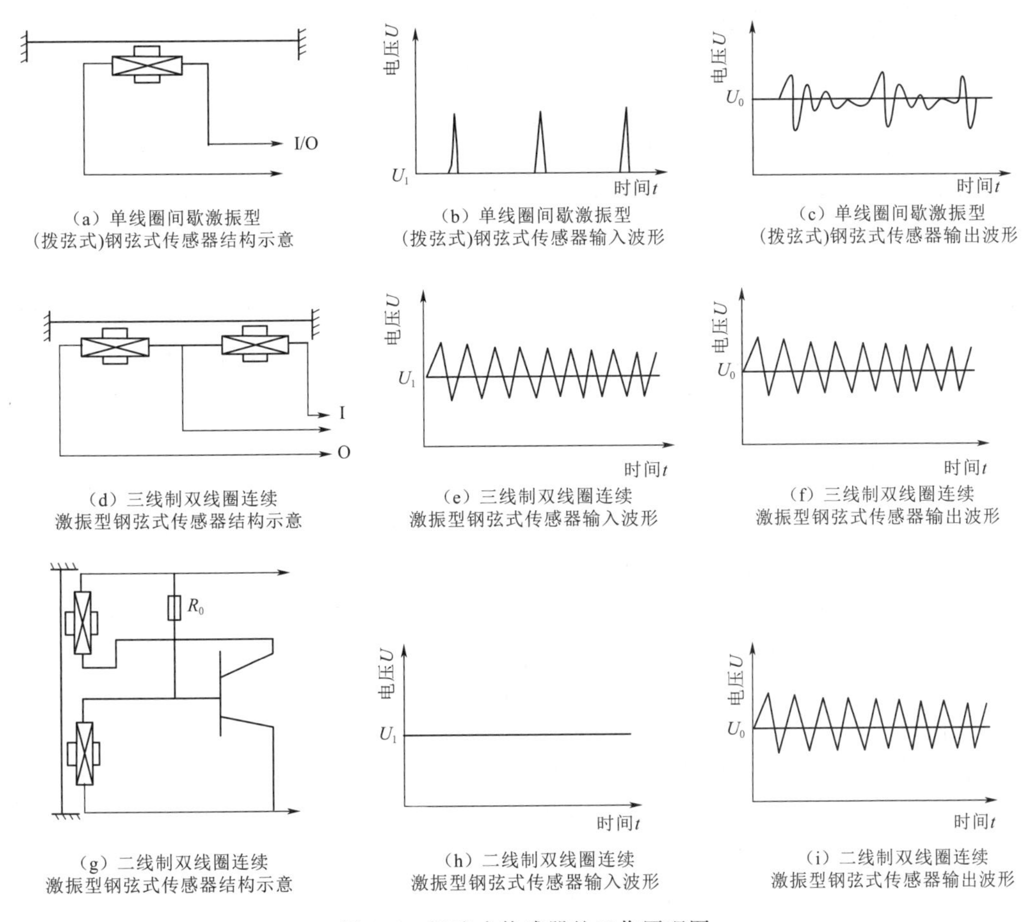

（a）单线圈间歇激振型（拨弦式）钢弦式传感器结构示意

（b）单线圈间歇激振型（拨弦式）钢弦式传感器输入波形

（c）单线圈间歇激振型（拨弦式）钢弦式传感器输出波形

（d）三线制双线圈连续激振型钢弦式传感器结构示意

（e）三线制双线圈连续激振型钢弦式传感器输入波形

（f）三线制双线圈连续激振型钢弦式传感器输出波形

（g）二线制双线圈连续激振型钢弦式传感器结构示意

（h）二线制双线圈连续激振型钢弦式传感器输入波形

（i）二线制双线圈连续激振型钢弦式传感器输出波形

图 4.6 钢弦式传感器的工作原理图

钢弦式传感器的激振方式不同，所需电缆的芯数也不同。图 4.6 中的三种激振方式代表了钢弦式传感器的发展过程。图 4.6（a）是单线圈间歇激振型（拨弦式）钢弦式传感器的结构示意图。这类传感器激振和接收共用一组线圈，结构简单，但由于线圈内阻不可能很大，一般是几十欧姆到几百欧姆，因此传输距离受到一定限制，抗干扰能力比较差，传输电缆要求使用截面较大的屏蔽电线。单线圈间歇激振型（拨弦式）钢弦式传感器的激振方式为单脉冲输入，见图 4.6（b）。当激发脉冲输入到磁芯线圈上时，磁芯产生的脉动磁场拨动钢弦（国外也称拨弦式），钢弦被拨动后产生一个衰减振荡，切割磁芯的磁力线，在磁芯的输出端产生一个衰减正弦波，见图 4.6（c），接收仪表测出的此衰减正弦波的频率即为钢弦此刻的自振频率。

图 4.6（d）是三线制双线圈连续激振型钢弦式传感器的结构示意图。它由两个线圈组成，一个线圈为激振线圈，另外一个线圈为接收线圈。激振线圈由二次测量仪表输入一

个1000Hz左右的激发脉冲（一般为正弦波或锯齿波）。当钢弦激振后，由接收线圈将频率传送到二次仪表中，经放大处理，将一部分信号反馈到激发线圈上，使激发频率与接收频率相等，使钢弦处于谐振状态，另一部分信号送到整形、计数、显示电路，测出钢弦振动频率。图4.6（e）和图4.6（f）分别为激发和输出的波形。三线制双线圈连续激振型钢弦式传感器的性能比单线圈有了很大的改善，但同样存在线圈内阻小，对电缆要求较高的缺陷。该类传感器常用三芯或双芯屏蔽电缆：屏蔽层或其中一芯为公用线，一芯为激发线，一芯为接收线。

图4.6（g）为二线制双线圈连续激振型钢弦式传感器的结构示意图和输入、输出波形图。这类钢弦式传感器结构比较新颖，磁芯中有一组反馈放大电路，由二次测盘仪表的二芯传输线将直流信号输入，经内部电路激发，输出正弦波。此方式采用了现代电子技术，把磁芯内阻做到3500Ω左右，内阻提高，传输损耗小，传输距离较远，抗干扰增强，因此对电缆要求必较低。一般采用二芯不屏蔽电缆即可。若一个测点有几支钢弦式传感器，每增加一支传感器只需增加一根芯线（有避雷要求必须采取屏蔽措施的除外），例如，一组四点位移计只需一根5芯不屏蔽电缆。

传感器零件的金属材料膨胀系数的不同造成了温度误差。为减小这一误差，在零件材料选择上，除尽量考虑达到传感器机械结构自身的热平衡外，从结构设计和装配技术上还要不断调整零件的几何尺寸和相对固定位置，以取得最佳的温度补偿结果。实践结果表明：传感器在－10～55℃温度范围内使用时，温度附加误差仅有1.5Hz/10℃。尽管如此，钢弦式传感器的温度补偿十分必要。通常温度补偿方法有两种：一种方法是利用电磁线铜导线的电阻值随温度变化的特性进行温度测量；另一种方法是在传感器内设置可兼测温度的元件。用当前温度测值与初始温度测值之间的温差乘相应的温度修正系数后，可得到相应监测量的修正值。

钢弦式传感器的优点是钢弦频率信号的传输不受导线电阻的影响，测量距离比较远，仪器灵敏度高，稳定性好，容易实现监测自动化。

4.2.3 光纤传感器

光纤传感技术是20世纪80年代伴随着光导纤维及光纤通信技术的发展而迅速发展起来的一种以光为载体、以光纤为媒介、感知和传输外界信号（被测量）的新型传感技术。在光纤传感技术中，分布式光纤传感技术（distributed fiber optic sensing，DFOS）因其独特的优势，十分适合于地质体和大型工程结构体的长距离、大范围和长周期等的监测，因而该类技术一经问世，就得到土木工程界的广泛重视和应用，成为基础工程分布式监测的重要手段。

所谓分布式监测，是指利用相关的传感技术获得被测参量在空间和时间上的连续分布信息。在DFOS中，光纤既是传感介质，又是传输通道。DFOS利用光纤几何上的一维特性，把被测参量作为光纤长度位置的函数，感测被测参量沿光纤经过位置的连续分布信息。将传感光纤按照一定拓扑结构布置成一维、二维或三维网络，就像在“死”的地质体与工程结构体中植上了能感知的神经网络，感测其相关参量在长度、平面和立体上的变化规律，克服传统点式监测方式漏检的弊端，提高了监测的成功率和效率。

不同种类的光纤传感技术具有不同的特点和适用对象。表4.3是几种常用的分布式光

表 4.3 几种常用的分布式光纤传感技术

传感方式	分类	传感技术	基本原理	直接感测参量	延伸感测参量或事件	特点	不足
准分布式	光纤光栅型	光纤布拉格光栅（FBG）传感技术	相长干涉	波长变化	温度、应变、压力、位移、压强、扭角、加速度、电流、电压、磁场、频率、振动、水分、渗流、水位、孔隙水压力等数十种参量	结构简单，体积小，重量轻，兼容性好，低损耗，可靠性高，抗腐蚀，抗电磁干扰，灵敏度高，分辨率高，易构成准分布传感阵列	高温下光栅会消退，粘贴和受压下易啁啾，加工易受损，准分布监测易漏检
全分布式	瑞利散射型	光时域反射技术（OTDR）	瑞利散射光时域反射	光损分布	开裂、弯曲、断点、位移、压力	单端测量，便携，直观快速显示结果，可精确测量光纤光损点和断点、弯曲位置，可测量结构物开裂和断裂位置	传感应用时受干扰因素多，测量精度低
	拉曼散射型	拉曼散射光时域反射技术（ROTDR）	拉曼散射光时域反射	（反）斯托克斯拉曼信号强度比值	温度、含水率、渗流、水位等	单端测量，仅对温度敏感，测量距离长	空间分辨率较低，精度较低
	布里渊散射型	自发布里渊散射光时域反射技术（BOTDR）	自发布里渊散射光时域反射	自发布里渊散射光功率或频移变化量	应变、温度、位移、变形、挠度	单端测量，可测断点，可测温度和应变	测量时间较长，空间分辨率较低
		受激布里渊散射光时域分析技术（BOTDA）	受激布里渊散射光时域分析	受激布里渊散射光功率或频移变化量	应变、温度、位移、变形、挠度	双端测量，动态范围大，精度高，空间分辨率高，可测温度和应变	不可测断点，双端测量造成监测风险高
		受激布里渊散射光频域分析技术（BOFDA）	受激布里渊散射光频域分析			信噪比高，动态范围大，精度高，空间分辨率高，可测温度和应变	光源相干性要求高，不可测断点，测量距离短，双端测量造成监测风险高

纤传感技术对比。由表4.3可以看出：

(1) 准分布式传感技术主要是光纤布拉格光栅（fiber bragg gratings，FBG）传感技术，它可以利用一根信号传导光纤，将许多光纤或其他传感器串联起来，通过波分复用和时分复用等感测原理，对多个传感器的感测信号进行区分而获得各个传感器的感测信息。这样，避免了点式传感技术监测时需要安装和埋设大量的信号传输线，给工程监测带来很大的麻烦，甚至无法监测的缺点。相对于点式传感器，FBG传感器更适合于大型基础工程，如隧道、地铁和大坝等关键部位的变形和渗漏监测等的多点监测。

(2) 全分布式光纤传感技术用的主要调制解调技术有光时域反射技术（optical time-domain reflectometry，OTDR）、拉曼散射光时域反射技术（Raman optical time-domain reflectometry，ROTDR）、自发布里渊散射光时域反射技术（Brillouin optical time-domain reflectometry，BOTDR）和受激布里渊散射光时/频域分析技术（Brillouin optical time-domain analysis/Brillouin optical frequency-domain analysis，BOTDA/BOFDA）等。其中ROTDR和BOTDR由于其单端监测的功能，特别适用于地质与岩土工程的全分布监测。将传感光纤按照一定拓扑结构布置成二维或三维网络，还可以实现监测对象平面或立体的温度、应变监测，克服传统点式监测方式漏检的弊端，提高监测的成功率。分布式光纤传感技术在地质灾害与大型岩土工程的整体应变和温度的监测方面具有独特优势，可对监测目标进行远程、无人值守的自动监测。另外，全分布传感光缆具有体积小、重量轻、几何形状适应性强、抗电磁干扰、电绝缘性好、化学稳定性好，以及频带宽、灵敏度高、易于实现长距离和长期组网监测等诸多优点。

(3) 分布式光纤传感技术由多种光纤传感技术组成，各种传感技术的原理和感测参量也不尽相同，每一种传感技术有其各自的特点和不足。因此，在实际应用中，应根据不同的监测对象和要求，选择相应的传感技术，设计不同的测试和监测方案。

(4) 根据监测对象和要求，选择表4.3中所列的一种或多种光纤传感技术，采用相应的传感光缆或传感器元件，再设计和研发相应的信号传输系统和数据分析系统，就能形成一个光纤感测系统。

4.3 大坝安全监测常用的监测仪器

4.3.1 监测仪器及主要参数

监测仪器常见参数指标及其概念见表4.4。表4.5为常见变形监测仪器的主要参数范围，表4.6为常见渗流监测仪器的主要参数范围。

表4.4 监测仪器常见参数指标及其概念

主要参数	概念
量程（span）	范围两极限之差的模
测量范围（range）	监测仪器误差在规定极限内的测量上限与测量下限所确定的区间
分辨力（resolution）	监测仪器能有效辨别的被测量的最小变化值
灵敏度（sensitivity）	仪器测量最小被测量的能力，所测的最小量越小，该仪器的灵敏度就越高

续表

主 要 参 数	概 念
线性度（linearity）	测量仪器仪表给出与被测量而非影响量有线性关系的标示值的能力。线性度通常用实际校验曲线与一条通过特性曲线上、下限值的端基直线之间的最大偏差值与最大值之比来衡量
非线性度（non－linearity）	表示传感器平均校准曲线和工作直线间的不一致程度，一般以满量程输出的百分比表示
符合度（conformity）	表示传感器平均校准曲线和工作曲线间的不一致程度，一般以满量程输出的百分比表示
不重复度（non－repeatability）	表示传感器在不变的工作状态下，重复给定某个相同输入值时输出值的分散程度，一般以满量程输出的百分比表示
滞后（hysteresis）	反映传感器在输入量增加（进程）和输入量减少（回程）过程中，在同一输入量时输出值的差别，一般以满量程输出的百分比表示
综合误差（comprehensive error）	传感器进程平均校准曲线和回程平均校准曲线中与工作特性曲线的最大偏差，一般用最大偏差值与满量程输出的百分比表示
回差（hysteresis）	也称仪表的变差，在仪表全部测量范围内，被测量值上行和下行所得到的两条特性曲线之间的最大偏差
极差（range）	一组数据中最大值和最小值之间差值
最小读数（minimum reading）	传感器在全量程内相应于输出电阻比变化0.01%时的被测量的值
稳定性（stability）	传感器在规定的条件下保持其性能参数的能力，如高温稳定性、长期稳定性等

表 4.5　　常见变形监测仪器的主要参数范围

仪器名称		测量范围/mm		分辨力	备注
		X 向	Y 向		
真空激光准直系统		0～100	0～100	≤0.1%F.S	适用准直距离＞300m
		0～200	0～200		
		0～300	0～300		
大气激光准直系统		0～100	0～100	≤0.1%F.S	适用准直距离≤300m
		0～200	0～200		
垂线瞄准器		0～15	0～15	≤0.1mm	
垂线坐标仪	电容式垂线坐标仪；CCD式垂线坐标仪；电感式垂线坐标仪；步进电机式垂线坐标仪	0～10	0～10	≤0.1%F.S	
		0～25	0～25		
		0～25	0～50		
		0～50	0～50		
		0～50	0～100		
		0～100	0～100		
光学垂线坐标仪		0～20	0～20	≤0.1mm	
		0～50	0～50		

续表

仪器名称	测量范围/mm		分辨力	备注
	X 向	Y 向		
引张线仪	0～10		≤0.1mm	Y 向为垂直于引张线的水平方向，Z 向为垂直于引张线的竖直方向
	0～20			
	0～40			
	0～50			
	0～100			
	0～20	0～20		
	0～40	0～40		

仪器名称		测量范围/mm	分辨力	备注
引张线式水平位移计		0～500，0～800，0～1000	≤1.0%F.S	
滑动测微计		0～10，0～20，0～40，0～50	≤0.01mm	
静力水准仪	钢弦式静力水准仪	0～100，0～150，0～300，0～600	≤0.025%F.S	
	电容式静力水准仪	0～20，0～40，0～50，0～100，0～150	≤1.0%F.S	
	CCD 式静力水准仪	0～20，0～40，0～50，0～100，0～150	≤1.0%F.S	
	电感式静力水准仪	0～20，0～40，0～50，0～100，0～150	≤1.0%F.S	
沉降仪	水管式沉降仪	0～1000，0～1500，0～2500	≤1.0mm	测量范围是指垂直位移
	电磁式沉降仪	0～50，0～100，0～150	≤2.0mm	
	钢弦式沉降仪	0～2000，0～5000，0～7000	≤1.0%F.S	
活动测斜仪	伺服加速度计式	0～±23°	≤0.01mm/500mm（0.01mm 为测斜仪可以量测的最小单位，500mm 为测量范围）	
		0～±53°	≤0.02mm/500mm	
	电阻应变片式	0～±10°	≤9″	
		0～±15°	≤18″	
	钢弦式测斜仪	0～±5°，0～±10°，0～±20°，0～±30°	≤0.05%F.S	
固定测斜仪	钢弦式测斜仪	0～±5°，0～±10°，0～±30°	≤0.05%F.S	
	双向伺服加速度计式固定斜测仪	0～±53°	≤8″	
位移计	钢弦式位移计	0～5，0～10，0～15，0～20，0～30，0～50，0～100，0～150，0～200，0～500	≤0.025%F.S	
	差动电阻式位移计	0～5，0～12，0～25，0～40，0～100	≤0.1%F.S	
	进步电机式位移计	0～30，0～50，0～100	≤0.1%F.S	
	CCD 式位移计	0～30，0～50，0～100	≤0.1%F.S	

续表

仪器名称			测量范围/mm	分辨力	备注
测缝计	钢弦式测缝计（表面）		0～10，0～20，0～30，0～50，0～100，0～150	≤0.1%F.S	
	差动电阻式测缝计（表面）	拉伸	0～5，0～12，0～25，0～40，0～100	≤0.3%F.S	
		压缩	−1～0，−1～0，…，−5～0 …		
	钢弦式测缝计（埋入式）		0～10，0～20，0～30，0～50，0～100，0～150	≤0.05%F.S	
	差动电阻式测缝计（埋入式）	拉伸	0～5，0～12，0～25，0～40，0～100	<0.3%F.S	
		压缩	−1～0，−1～0，…，−5～0 …		

注 表格中 F.S 为 full - scale 的缩写，意思为量程的范围。比如 1%F.S 就是分辨力是满量程的 1%。

表 4.6　　常见渗流监测仪器的主要参数

仪器名称		测量范围/kPa		分辨力	备注
孔隙水压力计	钢弦式	0～160，0～250		≤0.1%F.S	水位计所测压力经换算后可得水面高程
		0～400，0～600，0～1000，0～1600，0～2500，0～4000，0～7000		≤0.05%F.S	
	差动电阻式	压力	0～200	≤0.15%F.S	
			0～400	≤0.20%F.S	
			0～600	≤0.30%F.S	
			0～800	≤0.60%F.S	
			0～1600	≤1.20%F.S	
		温度	0～60℃	≤0.15℃	
水位计	电测式	0～10，0～30，0～50		≤1mm	
	压阻式	0～50，0～100，0～200，0～500，0～700，0～1000		≤0.1%F.S	
	差动电阻式	0～100，0～200，0～250，0～500，0～700，0～1000		≤0.1%F.S	
	电容式	0～5，0～15，0～20，0～40，0～50，0～100		≤0.1%F.S	
量水堰计		0～80，0～100，0～150，0～300，0～500，0～600，0～1000		≤0.1%F.S	
浮子式量水堰计		0～500，0～1000		0.5mm	
		0～2000，0～4000		1mm	

4.3.2 测量仪表

大坝安全监测常用测量仪表及其主要功能见表 4.7。

表 4.7　　大坝安全监测常用测量仪表及其主要功能

测量仪表	主要功能
经纬仪	角度测量
测距仪	水平控制网和工程测量的精密距离测量

续表

测量仪表	主要功能
全站仪	兼有电子测距、电子测角、计算和数据自动记录及传输功能，可实现自动化、数字化的三维坐标测量与定位
水准仪	水准测量，精密测定两点之间的高差
GPS设备	向用户提供连续、实时、高精度的三维位置、三维速度和时间信息
觇标	用于水工建筑物、桥梁、码头和滑坡等的水平位移观测，辅助全站仪、经纬仪等大地测量仪器进行测角量边，实现角度测量、滑坡观测和水平位移中的视准线法观测
收敛计	用于固定在建筑物、基坑、洞室、边坡及周边岩体的锚栓测点间相对变形的监测
钢弦式仪器测量仪表	钢弦式仪器配套的电测读数仪表，用来读取传感器的温度和模数等数据
差动电阻式仪器测量仪表	采用恒流源和高阻抗电压表，实现了差动电阻式仪器的远距离测量和测量自动化
电感式仪器测量仪表	采用电感式敏感元件和LC振荡原理，与电感式仪器配套使用，读取数据
压阻式仪器测量仪表	通过电桥将电阻变化转换为电压或电流信号，与压阻式仪器配套使用，读取数据
电容式仪器测量仪表	采用电容作为感应元件，将不同的物理量的变化转换为电容量的变化，与电容式仪器配套使用，读取数据
电位器式仪器测量仪表	将机械位移转换为电阻值变化与电位器式仪器配套使用，读取数据
热电偶式仪器测量仪表	把温度信号转换成热电动势信号，通过电气仪表转换成被测介质的温度
光纤光栅式仪器测量仪表	通过对光纤光栅传感器的中心波长进行解调，将其转换为数字信号，实现对位移、形变、应变等物理量的测量；通过光纤、光栅感温元件的热敏特性，实现高精度的温度测量
静态电阻应变片式仪器测量仪表	用电学方法测量不随时间变化或变化极为缓慢的静态应变
动态电阻应变片式仪器测量仪表	用电学方法测量随时间变化的动态应变
伺服加速度式测斜仪器测量仪表	通过测量加速度计输出的电压，测得倾角的变化
电解质式测斜仪器测量仪表	包括便携式读数仪和自动采集仪，用来读取电解质式测斜仪的数据，进行数据采集
磁致缩式仪器测量仪表	通过测量发射脉冲和返回脉冲的时间差来确定被测位移量
水工观测电缆	用于水工观测仪器仪表及其他类似的电子装置
集线箱	用于安全监测数据的集中采集与存储

4.3.3 水工观测电缆

水工观测电缆按传感器分类可以分为差动电阻式传感器用电缆、钢弦式传感器用电缆和其他类仪器用电缆等；按芯线数分类可分为三芯电缆、四芯电缆和五芯电缆；按绝缘种类分类可分为聚氯乙烯绝缘电缆、乙丙橡胶绝缘电缆、交联聚乙烯电缆等；按是否屏蔽可分为屏蔽电缆和非屏蔽电缆。常用电缆情况见表4.8。

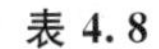

表 4.8　　常用电缆情况

型号	名　称	额定电压/V	主要用途
YSZW	大坝安全监测仪器用单护套电缆	300/500	差动电阻式仪器
YSSX	大坝安全监测仪器用双护套电缆	300/500	差动电阻式仪器
YSZWP	大坝安全监测仪器用单护套镀锡铜线编织屏蔽电缆	300/500	差动电阻式仪器
YSSXP	大坝安全监测仪器用双护套镀锡铜线编织屏蔽电缆	300/500	差动电阻式仪器
YSZWSS	大坝安全监测仪器用单护套耐高温电缆	300/500	差动电阻式仪器
YSSXSS	大坝安全监测仪器用双护套耐高温电缆	300/500	差动电阻式仪器
YSZWSSP	大坝安全监测仪器用单护套镀锡铜线编织屏蔽耐高温电缆	300/500	差动电阻式仪器
YSSXSSP	大坝安全监测仪器用双护套镀锡铜线编织屏蔽耐高温电缆	300/500	差动电阻式仪器
$VWYVP_{L}P$	大坝安全监测仪器用镀锡铜线编织复合屏蔽聚氯乙烯护套电缆	300/500	钢弦式仪器
$VWYVP_{L}$	大坝安全监测仪器用铝箔绕包屏蔽聚氯乙烯护套电缆	300/500	钢弦式仪器
$VWFFP_{L}P$	大坝安全监测仪器用镀锡铜线编织复合屏蔽耐高温氟聚合物护套电缆	300/500	钢弦式仪器
$VWFFP_{L}$	大坝安全监测仪器用铝箔绕包屏蔽耐高温氟聚合物聚护套电缆	300/500	钢弦式仪器
$RYVP_{L}P$	大坝安全监测仪器用镀锡铜线编织复合屏蔽聚氯乙烯护套电缆	300/500	钢弦式仪器
$RYVP_{L}$	大坝安全监测仪器用铝箔绕包屏蔽聚氯乙烯护套电缆	300/500	钢弦式仪器

4.4 监测仪器的选择、安装与维护

监测仪器的用途应是事先确定的。选定时，要有在同样用途下良好运行的考察资料为依据。对仪器的使用范围必须加以规定，其内容包括仪器规格确定、仪器采购、仪器校准和率定、仪器安装、仪器观测、仪器维护、数据处理、数据分析说明和补救措施的实施。同时，在进行不同仪器方案的经济评价时，应比较其采购、校准、安装、维护、观测和数据处理的总投资；单价最低的仪器不一定能使总投资达到最小。

4.4.1 安装与维护的基本要求

设计人员应在设计文件中明确安全监测仪器设备的主要安装和埋设方法、要求及注意事项。仪器设备安装单位在安装过程中应保证仪器设备能够优质、按期完成安装埋设，真正发挥安全监测的作用，并保证仪器设备在土建、机电和金属结构等施工全过程中得到保护。

（1）仪器设备的采购、检验、安装、观测、维护等必须严格按设计图纸、技术文件和相关标准的要求执行，确保仪器设备的安装质量和观测数据的准确、可靠。对于特殊仪器设备，应根据仪器设备产品说明书和安装、埋设指导书进行安装和埋设。

（2）仪器设备到达现场后应进行开箱验收，检查仪器设备型号规格、各项技术参数、仪器数量、外观质量、包装等是否符合设计和标准的要求。开箱验收合格后再进行现场检验，复核仪器设备的各项性能参数是否符合规范规定。

（3）仪器设备安装、埋设前，应对检验合格的仪器设备进行妥善保管。不符合设计和规范要求，或检验不合格的仪器设备不得安装使用。

(4) 仪器设备安装与电缆敷设施工前，应制订详细的施工方案，内容包括：仪器设备的场外预安装方法；与仪器设备安装配套的土建施工方法；仪器设备现场安装程序与方法；电缆连接与敷设方法；仪器设备和电缆的保护与维护方法；施工过程中对人员、材料、机械设备的组织方案等。施工方案经审核同意后，必须严格执行、实施。

(5) 仪器设备安装埋设位置的施工放样要求准确无误。其中，埋设于水工建筑物或岩土体内的仪器放样误差不超过10cm，各表面变形监测点的放样误差不超过20cm。对于需要进行钻孔的仪器设备，安装时，应严格控制其钻孔的孔深、孔向、孔斜。一个孔内有多个测点的，应控制每个测点的位置符合设计要求，误差控制在10cm以内。

(6) 仪器设备安装、埋设过程中应随时对仪器进行检测，确定仪器是否正常。监测仪器安装埋设后立即检测仪器的工作状态是否正常，发现不正常情况应分析原因，并提出补救措施。对埋设过程中受损坏的仪器立即补埋或采取必要的补救措施。

(7) 当仪器设备安装埋设在混凝土结构中，仪器设备周围进行混凝土浇筑时，应用人工或小型振动棒小心振捣密实，防止损坏仪器设备。当仪器设备安装在填筑土体或堆石体中时，应采用挖沟或挖槽埋设的方式，安装完成后用细粒料回填并用小型打夯机或人工振捣密实；仪器设备上方回填高度超过1m后方可恢复大型碾压设备施工。

(8) 在工程施工期间，应对已安装完成的仪器设备和电缆采取必要的保护措施。对已安装完成的仪器设备及电缆应设置醒目的标识，对临时暴露在外的仪器设备、电缆等应设置保护罩、保护钢管、栅栏等保护装置，避免损坏仪器设备和电缆。

(9) 若发现设计布置有误或现场条件限制等其他特殊情况，不能按设计位置埋设仪器和敷设电缆，应及时与设计和有关单位协商处理，经同意后变更测点点位或敷设线路。

(10) 仪器设备安装埋设后，要立刻做好安装埋设记录和填列考证表。工程竣工后要绘制仪器埋设竣工图，并附全部埋设记录和考证表。

(11) 仪器设备安装埋设记录应标示工程名、仪器编号、埋设位置、气温、二次仪表编号、日期、时间、监测数据、说明、埋设示意图及安装人员等项目。仪器设备埋设中对各种仪器设备、电缆、监测剖面、控制坐标等进行统一编号，每支仪器均应建立档案卡。

(12) 仪器设备安装、埋设完成后，应将仪器设备的实际位置、电缆牵引位置绘制成图，并以书面形式将仪器设备与电缆的实际位置及保护注意事项等及时通知各相关部门，加强工程施工期间对仪器设备和电缆的保护。

(13) 仪器设备安装、埋设后应派遣专人进行维护和保养，并建立仪器设备的维护、维修档案。

4.4.2 安装、埋设前的准备

仪器设备的安装、埋设是关系安全监测成败的重要环节，因此仪器设备安装、埋设前应做好充分的准备工作。

(1) 根据设计图纸、通知、相关技术标准及工程施工进度安排，提前备齐所需监测的仪器设备和试验设备。

(2) 仪器设备运抵现场后，按有关标准或仪器设备生产厂家提供的方法，对仪器设备的性能进行检查。具体要求如下：

1) 出厂时检查仪器资料参数卡片是否齐全，仪器数量与发货单是否一致。

2）外观检查。仔细查看仪器外部有无损伤痕迹、锈斑等。

3）用万用表测量仪器线路有无断线。

4）用兆欧表测仪器本身的绝缘是否达到出厂值。

5）用二次仪表（水工比例电桥）试测一下仪器测值是否正常。

经检查，若有上述缺陷者暂放一边，待以后详查。如发现存在缺陷的仪器较多，应退货或与厂商交涉处理。

（3）安装、埋设前应对仪器设备进行检验、测试。如果第一次检验合格后储存时间不超过6个月且无异常，可直接进行安装埋设，否则需重新进行检验。

（4）根据设计图纸和现场情况，按有关标准和仪器设备生产厂家的要求准备加长电缆，并连接仪器设备的加长电缆，对电缆接头进行处理。电缆及电缆接头应进行防水、耐水压、绝缘电阻等项目的检验。

（5）根据设计图纸，加工仪器设备安装、埋设所需要的辅助部件，购置配套齐全的施工器具。

（6）对于可以在室内进行的仪器设备，预安装应尽量在仪器设备搬运至现场前完成。

4.4.3 监测仪器的率定

安全监测的传感器检验可称为率定，也称为标定，《大坝监测仪器　应变计　第1部分：差动电阻式应变计》（GB/T 3408.1—2008）中称为检验，《混凝土坝安全监测技术标准》（GB/T 51416—2020）中也称为检验。仪器的检验是对仪器各项参数的标定和检查，以便考查仪器的性能是否合格可用。

安全监测仪器的特性参数必须用试验的方法逐一测定。仪器出厂时，厂家对每支仪器都进行了测定和检验。图4.7为基康公司生成的对一支渗压计的检测证书。在使用之前，还需要对仪器进行检验。由于在建筑物内部安装的仪器，一般都需要进行几十年以上的长期观测，仪器一旦埋进混凝土或岩体内部就无法重新进行检验。因此，对仪器进行检验，避免差错和损失十分重要。仪器检验的目的体现在以下三个方面：①检验仪器生产厂家出厂参数的可靠性，防止出现差错；②检验仪器的稳定性，保证仪器的长期观测精度；③检查仪器是否损坏，防止将运输或保管过程中损坏的仪器安装到建筑物中。

监测仪器经过运输和长期存放，其性能可能因振动、碰撞、氧化或其他原因发生某些变化，应该用重新试验方法测定仪器的参数。仪器到货后开箱验收仅是初验，最终检验需按有关规定进行。下面以弦式渗压计安装埋设为例，从力学性能率定和防水性能检验两方面阐述仪器设备率定过程。

（1）力学性能率定。

1）率定设备及工具：活塞压力计、与渗压计匹配的精密压力表、GK403读数仪、活动扳手、尖嘴钳、起子、记录表。

2）率定准备。在记录表中填好日期、仪器名称、仪器出厂编号、率定操作者。测量自由状态下的读数（模数），将仪器安装到活塞压力计上，用扳手旋紧螺丝使仪器固定在校正架上，记录固定状态下的读数。然后进行仪器量程的三次预压，每次均记录读数，三次读数误差不超过3则进入下步工作，否则重新固定，最后一次预压回零的读数为初始读数。

BGEOKON

基康仪器(北京)有限公司

检 测 证 书

仪器名称：振弦式渗压计　　仪器型号：BGK4

仪器编号：114464　　检测日期：2010

环境条件：　温度：18℃　湿度：48%RH

检 测 结 果

测量范围：(0-3)MPa　指示器：BGK408振弦式读数仪(B)

标准压力 (MPa)	各测次示值 1	2	3	均值	计算压力 直线	精度 (%FS)	计算压力 多项式	精度 (%FS)
0.0	8865.4	8865.1	8865.6	8865.4	0.007	0.22	-0.001	-0.03
0.6	8140.8	8141.0	8140.7	8140.8	0.600	0.01	0.602	0.06
1.2	7415.9	7417.5	7415.9	7416.4	1.194	-0.20	1.200	-0.01
1.8	6684.6	6685.7	6684.5	6684.9	1.793	-0.22	1.799	-0.02
2.4	5946.8	5947.7	5946.8	5947.1	2.398	-0.07	2.399	-0.02
3.0	5202.5	5201.9	5202.8	5202.4	3.008	0.27	3.001	0.02

计算公式　直 线 $P=G(R_1-R_0)+K(T_1-T_0)-(S_1-S_0)$

多项式 $P=AR_1^2+BR_1+C+K(T_1-T_0)-(S_1-S_0)$

(MPa) 直线系数：G = -0.0008194MPa/Digit　计算零点：8873.4

(MPa) 多项式系数：A = -0.0000000042140929

B = -0.0007601217337689

C = 7.06904308910563

温度系数：K = 0.0004859MPa/℃

R_0....初始读数值　R_0: 8855

T_0....初始温度值　T_0: 24.9℃

S_0....初始大气压值　S_0: 984mbar

检测负责人：吴其松

核　检：高松

测　试：王宇

GEOKON INSTRUMENTS (BEIJING) CO., LTD 基康仪器 检测专用章

BGEOKON

基康仪器(北京)有限公司

合格证

产品名称 振弦式渗压计

规格型号 BGK4500S-3.0MPa

仪器编号(批号) 114464

检验日期 2010年12月29日

检验员 检01

图 4.7　渗压计检测证书示意图

3）率定过程。上下摇动活塞压力计手柄进行加压，按记录表规定档位通过压力表读取压力，并记录读数。率定三个循环完成，仪器实测压力按下式进行计算：

$$p_i=(F_i-F_0)K \tag{4.8}$$

式中：p_i 为实测压力值，是各级压力表读数，MPa；K 为仪器厂家给定的仪器系数；F_0 为初始读数（模数）；F_i 为各级仪器读数（模数）。

4）仪器系数计算。将读数录入计算机，绘制压力表读数-实测压力曲线，对行程曲线进行直线拟合，按下式计算仪器系数 K'：

$$K'=\frac{\sum_{i=1}^{n}p_i}{\sum_{i=1}^{n}(F_i-F_0)} \tag{4.9}$$

5）仪器合格的判识。按式（4.9）计算所得 K' 值计算仪器的计算压力 p_i'，再计算误差，$\Delta=(p_i-p_i')/p_i$，以 $|\Delta|\leqslant 1\%$ 为合格。

（2）防水性能检验。

1）检验设备及工具：高压容器、精密压力表、兆欧表、GK403 读数仪、活动扳手、尖嘴钳、起子、记录表。

2）检验准备。在记录表中填好日期、仪器名称、仪器出厂编号、率定操作者。测量自由状态下的读数。

3）检验过程。在高压容器内注入适量水，将仪器放入高压容器内，引出电缆，记录零压状态下的读数。然后按仪器量程进行加压，记录读数，在最大压力下保持压力 0.5h，用兆欧表测量电缆芯线与高压容器外壁之间的绝缘性能。

4）仪器合格的判识。电缆芯线与高压容器外壁之间的绝缘电阻大于 200MΩ，则仪器合格。

4.4.4 仪器安装、埋设

4.4.4.1 仪器埋设

监测仪器的安装埋设工作是最重要的环节。这一工作若没做好，监测系统就不能正常使用。大多数已埋设仪器是无法返工或重新安装、埋设的，导致观测成果质量不高，甚至整个工作失败。因此，仪器的安装、埋设必须事前做好各种施工准备，埋设仪器时尽量减少其他施工的干扰，确保埋设质量。下面以混凝土浇筑时渗压计安装埋设为例，简述仪器设备安装埋设的过程，埋设施工过程如图 4.8 所示。

（1）在埋设渗压计前需要进行准备工作，包括下列内容：①仪器室内处理，仪器检验合格后，取下透水石，在钢膜片上涂一层防锈油，按需要长度接好电缆；②将渗压计放入水中浸泡 2h 以上，使其充分饱和，排除透水石中的气泡；③用饱和细砂袋将测头包好，确保渗压计进水口通畅，并继续浸入水中。

（2）渗压计安装。根据设计图纸布置，确定孔位，在孔内铺一层细砂，将渗压计放在砂垫层上。用饱和细砂将渗压计埋好，孔口放一盖板，再浇筑混凝土，埋设示意图如图 4.9 所示。

（3）电缆敷设。渗压计埋设完后，按设计要求走向敷设电缆，电缆尽可能向高处引，通过露天处或电缆跨缝时需进行保护；通过挡水体时，应在电缆中安装好防水设施。

（4）记录埋设信息。安装埋设后应准确记录渗压计的埋设高程与平面坐标。

4.4.4.2 电缆走线

电缆走线和仪器安装、埋设的重要性是等同的，设计阶段与施工阶段均应予以重视。电缆走线有明走、暗走之分。电缆明走包括裸束敷设、缠裹敷设和明管穿线等方式；电缆暗走包括裸束埋线、缠裹埋线、埋管穿线、钻孔穿线和沟槽敷设等方式。

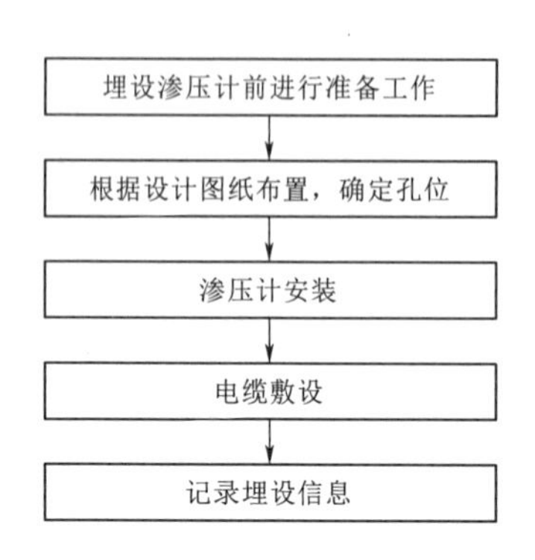

图4.8 渗压计埋设施工过程示意

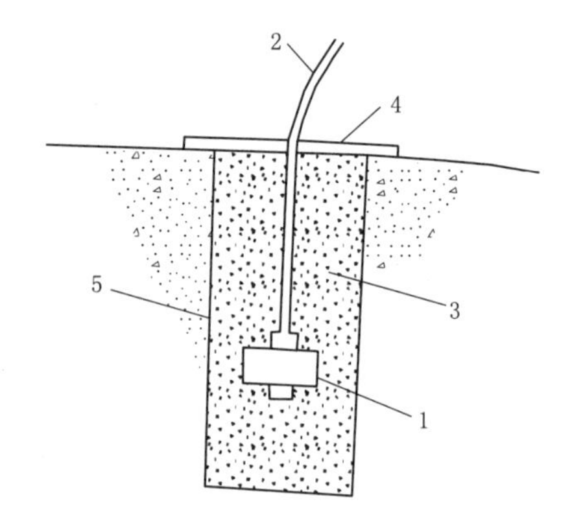

图4.9 混凝土中渗压计埋设示意图

1—渗压计；2—电缆；3—细砂；4—盖板；5—预留孔

(1) 水工电缆明线敷设。水工电缆明走一般用在室内、地下洞室和廊道内电缆走线，露天应用较少。

1) 裸束敷设。走线距离较短、根数较少时，将裸线扎成束悬挂敷设，悬挂的撑点间距视电缆重量和强度而定，一般不大于2m。每个撑点处不得直接使用细线绑扎来固定电缆。电缆较多时，可采用托盘。

2) 缠裹敷设。当电缆线路上的环境较好，没有损坏电缆的因素存在，电缆的数量较大时，一般均可将电缆缠裹成束敷设。条件许可时，均应悬挂或托架走线。缠裹电缆的材料以防水、绝缘的塑料带为宜。电缆应理顺，不得相互交绕。一般在电缆束内复加加强绳，加强绳应耐腐。悬挂走线的撑点间距视电缆束重量而定，重量较大时应设连续托架。

3) 明管穿线。户外走线或户内条件不佳时，需要将电缆束套上护管敷设。护管一般为钢管、PVC管或硬塑管。

(2) 水工电缆暗线敷设。暗线敷设是常用的方法，在填筑体内走线、穿越、避免干扰等时均要采用暗走。

1) 埋线敷设。在混凝土、土、石方填筑过程中埋设的仪器，水工电缆均要直接埋入填筑体内。敷设时，电缆有裸束的，也有缠裹的。走线时，在设计线路上，在已经振捣好的混凝土或已经压实的土体上刻槽埋线。混凝土内埋深不得小于10cm，土体埋深不得小于50cm。在堆石体内埋线敷设，电缆应加保护管，安全覆盖厚度应不小于1m。埋线裕度视周围介质材料、位置、高程和预计最终变形而定，一般为敷设长度的5%～15%。在土坝等变形较大的填筑体内，电缆应呈S形敷设。

2) 埋管穿线敷设。埋管穿线一般用于水工电缆走线与工程施工交叉时，需要在先期工程中沿线路预埋走线管，待走线管填埋完成之后，再穿管敷设。预埋穿线管时，管直径应大于电缆束直径4～8cm，管壁光滑平顺，管内无积水。转弯角度大于10°时，应设接线坑断开，坑的尺寸不得小于50cm×50cm×50cm。穿线敷设时，电缆应理顺，不得相互交绕，绑成裸束或缠裹塑料膜，穿线根数多时，束中应复加加强绳，线束涂以滑石粉。

3）钻孔穿线敷设。线路穿越岩体或已有建筑物时，需要钻孔穿线敷设，具体要求与埋管穿线相同。注意钻孔应冲洗干净，电缆应缠裹，避免电缆护套损坏。

4）沟槽敷设。电缆数量较大，或有特殊要求时，可修建电缆沟或电缆槽进行走线敷设。也可以利用对水工电缆使用无影响的已有电缆沟走线。在沟内敷设时，需要有电缆托架；在槽内敷设时，槽内不得有积水，应考虑排水设施，沟槽上盖要有足够强度，严防损坏、砸断电缆。室外电线沟槽的上盖应锁定。

（3）水工电缆走线的一般要求。

1）施工期电缆临时走线，应根据现场条件采取相应敷设方法，并加注标志，注意保护，选好临时观测站的位置，尤其在条件十分恶劣的地下工程施工中，对水工电缆的保护需要有切实可靠的措施。

2）电缆走线敷设时，应严格按照电缆走线设计图和技术规范施工，尽可能减少电缆接头。遇有特殊情况需要改变时，应以设计修改通知为依据。

3）在电缆走线的线路上，应设置警告标志。尤其是暗埋线，应对准确的暗线位置和范围设置明显标志。设专人对水工电缆进行日常维护，并健全维护制度，树立“损坏水工电缆是违法行为”的意识。

4）电缆跨施工留缝时，应有5～10cm的弯曲长度。穿越阻水设施时，应单根平行排列，间距2cm，均要加阻水环或阻水材料回填。坝内走线时，应严防电缆线路成为渗水通道。在填筑过程中，电缆随着填筑体升高垂直向上引伸时，可采用立管引伸，管外填料压实后，将立管提升，管内电缆周围用相应的料填实。

5）电缆敷设过程中，要保护好电缆头和编号标志，防止浸水或受潮；应随时检测电缆和仪器的状态及绝缘情况，并记录和说明。

4.4.4.3 仪器编号

仪器编号是整个埋设过程中十分重要的一项工作，常常由于编号不当，难以分辨每支仪器的种类和埋设位置，导致观测不便，资料整理麻烦，甚至发生错乱。仪器编号应能区分仪器种类、埋设位置，力求简单明了，并与设计布置图一致。如某仪器编号为M1-2-3，它的含义如下“M”为多点位移计，“1”是第一个断面，“2”是第二个孔，“3”是第三测点。只要知道编号的含义，一见编号就知道仪器类型、在第几个断面以及孔号和测点号。

编号应注在电缆端头与二次仪表连接处附近。为了防备损坏和丢失，宜同时标上两套编号标签备用；传感器上无编号时，也应标注编号。仪器编号比较简单的方法是在有不干胶的标签纸上写好编号，贴在应贴部位，再用优质透明胶纸包扎加以保护。也可用电工铝质扎头，用钢码打上编号，绑在电缆上，用电缆打号机把编号打在电缆上更好。编号必须准确可靠，长期保留。

钢弦式仪器常用多芯电缆，如某四点式位移计，只需用一根5芯电缆与4支传感器相连，这样除在电缆上注明仪器编号外，各芯线也要编号。也可用芯线的颜色来区分，最好按规律连接，如红、黑、白、绿分别连接1号、2号、3号、4号仪器。

4.4.5 观测基准值的确定

各种观测仪器的计算皆为相对计算，所以每个仪器必须有个基准值，基准值也就是仪器安装、埋设后开始工作前的观测值。基准值的确定是观测的重要环节之一，基准值确定的适当与否直接影响以后资料分析的正确性和合理性，确定不当将引起很大的误断。因此，基准值不能随意确定，必须考虑仪器安装、埋设的位置，所测介质的特性，仪器的性能及环境因素等，然后考虑初期数次观测及以后一系列变化、稳定情况之后，才能确定基准值的数值。一般确定基准值，必须注意不要选择由观测误差引起的突变观测值。

（1）应变计基准值的确定。在混凝土内，确定应变计基准值的主要原则是考虑弹性上的平衡。对于九向应变计组，四组三个直交应变的和相差不超过 25×10^{-6} 范围时，可认为已达到平衡状态；对于四向和五向应变计组，相差范围要在 10×10^{-6} 之内；单向应变计应与同层附近的应变计组达到平衡的时间相同。此时，埋设点的温度也达到均匀时的测值，即可确定为基准值。如果测混凝土的膨胀变形，可以用混凝土初凝时的测值作为基准值。在岩体内，一般将埋设后 12h 以上，水泥砂浆终凝后或水化热基本稳定时的测值作为基准值。

（2）测缝计基准值的确定。测缝计埋设后，混凝土或水泥砂浆终凝时的测值可作为基准值。

（3）钢筋计基准值的确定。钢筋计的基准值可根据使用处的结构而定，一般取混凝土或砂浆固化后，钢筋计能够跟随其周围材料变形时的测值作为基准值，一般取 24h 后的测值。

（4）压力计基准值的确定。压力计埋设后，其周围材料的温度达到均匀时的测值为基准值。

（5）渗压计基准值的确定。渗压计以其埋设后的测值为基准值。

（6）位移计基准值的确定。位移计安装、埋设后，根据仪器类型和测点锚头的固定方式确定基准值的观测时机，一般在传感器和测点固定之后开始测基准值。采用水泥砂浆固定的锚头，埋设灌浆后 24h 以上的测值可作为基准值。基准值观测应取三次连续读数，其差小于 1%F. S 时的平均值。

（7）倾角计基准值的确定。倾角计基准板安装固定之后，观测其稳定的初始读数，若三次读数差小于 1%F. S，取其平均值作为基准值。

（8）测斜仪基准值的确定。测斜仪导管安装、埋设的回填料固化后，经三次以上的稳定观测，两次测值差小于仪器精度，取其平均值作为基准值。

4.4.6　后续工作

为了便于对观测仪器的维护管理和对观测资料的整理分析，对工程安全作出准确的评估，使观测资料发挥应有的作用，仪器安装埋设后必须做好下列各项工作。

4.4.6.1　仪器安装、埋设记录

仪器安装埋设记录应贯穿在全过程中，记录应包括下列内容：

（1）准备工作记录：①技术资料记录；②技术培训情况；③现场调查记录；④设备仪器检验记录；⑤电缆连接和仪器组装记录；⑥仪器编号记录；⑦土建施工记录。

（2）仪器安装、埋设记录：①工程名称与项目名称；②仪器类型、型号；③位置坐标和高程；④安装日期和时间；⑤天气、温度、降雨、风速状况；⑥安装期间周围施工状况；⑦安装过程中的安装记录，方法、材料和检测记录；⑧结构的平面图、剖面图，显示仪器的安装，仪器位置，电缆位置，电缆接头位置以及安装过程中使用的材料；⑨安装期

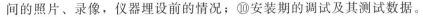

间的照片、录像，仪器埋设前的情况；⑩安装期的调试及其测试数据。

（3）水工电缆走线记录：①电缆编号（仪器号）；②电缆类型、型号、规格；③电缆接头数量、位置；④敷设方法、线路、辅助设施结构；⑤敷设过程中的检测记录；⑥敷设前后的照片、录像；⑦电缆线路图。

（4）工程施工记录：①填筑工程，包括工程部位、施工方法、填筑厚度、起止时间、温度、填料特性、材料配合比、气候条件；②开挖工程，包括工程部位、施工方法、开挖动态、开挖动态图、爆破参数、支护方式与时机、地质描述；③试验与检验记录。

4.4.6.2 编写仪器安装竣工报告

（1）资料收集与整理：①工程资料；②观测设计资料及仪器出厂资料和率定资料；③仪器安装埋设记录；④绘制仪器安装、埋设竣工图（单支仪器考证图表及仪器总体分布图）；⑤仪器安装、埋设后初始状态图表。

（2）报告内容。

1）单支仪器安装竣工报告内容：①观测项目；②仪器类型、型号；③仪器位置、高程；④安装、埋设时间；⑤土建工程情况；⑥仪器率定情况；⑦仪器组装与检测；⑧仪器安装、埋设与检测；⑨仪器初始状态检测；⑩仪器安装、埋设状态图（平面图、剖面图），还有验收情况。

2）仪器安装、埋设竣工总报告内容：①监测工程设计概况；②监测工程施工组织设计概述；③仪器设备选型、仪器装置图及仪器性能明细一览表；④安装、率定和监测方法说明（含率定结果统计表）；⑤土建施工情况；⑥仪器安装、埋设竣工图、状态统计表及文字说明；⑦仪器初始状态及观测基准值。

4.4.6.3 仪器安装、埋设后的管理

（1）建立仪器档案。仪器档案内容一般包括名称、生产厂家、出厂编号、规格、型号、附件名称及数量、合格证书、使用说明书、出厂率定资料、购置来源及日期、设计编号及使用日期、使用人员、现场检验率定资料、安装埋设考证图表、问题及处理情况、验收情况。表 4.9 为渗压计考证表示例。

表 4.9 **渗压计考证表**

仪器编号	埋设高程/m	埋设日期	始测日期	埋设部位	坐标	备注

（2）仪器设备的维护管理。①建立维护观测组织；②编制维护观测制度；③编制维护观测技术规程。

4.4.7 监测仪器的鉴定

对于已接入自动化系统的监测仪器，应先将其从自动化装置上断开；对于已接入集线箱或人工测量的监测仪器，可直接按规程规定的方法进行检测。以下根据《钢弦式监测仪器鉴定技术规程》（DL/T 1271—2013）和《差动电阻式监测仪器鉴定技术规程》（DL/T 1254—2013）的有关规定介绍钢弦式监测仪器、差动电阻式检测仪器、引张线、垂线瞄准仪及垂线坐标仪等仪器的鉴定方法。

4.4.7.1 钢弦式监测仪器

采用钢弦式仪器测量仪表测读仪器的频率、温度，间隔10s以上记录一次数据，连续记录3次，评价其稳定性。

(1) 测量稳定性检测与评价。测值稳定性检测与评价按下列步骤和标准进行：

1) 用钢弦式监测仪器进行测量和记录，并计算频率极差和温度极差。

2) 频率测值稳定性评价标准：①当频率测值≤1000Hz时，频率极差≤2Hz，合格；频率极差>2Hz，不合格；②当频率测值>1000Hz时，频率极差≤3Hz，合格；频率极差>3Hz，不合格。

3) 温度测值稳定性评价标准：温度极差≤0.5℃，合格；温度极差>0.5℃，不合格。

(2) 仪器绝缘电阻检测与评价。仪器绝缘电阻检测与评价按下列步骤和标准进行：

1) 用100V电压等级的绝缘电阻表测量仪器电线芯线与大地之间的绝缘电阻。

2) 仪器绝缘电阻评价标准：绝缘电阻>0.1MΩ，合格；绝缘电阻<0.1MΩ，不合格。

(3) 频率与温度测值可靠性评价标准。现场检测评价包括频率测值评价和温度测值可靠性评价，评价结论分为三个等级，即可靠、基本可靠和不可靠，评价标准见表4.10。

表4.10 频率测值和温度测值评价标准

序号	频率极差		温度极差		绝缘电阻		频率测值评价结论	温度测值评价结论
	合格	不合格	合格	不合格	合格	不合格		
1	√		√		√		可靠	可靠
2	√		√			√	基本可靠	基本可靠
3	√			√	√		可靠	可靠
4	√			√		√	基本可靠	不可靠
5		√	√		√		不可靠	可靠
6		√	√			√	不可靠	基本可靠
7		√		√	√		不可靠	不可靠
8		√		√		√	不可靠	不可靠

4.4.7.2 差动电阻式监测仪器

采用差动电阻式仪器测量仪表测量电阻比、电阻值等，评价仪器当前的工作状态。采用500V电压等级的绝缘电阻表测量仪器电缆芯线的对地绝缘电阻，评价绝缘性是否符合要求。

(1) 检测项目及标准。

1) 五芯连接仪器。①测值稳定性，电阻比测值极差$\leqslant 3\times 10^{-4}$为合格，$>3\times 10^{-4}$为不合格；电阻值测值极差≤0.05Ω为合格，>0.05Ω为不合格；②绝缘电阻值，芯线对大地绝缘电阻值≥0.1MΩ为合格，<0.1MΩ为不合格。

2) 四芯连接仪器。①测值定性，同五芯标准；②正反测电阻比，正测电阻比读数Z与反测电阻比读数Z'之和为Z_t，若$|Z_t-N|\leqslant 5$为合格，$|Z_t-N|>5$为不合格，其

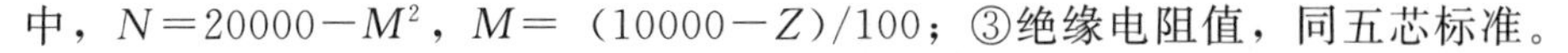

中，$N=20000-M^2$，$M=(10000-Z)/100$；③绝缘电阻值，同五芯标准。

3）铜电阻温度计。①测值稳定性，电阻值测值极差≤0.05Ω为合格，>0.05Ω为不合格；②绝缘电阻值，同五芯标准。

（2）检测方法。

1）测量间隔要求。仪器的稳定性检测时要求连续测量3次并记录，每次测量时间间隔不低于10s。

2）五芯连接仪器。①测值稳定性，将鉴定仪器连接至差动电阻式仪器测量仪表，打开测量仪表，对仪器电阻比、电阻值进行测量并记录，计算电阻比和电阻值测值极差，根据计算结果，按检测项目及标准中测值稳定性的规定对仪器进行评价；②绝缘电阻值，用绝缘电阻表测量仪器芯线与大地之间绝缘电阻值的大小，按检测项目及标准中绝缘电阻值的规定对仪器进行评价。

3）四芯连接仪器。①测值稳定性，将鉴定仪器连接至差动电阻式仪器测量仪表，打开测量仪表，对仪器电阻比、电阻值进行测量并记录，计算电阻比和电阻值测值极差，根据计算结果，按检测项目及标准中测值稳定性的规定对仪器进行评价；②正反测电阻比，将鉴定仪器连接至差动电阻式仪器测仪表，打开测量仪表，用四芯测量方式测得仪器电阻比Z并记录。然后将仪器黑白芯线对调接入测量仪表，测得仪器反测电阻比Z'并记录，按检测项目及标准中正反测电阻比的方法分别计算Z_t、M、N及$|Z_t-N|$的值，按检测项目及标准中正反测电阻比的规定对仪器进行评价；③绝缘电阻值，同五芯测量方法。

4）铜电阻温度计。①测值稳定性，根据铜电阻温度计现场的接线方式，对应按三芯连接或四芯连接将鉴定温度计连接至差动电组式仪器测量仪表，打开测量仪表，对温度计电阻值进行测量并记录，计算电阻值测值极差，根据计算结果，按检测项目及标准中测值稳定性的规定对仪器进行评价；②绝缘电阻值，同五芯测量方法。

（3）评价方法。

1）评价内容与等级。差动电阻式仪器现场检测评价分电阻比测值和温度测值两方面评价，对铜电阻温度计温度测值的评价结论分为可靠、基本可靠和不可靠三个等级。

2）评价标准。①五芯连接差动电阻式仪器现场检测评价标准见表4.11；②四芯连接差动电阻式仪器现场检测评价标准见表4.12；③铜电阻温度计现场检测评价标准见表4.13。

表4.11　五芯连接差动电阻式仪器现场检测评价标准

序号	电阻比极差		电阻值极差		绝缘电阻值		仪器评价	
	合格	不合格	合格	不合格	合格	不合格	电阻比测值	温度测值
1	√		√		√		可靠	可靠
2	√		√			√	可靠	基本可靠
3	√			√	√		可靠	不可靠
4	√			√		√	可靠	不可靠
5		√	√		√		不可靠	可靠
6		√	√			√	不可靠	基本可靠

续表

序号	电阻比极差		电阻值极差		绝缘电阻值		仪器评价	
	合格	不合格	合格	不合格	合格	不合格	电阻比测值	温度测值
7		√		√	√		不可靠	不可靠
8		√		√		√	不可靠	不可靠

表 4.12　四芯连接差动电阻式仪器现场检测评价标准

序号	电阻比极差		电阻值极差		正反测电阻比		绝缘电阻值		仪器评价	
	合格	不合格	合格	不合格	合格	不合格	合格	不合格	电阻比测值	温度测值
1	√		√		√		√		可靠	可靠
2	√		√		√			√	可靠	基本可靠
3	√		√			√	√		基本可靠	可靠
4	√		√			√		√	基本可靠	基本可靠
5	√			√	√		√		可靠	不可靠
6	√			√	√			√	可靠	不可靠
7	√			√		√	√		基本可靠	不可靠
8	√			√		√		√	基本可靠	不可靠
9		√	√		√		√		不可靠	可靠
10		√	√		√			√	不可靠	基本可靠
11		√	√			√	√		不可靠	可靠
12		√	√			√		√	不可靠	基本可靠
13		√		√	√		√		不可靠	不可靠
14		√		√	√			√	不可靠	不可靠
15		√		√		√	√		不可靠	不可靠
16		√		√		√		√	不可靠	不可靠

表 4.13　铜电阻温度计现场检测评价标准

序号	电阻测值稳定性		绝缘电阻值		温度测值评价
	合格	不合格	合格	不合格	
1	√		√		可靠
2	√			√	基本可靠
3		√	√		不可靠
4		√		√	不可靠

4.4.7.3 引张线

如果引张线式水平位移计使用了位移传感器，则位移传感器的检验方式参照钢弦式仪器或差动电阻式仪器的检验方法执行。下面介绍引张线式水平位移计系统的检验方法。

（1）仪器量测性能检验。

1）检验项目：①铟钢丝与锚固板接头的合理性与可靠性；②法兰盘的分线板形式，铟钢丝与分线板摩阻力的减小措施，观测台及加荷系统的合理性；③两次平行测量示值之差；④系统综合误差；⑤铟钢丝屈服强度与温度系数。

2）检验设备：检验设备主要包括位移给进设备、500mm 或 900mm 游标卡尺、拉力试验机等。

3）检验方法。①参比工作条件如下，环境温度为－35～15℃；相对湿度为 25%～75%；大气压力为 86～106kPa；②在参比工作条件下，将引张线式水平位移计按保护管全长单测点成套安装好，引张线起始端锚固于水平位移给进设备上；③在只施加常加张力的条件下，按满量程位移量往复给进各 3 次，每次间隔 5min，然后进行正式检验；④从位移值为 0 开始，按满量程位移量的 20%逐级给进，直至满量程位移量，每级位移量给进后，施加增加张力，保持 5min，读取终端位移量（标尺示值），每一级位移量平行测量 2 次；⑤给进至满量程位移清后，按步骤④逐级反向给进，直到位移值为 0 时，读取相应的位移值；⑥退回到位移值为 0 后保持 10min，读取位移值；⑦按步骤④～⑥，重复进行 3 次检验。

4）检验参数要求。引张线式水平位移计检验应符合表 4.14 的规定。

表 4.14　引张线式水平位移计检验限差表

序号	测量范围/mm	标尺分刻度/mm	平行两次测量差值的绝对值/mm	系统综合误差的绝对值/mm	最远测点参考距离/m
1	0～500	≤1	≤2	≤5	≤200
2	0～800	≤1	≤2	≤5	≤400
3	0～1000				

（2）铟钢丝屈服强度与温度系数检验。

1）取 600mm 长的一段铟钢丝，两端固定于拉力试验机夹具上，有效长度为 500mm。

2）对铟钢丝缓慢施加拉力，直至铟钢丝达到屈服破坏，记录屈服拉力值。

3）铟钢丝屈服强度 $[\sigma_s]$ 为

$$[\sigma_s]=\frac{P_f}{\pi\left(\frac{D}{2}\right)^2}=\frac{4P_f}{\pi D^2} \tag{4.10}$$

式中：P_f为屈服拉力值；D 为铜钢丝直径。

钢丝的屈服强度 $[\sigma_s]\geqslant 980\text{MPa}$。

4）铟钢丝温度系数 α 应满足相关标准的要求。

（3）外观检验。①全部零部件应倒棱，金属零部件须进行防锈处理（不锈钢除外）；②全部零部件的表面应无锈斑及裂痕；③铟钢丝和砝码的滑轮应转动灵活，无摩擦声。

4.4.7.4　垂线瞄准仪及垂线坐标仪的精度检测

（1）人工垂线精度。

1）精度分析理论依据。以 MZY－3 型瞄准仪为例，MZY－3 型瞄准仪主要由瞄准针、主尺和游标卡尺组成。每次观测时移动游标卡尺，当瞄准孔、垂线钢丝和瞄准针三点一线时，读取左右标尺的刻度值$L_{左}$、$L_{右}$，然后计算出垂线位置的坐标值X_A、Y_A，计算公式见式（4.11）：

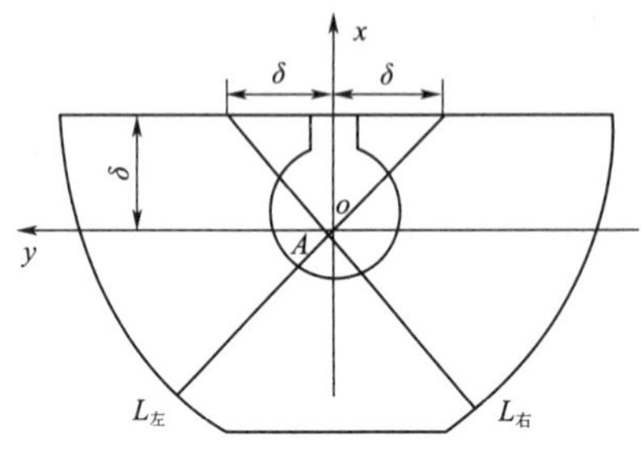

图4.10 垂线人工比测示意图

$$\left.\begin{aligned}X_A&=\delta\left(1-2\frac{\tan\alpha_{右}\tan\alpha_{左}}{\tan\alpha_{右}+\tan\alpha_{左}}\right)\\Y_A&=\delta\left(\frac{\tan\alpha_{右}-\tan\alpha_{左}}{\tan\alpha_{右}+\tan\alpha_{左}}\right)\end{aligned}\right\}\tag{4.11}$$

式中：$\alpha_{右}=\frac{390-L_{右}}{6}$、$\alpha_{左}=\frac{L_{左}-20}{6}$，其他符号意义见图4.10。

则X_A的误差为

$$m_{X_A}=\pm\sqrt{\left(\frac{\partial X_A}{\partial L_{右}}\right)^2 m_{L_{右}}^2+\left(\frac{\partial X_A}{\partial L_{左}}\right)^2 m_{L_{左}}^2}\tag{4.12}$$

式中：$\frac{\partial X_A}{\partial L_{右}}=\frac{\partial X_A}{\partial(\tan\alpha_{右})}\frac{\partial(\tan\alpha_{右})}{\partial L_{右}}$、$\frac{\partial X_A}{\partial L_{左}}=\frac{\partial X_A}{\partial(\tan\alpha_{左})}\frac{\partial(\tan\alpha_{左})}{\partial L_{左}}$；$m_{L_{右}}$、$m_{L_{左}}$分别为左右标尺刻度$L_{左}$、$L_{右}$读数的实际精度。同理，可得$Y_A$的误差估算。

2）左右标尺的精度估算。精度估算时采用重复测试的统计方法进行，具体操作时，用垂线夹线器固定好垂线，分别对盘左、盘右按照读数方法连续读数n次。其计算方法如下：

$$m_{L_{左}}=\sqrt{\frac{\sum_{i=1}^{n}\Delta_i}{n-1}}=\sqrt{\frac{\sum_{i=1}^{n}(L_{左,i}-\overline{L}_{左})^2}{n-1}}\tag{4.13}$$

式中：Δ_i为第i次读数的独立真误差；$L_{左,i}$为左盘第i次读数值；$\overline{L}_{左}$为左盘n次读数值的平均值。

同理，可得$m_{L_{右}}$的估算公式，此处不再列出。

（2）垂线自动化监测。根据SWC型垂线坐标仪的技术指标，利用自动化监测系统中的定时测量功能，在尽量短的时间内对测点连续测读n次，利用n次观测中误差m估算垂线自动化监测结果的重复读数精度和测值稳定性。结合规范要求，自动化测值稳定性分析采用如下判断标准：当$|m|\leqslant 0.1$mm时，为优秀；当$0.1\text{mm}<|m|\leqslant 0.2$mm时，为合格；当$|m|>0.2$mm时，为不合格。

4.4.7.5 测压孔灵敏度测试

坝体测压孔及绕坝渗流孔在经过长时间的运行后，由于受析出物等因素的影响，个别孔可能出现水位呆滞、孔内堵塞的现象，因此需对坝体渗压及绕坝渗流观测孔进行灵敏性检验。针对测压管的无压及有压状态，分别对其进行（无压）注水测试和（有压）卸压测试，具体方法如下：

（1）有压管的卸压测试。测试前，先读取压力表读数，作为初始值。然后打开水龙头放水，至压力表归零后或水流变小后关闭水龙头。1d、2d、3d、5d后分别读数，记录压力恢复情况。

（2）无压管的注水测试。测试前，先测定管中的水位，然后向管内注入2～5m的清水。注水 1d、2d、3d、5d、7d 后分别读数，记录水位恢复情况。

4.4.7.6 自动观测系统测值稳定性测试

在短时间内，对渗压计进行连续测量 15 次，根据测量结果判断渗压计测值的稳定性，考虑渗压计的测量精度 0.1%F.S、长期稳定性及测量设备等综合因素，自动化测量精度取 0.15m。根据多次鉴定实践的经验基础，采用如下判断标准：当 $|m| \leqslant 0.15$m 时，为优秀；当 $0.15\text{m} < |m| \leqslant 0.3$m 时，为合格；当 $|m| > 0.3$m 时，为不合格。

思 考 题

（1）安全监测仪器可以如何分类？
（2）差阻式传感器的基本原理是什么？
（3）钢弦式传感器的基本原理是什么？
（4）分辨力和灵敏度的概念分别是什么？
（5）水工电缆可以如何分类？
（6）监测仪器设备运抵现场后，如何对仪器设备的性能进行检查？
（7）水工电缆敷设的方式有哪些？
（8）安全监测基准值的概念是什么？
（9）渗压计和应变计的监测基准值如何确定？
（10）钢弦式和差动电阻式仪器鉴定的内容有哪些？

第5章 大坝安全监测自动化系统

5.1 概述

大坝安全监测的项目众多，测点布置分散，若采用传统人工的方式，需要投入大量时间和人力去进行观测、数据采集和计算分析。并且部分大坝管理单位由于欠缺专业性安全监测分析人员，只能对观测数据进行收集整理，尚不能对数据进行全面分析，以至许多监测资料长期积压，不能充分发挥大坝安全监测的重要作用。

大坝安全监测自动化系统是融合电子技术、传感器技术、通信技术、遥测遥控技术和计算机技术等，实现对水库大坝安全进行监测的自动化监测系统。该自动化监测系统是由硬件（包括监测计算机及外部设备、通信网络设备、电源及防护设备、测量单元和传感器等）和大坝安全监测软件构成的。自动化监测系统可以大大提高设计、施工和安全管理大坝的能力。自动数据采集系统周期性地按需要测量、转换和处理物理信息，并且将这些信息传输到当地或远程的数据处理和管理系统，以便进一步分析、处理、生成图表和存入数据库。因此，自动化提供了监测大坝运行和及时获取大量监测信息的新技术。同时，也提高了尽早发现事故隐患的可能性，这样就可以及时发现异常情况，并尽快做出正确判断和采取有效的补救措施。

为了自动化监测系统能长期、连续、稳定地运行，发挥其应有的监控大坝安全的作用，系统总体技术要求如下。

1. 可靠性

为了使大坝安全监测自动化系统能长期、稳定运行，其可靠性是第一位的。只有自动监测系统具有低故障率和高可靠性，才能起到监视大坝安全的作用。对于系统的可靠性，应从系统结构、系统硬件和系统软件三个方面考虑。

（1）系统结构的可靠性。在系统设计时，应根据系统规模、监测内容各功能要求等选择合理的系统结构；从理论上讲，系统的结构越简单，其可靠性越高，设计时应在系统结构上避免过多的中间环节。

（2）系统硬件的可靠性。在设计时应选用国内外成熟且经过工程长期运行考验的仪器设备；同时应充分考虑硬件设备的环境适应能力，大坝安全监测系统的硬件设备均安装在大坝现场，其运行环境恶劣，且易遭受雷电和电磁干扰，系统的仪器设备及电缆均应具有足够的防雷和抗电磁干扰能力。

（3）系统软件的可靠性。在软件设计时，应充分考虑系统软件的可用性、容错性和监测数据的安全性。

2. 准确性

自动监测系统的准确性主要是指监测数据的准确性，这包括两个方面，即监测数据的正确性和精度。系统应在硬件和软件两方面采取措施，在测量过程中对监测数据正确性进行检验和识别，剔除那些错误和含粗大误差的数据。在测量精度方面，应以能满足工程监测需要为标准，避免因过于追求测量精度而降低了系统的可靠性。

3. 经济实用性

自动化监测系统在满足可靠性和准确性的基础上，还应考虑系统的经济实用性，主要是从两个方面进行系统的优化。一是从系统的结构方面，由于大坝安全监测项目和仪器较多，布置比较分散，为了将所有监测仪器接入测量控制单元（measurement and control unit，MCU），就需要很多信号电缆和通信电缆，在进行系统结构设计时，应对系统结构进行优化，选择合理数量的 MCU 及其安装位置，尽量减短电缆长度，这不仅可节省经费，对系统的防雷和抗干扰也有好处；二是从系统的监测仪器和设备方面，在选择监测仪器和设备时，在满足安全监测的需要和监测精度的要求前提下，应尽量选择性能价格比高的仪器设备，同时还应考虑到设备的兼容性和通用性，以便今后系统的维护和扩展。

4. 先进性

自动化系统的原理和性能应该具备先进性，根据需要采用各种先进技术手段、元器件，使系统的各项性能指标达到国内外同类系统的先进水平。

5.2 大坝安全监测自动化系统的分类

5.2.1 集中式监测系统

1. 系统结构

（1）集中式监测系统将传感器通过集线箱或直接连接到采集站的一端进行集中观测，如图 5.1 所示。在这种系统中，不同类型的传感器要用不同的采集站控制测量，由一条总线连接，形成一个独立的子系统。系统中有几种传感器，就有几个子系统和几条总线。

（2）所有采集站都集中在监测计算机附近，由监测计算机存储和管理各个采集站数据。采集站通过集线箱实现选点，如直接选点则可靠性较差。

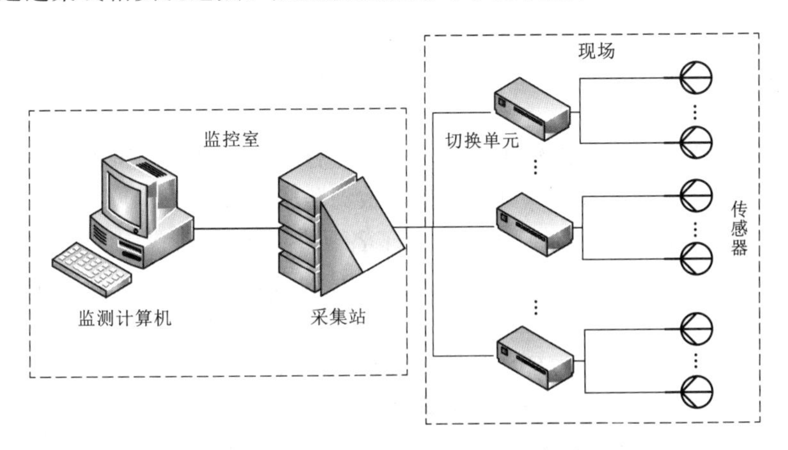

图 5.1 集中式监测系统结构示意图

2. 系统特点

（1）当传感器种类单一时，采集站数量与传感器个数没有关系，可减少采集站数量，降低成本。

(2) 因为采集站大都在监测计算机附近，与传感器距离较远。传感器信号在总线上传输时，将带来信号衰减及外界干扰等问题，使系统可靠度降低。

(3) 因众多的传感器接到一条总线上，一旦某种传感器总线或某台设备出现故障，则影响整个系统的观测。

(4) 系统组成不合理，因大坝布设的各类传感器数量并不均匀，造成各采集站负载不同，使系统负载不平衡。

5.2.2　分布式监测系统

1. 系统结构

(1) 分布式监测系统把数据采集工作分散到靠近较多传感器的采集站来完成，然后将所测数据传送到监测计算机，如图5.2所示。这种系统要求每个观测现场的采集站应是多功能智能型仪器，能对各种类型的传感器进行控制测量。

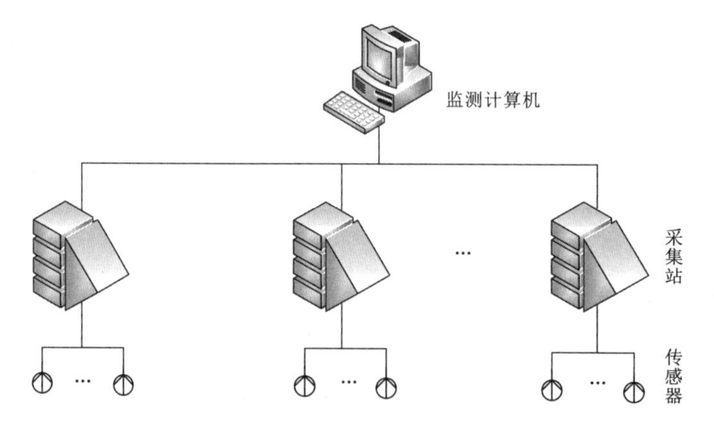

图5.2　分布式监测系统结构示意图

(2) 在这种系统中，采集站一般布置在较集中的测点附近，不仅起开关切换作用，而且将传感器输出的模拟信号转换成抗干扰性能好、便于传送的数字信号。

2. 系统特点

(1) 系统中采集站可根据系统规模大小及测点分布位置选择，可按标准化设计，使各采集站的功能相同，但配置不同（硬件配置可根据传感器种类而定）。

(2) 系统中各采集站软硬件通用，减少了备品备件数量和费用，维护方便，可靠性高，不会因局部故障影响整个系统的工作。同时因各采集站可同时工作，采集速度快、实时性强。

(3) 采集站位于现场的恶劣环境中，防潮条件要求高。

(4) 数据采集工作是在传感器附近完成的，不存在各种电子信号的远传问题。虽然主机与采集站间的通信线路距离较长，但线路上传输的是数字信号，抗干扰能力强，无需增加特殊处理措施。

5.2.3　云智慧监测系统

随着互联网技术和信息技术愈来愈广泛的发展，基于云计算的服务逐渐成为了IT行业及其相关应用行业的研究重点，也推进了水利工程安全监测自动化系统从数字式到智能式的发展。云智慧技术是由 VI（虚拟仪器）技术、互联网（物联网）、云计算和软件开发组成。

1. 系统结构

（1）基于云智慧技术的监测系统主要由三部分组成，即智慧前端监测硬件系统、云智慧服务软件系统和人机交互的用户终端，如图 5.3 所示。智慧前端监测硬件系统通过连接监测仪器，完成监测数据的自动采集，然后将数据传输至云智慧服务软件系统，完成数据的储存和管理，用户终端可通过互联网分析、下载监测数据和下达指令。

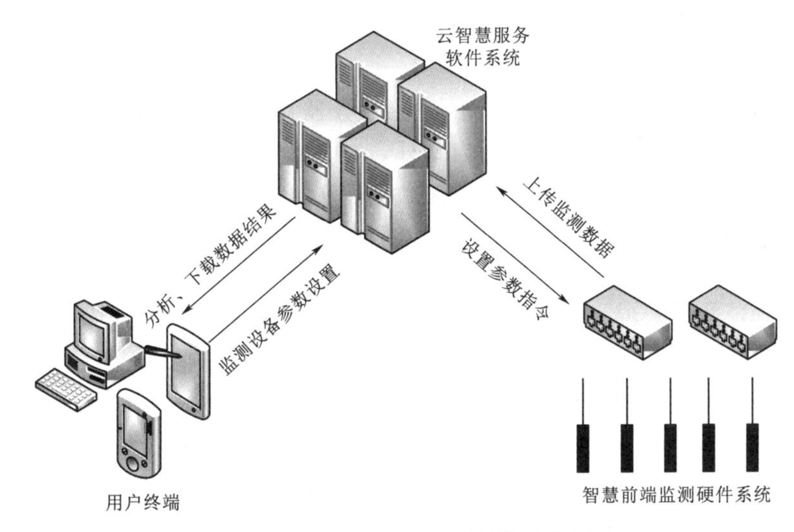

图 5.3 云智慧监测系统结构示意图

（2）云智慧服务软件系统是整个系统最核心的内容。系统可向前端监测设备发送参数设置和启停命令，可长期接收来自监测仪器的原始测量波形数据和指标数据，终端用户可随时随地通过互联网接入系统，然后根据个人权限对监测仪器进行远程操作，以及实现对监测数据的浏览、查询和对历史数据的趋势分析、下载等。

（3）可以对工程控制区域的水雨情、坝体、岸坡等进行有效监测，通过多通道动态监测装置、多线程接收系统以及安全监测物联网管理平台系统构成整体解决方案。系统由在线实时采集设备（硬件采集系统）、多网通道传输（网络系统）及水库云监管（软件系统）等组成，可实现全天候无间断的水雨情、现场实景、大坝安全运行等场景的在线监测。通过物联网、水利专网、互联网、卫星通道等网络通道，为日常防汛预警、异地应急沟通联络等多个场景提供网络服务。

2. 系统特点

（1）监测仪器可通过互联网与云智慧服务软件系统实现信息的远程传输和远程控制，可独立完成监测数据自动化采集，能够对前端监测设备的工作参数、状态进行修改以及软件升级。

（2）云智慧服务软件系统是连接用户和前端监测设备的“中间媒介”，是整个系统中的数据储存和处理中心，内置了数据库系统，并可以实现跨平台操作。

(3) 任何具有浏览器功能的终端设备均可通过互联网接入监测系统，进行远程操作和信息传输，同时可根据需要设置不同权限的登录用户对应不同级别的操作功能。

5.3 大坝安全监测自动化系统软件的功能

安全监测软件是大坝安全监测自动化系统的重要组成部分，具有数据采集和信息管理等功能，其中，信息管理又包括数据处理、资料管理、资料整编、资料分析、网络管理等。通过大坝安全监测系统软件，工程管理人员和决策人员可及时了解工程当前性态。安全监测系统软件能够为工程兴利、防洪调度决策提供科学依据，为工程的长期安全、经济运行提供可靠保证。

大坝安全监测系统的软件常采用浏览器/服务器模式结构（browser/server，B/S），除了数据采集服务程序要在监控主机上启动外，其他部分只要操作人员通过网络与服务器相连，即可通过浏览器进行访问，查询监测数据、图形、安全监测信息和评价结论。所以系统支持单机、工作组、网络运行方式，可以与局域网和广域网互联，数据库可与各种其他数据库互联，为其他系统提供数据接口或供其直接使用。操作人员可以远程控制 MCU 的数据采集，显示测量数据，并可将测量数据直接保存至服务器中的数据库内。

5.3.1 数据采集功能

数据采集功能实现计算机与 MCU 通信，完成监测数据的采集，其功能结构如图 5.4 所示。

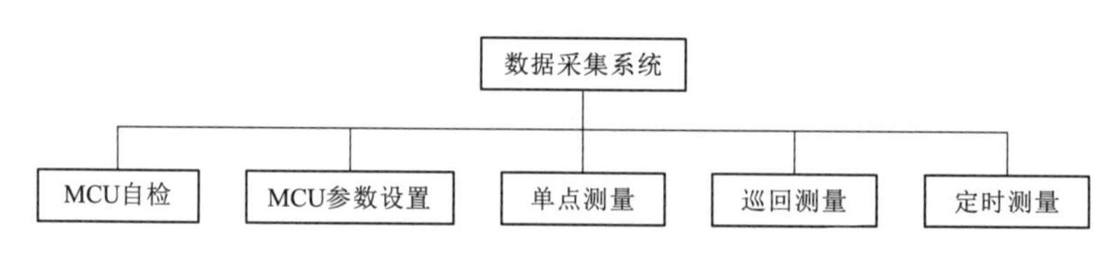

图 5.4 数据采集功能结构图

1. MCU 自检

MCU 自检是通过计算机与 MCU 通信，使 MCU 进行自检，并将自检结果返回至计算机，显示给操作人员，达到远程诊断 MCU 的目的。自检的内容包括以下方面：

(1) 通信：通过计算机尝试与 MCU 通信，确定计算机是否能够与 MCU 进行通信，诊断通信线路、MCU 通信模块是否存在故障。

(2) MCU 内部温度：通过检测 MCU 内部温度，检查 MCU 是否异常。

(3) MCU 工作电压：通过检测 MCU 工作电压，检查充电电路、蓄电池是否正常。

(4) MCU 充电电压：通过检测 MCU 充电电压，检查 MCU 交流供电是否正常。

(5) MCU 测量模块和通道：通过检测 MCU 测量模块和通道，识别模块和通道类型，确定其与所接传感器类型是否相符，保证测量正常。

2. MCU 参数设置

在 MCU 能够正常工作之前，要根据工程的具体情况，对 MCU 的参数和数据库中的各测点进行设置。设置的内容包括以下方面：

(1) 通信速率：根据计算机与MCU通信方式、通信介质，设置适当的传输速率，在保证传输可靠性的情况下，可使数据传输达到最快。

(2) 系统时间：设置MCU内部时间，使其与计算机时间同步。

(3) 通道配置：对MCU中各通道进行设置，主要设置的内容包括仪器类型、仪器指标、测量范围等，这样MCU可采取正确测量方式对通道进行测量。

(4) 公式设置：在数据库中设置各类型传感器从电测量到工程物理量的转换公式。数据采集软件在得到来自MCU的电测量时，可同时进行计算，得出工程物理量。在输入公式时，软件提供非常灵活的编辑方式，可以任意地输入包括＋、－、×、/、^(平方)、数字、指定参数在内的所有元数据的组合。

(5) 定时测量时间：设置定时测量开始时间、间隔时间，MCU据此进行定时测量。

3. 单点测量

单点测量用于测量某种仪器的某个测点的各种电测量（如渗压计的频率和温度）和相关仪器测量（如测量测压管内的孔隙水压力计，还要测量气压计），计算出工程物理量；具有打印和保存测量数据至数据库的功能。

4. 巡回测量

巡回测量用于测量一个MCU或多个MCU上的测点，所测仪器类型可以是一种，也可以是多种。得到电测量后，计算出工程物理量，还可以直接取上一次巡回测量数据。巡回测量时，数据采集软件以列表的形式给出与各MCU相连的仪器类型，供操作人员选择，能够对测量数据进行检查。当测量数据超出量程范围或事先设置的安全警戒时，将给出提示或告警。此外，能够按仪器类型打印测量数据和保存测量数据至数据库。

5. 定时测量

定时测量用于测量需定时测量仪器的各种电测量，计算出工程物理量，测量所得的电测量和工程物理量在列表中显示；能够按仪器类型打印测量数据和保存测量数据至数据库。定时测量数据可以是计算机自动读取，也可以是人工读取。

5.3.2 信息管理功能

大坝安全监测自动化系统软件对监测资料及其分析的成果，有关安全的设计、施工和运行资料，以及专家知识等，进行全面、科学和有序的管理，为在线监控和实时分析提供可靠的信息及友好的图形界面。因此，信息管理是安全分析与评价系统的基础。

大坝安全监测自动化系统软件对大坝原始监测信息进行有序的存放和管理，主要包括将监测资料有序地存储到原始数据库中，并提供对原始数据库的编辑功能，即录入、浏览、查询、图形显示、删除、修改、存储和打印功能。还可以通过交互界面查询数据库中的数据资料，查看和打印各种相关监测资料的关系图，比较直观地了解监测数据的变化趋势。

1. 安全监测数据库

根据分析与评价系统的流程和功能、各类数据的生成以及数据库管理系统的实施要求，大坝安全监测数据库大致可分为原始数据库和生成数据库，具体划分如下：

(1) 原始数据库。原始数据库包含工程和安全概况，设计、施工和运行的资料，监测系统仪器信息以及监测系统采集的数据等资料。根据数据库的内容可将其再划分为4个子库：

1）工程概况数据库。工程概况数据库包含工程概况、工程质量、工程运行管理情况、重要技术资料档案、材料参数资料。

2）监测仪器信息库。监测仪器信息库包含各类监测仪器的平面布置、测定编号、监测项目、埋设位置、工作情况、型号、技术参数、生产厂家、埋设日期等资料。

3）自动化采集和人工观测数据库。该库主要存储各监测项目如水位、温度、水平位移、垂直位移（沉降）、渗流等的观测记录。

4）日常巡检数据库。日常巡检数据库主要记录坝体、坝基及坝区、输泄水建筑物、泄洪建筑物等的安全状况。

（2）生成数据库。生成数据库包括资料整编数据库、模型分析数据库、综合评价数据库等。

1）资料整编数据库。资料整编主要依据规范、相关整编公式、仪器技术参数（如渗压计的率定参数等）等对原始观测物理量进行效应量转换，并生成各种效应量的列表统计（包括年报表、季报表、月报表等）、各观测物理量的时空分布特征图以及有关因素的相关关系图等。

2）模型分析数据库。用于存放所建立各类监控模型的特征数据（如因子的回归系数、常数项、复相关系数、标准差等）、结构和渗流程序计算的效应量（如变形、裂缝、闸基扬压力等）的数据等。

3）综合评价数据库。按照一定的格式存储工程稳定分析成果、渗流分析成果，以及综合评价成果等。

2. 信息管理功能结构及流程

信息管理功能结构如图5.5所示。它主要由数据录入、资料管理、图形管理、采集馈控和信息查询及发布等5个子系统以及分控组成。各个子系统的模块分布如下：

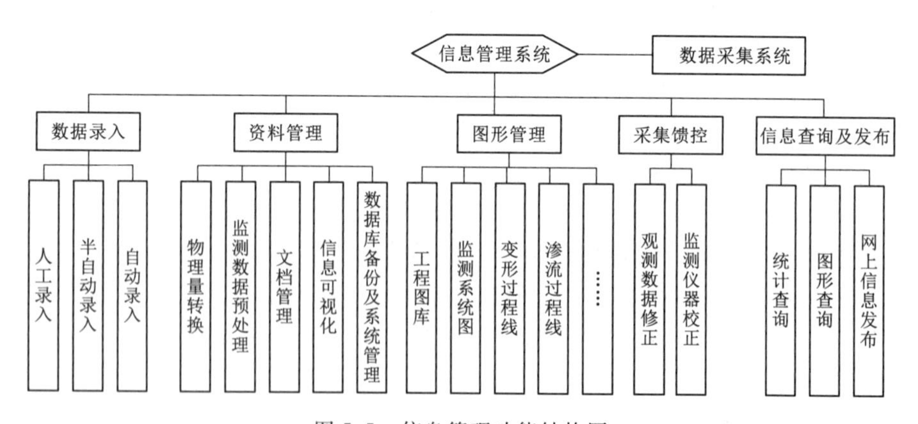

图5.5 信息管理功能结构图

（1）数据录入。按数据测量方式不同，数据的录入分3种方式。数据录入流程如图5.6所示。

1）人工录入：对于只能人工测量、人工记录的数据，系统提供数据录入界面，将测量数据输入到数据库中。

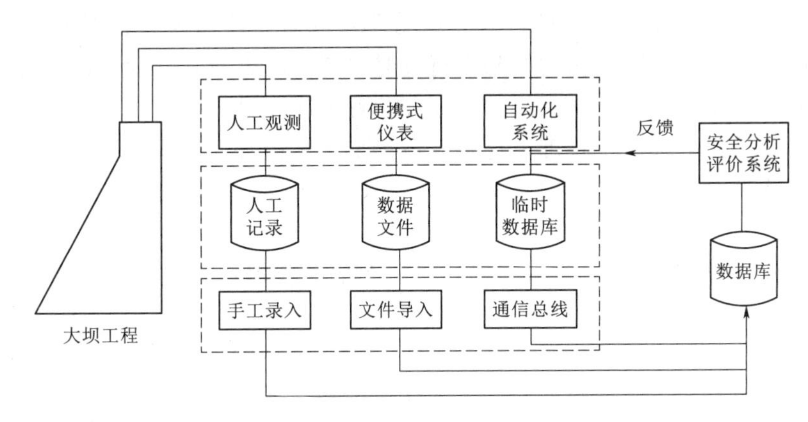

图 5.6 工程监测数据录入流程图

2）半自动录入：对某些无法连续自动测量的观测量，一般先用便携式仪表将测量数据自动采集并存储在仪表中，然后通过通信接口将测量数据录入到数据库中。

3）自动录入：所有在线监测的数据均可通过数据总线自动录入到数据库中。

（2）资料管理。资料管理主要对工程档案资料、监测数据、整编数据和生成数据等进行管理，包括物理量转换、监测数据预处理、文档管理、信息可视化、数据库备份及安全维护等功能。

1）物理量转换。对于录入到原始数据库中的各类实测数据，依据观测量转换公式以及参数率定，将监测物理量（频率、温度等）转换为监测数据量（渗压等）。在转换前对变形监测资料进行有效性检验，按照基准值进行转换，然后将转换结果存储到整编数据库中。输入数据按其特性分为两大类型：环境量和效应量。其中环境量包括水位、气温、降雨量等；效应量主要包括位移、渗流等几大类。

2）监测数据预处理。观测误差在工程安全监测中是客观存在的，依据其产生机理可分为三类：偶然误差、系统误差和粗差。系统首先对测量粗差进行检验，以保证测量数据的可靠性。监测数据预处理主要对安全监测的环境量及效应量进行特征值统计，包括对数据进行误差分析（误差种类识别和误差处理）。在监测资料整编时，根据所绘制图表和有关资料，及时进行信息初分析，分析各监测量的变化规律和趋势，判断有无异常值。信息初分析的重点是异常值的识别，如监测数据出现以下情况之一者，可视为异常：①变化趋势突然加剧或变缓，或发生逆转，而从已知原因不能对变化作出解释；②出现与环境量无关的变化速率；③出现超过历史相应条件下的最大（或最小）测值、数学预报值等。

3）文档管理。文档管理主要包括：①安全册管理：安全册包括安全情况摘要和重大事故登记两个部分，分别用于存储各建筑物的安全巡查记录报告和各建筑物的重大事故报告；②档案资料管理，对工程档案库中的资料进行管理；③现场检查表管理，对现场巡视检查表和其他一些现场检查表进行管理。

4）信息可视化。信息可视化是将资料信息以图形、报表形式显示，如过程线、特征值变化过程线、等值线图等。

5）数据库备份及系统管理。①数据库备份：定期对数据库进行备份。②系统管理：为保证系统的安全，必须对系统进行有效的管理，主要是指对操作及日常使用日志的管理。对操作的管理是对系统操作的权限进行及时、有效的更新和管理，以保证合法操作能正常使用系统，防止非法操作对系统的损坏和蓄意破坏。对日常使用日志的管理是对系统的运行状况以及操作记录进行管理，这是保证系统正常运行的重要措施。

（3）图形管理。图形包括监测系统仪器布置图，工程变形、裂缝、渗流等监测量的可视化图。

1）工程相关图形管理：主要对工程的相关图形如仪器埋设布置图、典型断面图等进行管理并提供查询。

2）过程线图绘制：具有对多个观测项目、多个测点同时绘制过程线的功能，并有形成三维视图、实时打印、剪切图形等功能。还可以根据需要，更改过程线的线型、颜色、背景等特性，以及隐藏线条等。

3）相关关系图绘制：可以绘制监测项目与环境量（上游水位、下游水位、降雨等）、监测项目之间、同一监测项目的相关性图，图中包含相关系数和相关方程，并可以将图形输出至 Word（可包含分析结果）。此外，可以绘制组合相关关系图，如绘制不同年份下的浸润线与上游水位、下游水位的组合相关关系图。通过查看不同年份的相关关系图，就可以直观地看出渗流性态的变化趋势。

4）浸润线绘制。可以实时绘制指定断面的坝基扬压力、坝基渗透压力和坝体浸润线，并与设计的理论浸润线比较，判断渗流是否安全。

5）等值线绘制。通过绘制等值线，可以直观地了解坝基或坝体内的渗流情况。

6）位移平面分布图绘制。根据位移变化情况绘制水平、垂直位移平面分布图等。

（4）采集反馈。采集反馈主要用于自动化监测系统。对自动化采集的数据首先进行资料实时检查分析，若判断数据异常，立即自动进行该测点仪器状态检查并补充加密数据采集；若经检查分析确证为观测故障，立即进行故障报警，并对仪器进行校正，排除故障后重测，修正监测数据。

（5）信息查询及发布。①查询：按照用户的要求和意图，对数据库中的数据资料按某个索引条件（如时间）进行检索查询。②网上信息发布：对工程安全监测的特征信息，通过系统进行针对性发布。发布对象包括水库主要领导和负责人等。相应安全监测信息分为公共信息、技术信息、各级领导信息，并包括 Web 系统的后台管理程序。

5.4 大坝安全监测自动化系统的设计

监测自动化系统应进行设计。监测自动化系统设计应以监控大坝安全为目的，遵循“实用、可靠、先进、经济”的原则，满足水电厂管理的需求。设计可分为可行性研究设计、招标设计和施工设计三个阶段。

监测自动化系统应统一规划，考虑工程施工、蓄水和运行的要求总体设计，具备条件时应尽早实施。监测自动化系统宜具备与大坝强振动监测系统联动的接口。监测自动化系统配套系统软件应采用中文操作系统。

5.4.1 设计原则

1. 监测内容选取原则

新建工程的监测自动化系统应根据大坝安全监测系统总体设计，选择如下项目实施自动化监测：

(1) 为监视大坝安全而设置的监测项目。

(2) 需要进行高准确度、高频次监测而用人工观测难以胜任的监测项目。

(3) 监测点所在部位的环境条件不允许或不可能用人工方式进行观测的监测项目。

(4) 拟纳入自动化监测的项目已有成熟的、可供选用的监测仪器设备。

2. 监测仪器选取原则

监测仪器设备应稳定可靠，在满足准确度要求的前提下，监测仪器设备的品种、规格宜统一，结构应简单，维护要方便。

5.4.2 设计内容

1. 可行性研究阶段

(1) 初步确定纳入监测自动化系统的监测项目、监测点及其布置。

(2) 初步确定纳入监测自动化系统监测仪器设备的技术指标和要求。

(3) 基本确定数据采集装置的布设、通信方式及网络结构设计、防雷接地设计，拟定供电方式。

(4) 基本确定大坝安全管理信息系统的功能要求。

(5) 初步确定施工技术要求。

(6) 初步确定考核与竣工验收要求。

(7) 编制投资概算。

2. 招标阶段

(1) 确定监测自动化系统的功能、性能和验收标准。

(2) 确定纳入自动化监测的项目、监测方式和测点数量，以及监测仪器设备的布置方案。

(3) 确定监测仪器设备的技术指标、要求和数量。

(4) 确定数据采集装置的布置设计、通信方式及网络结构设计。

(5) 确定电源、过电压保护、接地技术及设备防护措施。

(6) 确定系统设备配置方案。

(7) 根据工程的安全级别，结合工程的实际需求，确定大坝安全管理信息系统功能及相关配置要求。

(8) 提出系统运行方式要求。

(9) 提出施工技术要求。

(10) 提出考核与竣工验收要求。

3. 施工阶段

(1) 监测仪器设备布置及施工图设计。

(2) 配套土建工程及防雷工程施工设计。

(3) 确定自动化设备现场检验、自动化设备及通信设备的安装及调试、配套土建工程、防雷接地工程、系统集成和调试的具体方案。

（4）确定系统运行方式的要求。

5.5　大坝安全监测自动化系统的技术要求

5.5.1　系统环境要求

1. 正常工作条件

（1）工作环境要求。监测自动化系统监测站、监测管理站、监测管理中心站设备的工作环境应满足表5.1的要求。

表5.1　工作环境要求

名称	温度/℃	相对湿度/%
监测站	−10～50	≤95
监测管理站	0～50	≤85
监测管理中心站	15～35	≤85

（2）周围环境要求：①无爆炸危险，无腐蚀性气体，无严重霉菌，无剧烈振动冲击源，无导电尘埃；②监测站接地电阻不宜大于10Ω；③监测管理站、监测管理中心站接地电阻不宜大于4Ω。

2. 工作电源要求

（1）交流电源。①额定电压：交流220V，允许偏差为±10%；交流36V，允许偏差为±10%。②频率：50Hz，允许偏差为±2%。

（2）不间断电源（UPS）。无市电时，监测管理站及监测管理中心站UPS维持计算机设备正常工作时间不小于1h。

5.5.2　系统功能要求

（1）系统应具备巡测和选测功能，系统数据采集方式可分为应答控制方式和自动控制方式。①采集信号为模拟量、数字量；②采集数据的对象为差动电阻式、电感式、电容式、压阻式、钢弦式、差动变压器、电位器式、光电式和步进式等监测仪器，真空激光准直装置及其他测量装置；③定时采集周期可调。

（2）系统应有显示功能，应能显示建筑物及监测系统的总体布置、各子系统组成、采集数据过程线、报警状态显示窗口等。

（3）系统应有操作功能，应能在监测管理站或监测管理中心站的计算机上实现监视操作、输入/输出、显示打印、报告现在测值状态、调用历史数据、评估系统运行状态；根据程序执行状况或系统工作状况给出相应的提示；修改系统配置，进行系统测试和系统维护等。

（4）在外部电源突然中断时，系统工作参数及采集数据不丢失。

（5）系统应具备双向数据通信功能，包括数据采集装置与监测管理站计算机之间、监测管理站和监测管理中心站之间及监测系统与外部的网络计算机之间的双向数据通信。

（6）系统应具有网络安全防护功能；具有多级用户管理功能，设置有多级用户权限、多级安全密码，对系统进行有效的安全管理。

（7）系统应具有自检功能，及时提供自检信息。

（8）系统应配备大坝安全监测信息管理软件。该软件应有在线监测、离线分析、数据

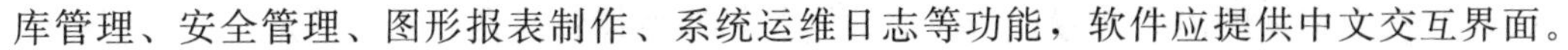

库管理、安全管理、图形报表制作、系统运维日志等功能，软件应提供中文交互界面。

(9) 系统软件应满足下列基本要求：①基于通用的操作环境，并满足单机、客户机/服务器(C/S)或浏览器/服务器(B/S)结构需要；②具有图文并茂的用户界面；③为用户提供通用的浏览器界面；④宜支持移动客户端。

(10) 系统除自动化采集数据自动入库外，还应具有人工输入数据功能，能方便地输入未实施自动化的测点数据或因系统故障而用人工补测的测点数据。

(11) 系统应备有与便携式计算机、测量仪表或移动终端通信的接口，能够使用便携式计算机、测量仪表或移动终端采集监测数据。

(12) 系统应具备防雷、防潮、防锈蚀、防动物破坏、抗震、抗电磁干扰等性能。

5.5.3 系统性能要求

(1) 系统宜具备下列采集性能指标：

1) 最小采集周期10min。

2) 系统采样时间。①巡测：无控制、常态/快速测量，小于30min；有控制、常态测量，小于1h。②选测(单点)：无控制、常态测量，小于1min；有控制、常态测量，小于10min；无控制、快速测量，小于0.5min。

(2) 系统的测量准确度应满足现行行业标准《大坝安全监测自动采集装置》(DL/T 1134—2022)的要求。

(3) 现场网络通信应符合下列要求：①系统通信方式为多层网络结构；②现场网络结构为主从结构或其他结构；③网络通信速率宜根据构建现场网络的通信方式，以通信稳定可靠为原则选定。

(4) 系统运行的可靠性应满足下列指标：①系统平均无故障时间(MTBF)是指两次相邻故障的正常工作时间(短时间可恢复的不计)，应大于6300h，计算方法见《大坝安全监测自动化技术规范》(DL/T 5211—2019)附录A；②系统自动采集数据缺失率不应大于3%，计算方法见《大坝安全监测自动化技术规范》(DL/T 5211—2019)附录B。

(5) 系统设备内置抗瞬态浪涌(瞬间出现的超出稳定值的峰值，包括浪涌电压和浪涌电流)能力应达到：①防雷电感应为500～1500W；②瞬态电位差小于1000V。

5.5.4 监测仪器要求

(1) 接入自动化系统的监测仪器，其技术指标应满足现行行业标准《混凝土坝安全监测技术规范》(DL/T 5178—2016)和《土石坝安全监测技术规范》(DL/T 5259—2010)的要求。

(2) 接入自动化系统的数字化监测仪器，其接口协议应开放。

5.5.5 数据采集装置要求

(1) 数据采集装置的功能、性能应满足现行行业标准《大坝安全监测自动采集装置》(DL/T 1134—2022)的要求。

(2) 数据采集装置应具有人工比测测量接口，人工比测时不应影响自动化系统的正常运行和接线配置。

5.5.6 网络通信设备要求

(1) 网络通信设备应满足系统通信网络设计的接口及功能实现要求。

（2）与安全相关的隔离装置、防火墙、网关等网络设备应通过安全认证。

5.5.7 监测管理站要求

（1）具备适合工业应用环境，有较高运算速率和较大储存容量的计算机，宜配置便携式计算机作为移动工作站，并宜配有打印机。

（2）能通过采集计算机终端对现场仪器设备进行采集和控制。

（3）采集计算机性能应满足：①CPU 正常负荷≤30%；②CPU 活跃负荷≤50%；③内存占用量≤50%；④外部储存器容量应保证可存储系统自动化采集及人工测量数据不少于 6 个月，宜留有 50%以上的裕度。

（4）不间断电源维持监测管理站设备正常工作时间不应小于 1h。

（5）在线采集软件应满足以下主要要求：①具有可视化中文用户界面，能方便地修改系统设置、设备参数及运行方式；能根据实测数据反映的状态进行修改，选择监测的频次和监测对象；②具有对采集数据库进行管理的功能；③具有图形、报表输出及格式编辑功能；④具有系统自检、自诊断功能，并打印自检、自诊断结果及运行中的异常情况，作为硬拷贝文档；⑤可提供远程通信、远程辅助维护服务支持；⑥具有自动报警功能；⑦均有运行日志、故障日志记录功能。

5.5.8 监测管理中心站要求

（1）监测管理中心站服务器性能应满足：①CPU 正常负荷≤30%；②CPU 活跃负荷≤50%；③内存占用量≤50%；④外部储存器容量应保证可存储系统自动化采集及人工测量数据不少于 24 个月，宜留有 50%以上的裕度；⑤单条数据计算时间不超过 1s；⑥单个监测点年度数据查询时间不超过 2s；⑦相关系统的数据实时传输在 10min 内完成。

（2）不间断电源维持监测管理中心站设备正常工作时间不应小于 1h。

（3）能完成大坝监测数据的管理及日常工程安全管理工作。

（4）能实现远程同有关管理部门及上级主管部门进行数据通信。

（5）大坝安全监测信息管理软件应满足现行行业标准《水电站大坝运行安全管理信息系统技术规范》（DL/T 1754—2017）的要求。

（6）系统数据库表结构及标识符宜满足现行行业标准《大坝安全监测数据库表结构及标识符标准》（DL/T 1321—2014）的要求。

（7）具备声光报警提示，宜通过移动终端实现监测数据的预警或报警。

5.6 大坝安全监测自动化系统的安装与调试

5.6.1 监测自动化设备安装

（1）监测仪器在接入监测自动化系统前，应对其工作状态进行现场检查、测试。

（2）各类线缆需要连接时，芯线之间应焊接牢靠，做好绝缘及防潮处理，线缆长度应留有一定裕量。

（3）各类线缆布线应整齐并标识，室外线缆应放入电缆沟、穿金属钢管或设金属线槽保护。

（4）数据采集装置宜安装在观测房内并做好接地连接，在室外安装时应设置防护装置。

（5）监测仪器设备支座及支架应安装牢固，确保与被测对象联成整体，支架应进行防锈处理。

（6）计算机等信息处理设备应安装在有空调的机房内。

5.6.2 监测自动化调试

（1）逐项检查监测仪器设备的安装方向，核对接入测点，检查仪器参数设置。在线采集软件中的相关参数配置应与实际接入的监测仪器正确对应。

（2）对有条件的监测项目及监测点，人工干预给予一定物理量变化，检查自动化测值能否正确反映外部变化。

（3）对每个自动化监测点进行快速连续测试，以检查测值的稳定性。

（4）有条件的监测项目及测点应同步进行人工比测。

（5）应做好数据衔接，对新老系统的测值关系和处理应作说明。

（6）逐项检查监测自动化系统功能，系统功能应满足设计要求。

（7）系统安装调试完成后，应提供系统安装调试报告，报告内容应包括监测自动化系统组成及配置，主要仪器设备型号、参数，以及系统测试情况等重要信息。

5.7 大坝安全监测自动化系统的考核与验收

5.7.1 系统考核

（1）系统中的线缆敷设、监测仪器的接入以及数据采集装置的安装等，应符合5.6.1节的要求。

（2）系统联机运行后应能实现下列功能：①数据采集、处理及数据库管理功能；②系统运行状态自检和报警功能；③监测自动化相关信息设置功能；④监测信息录（导）入功能；⑤图形绘制与报表制作功能；⑥监测资料整编功能；⑦权限及日志管理功能。

（3）系统时钟应满足在规定的运行周期内，系统设备最大月计时误差小于3min。

（4）系统运行的稳定性应满足下列要求：①试运行期监测数据的连续性、周期性好，无系统性偏移，能反映工程监测对象的变化规律；②自动化测量数据与对应时间的人工实测数据比较，变化规律基本一致，变幅相近；③选取工作正常的传感器，在被监测物理量基本不变的条件下，系统数据采集装置连续15次采集数据的中误差应达到监测仪器的技术指标要求，具体计算方法见《大坝安全监测自动化技术规范》（DL/T 5211—2019）附录C。

（5）试运行期内系统可靠性应满足5.5.3节中系统运行可靠性指标的要求。

（6）系统比测指标可用下列标准：系统实测数据与同时同条件人工比测数据的偏差δ保持基本稳定，无趋势性漂移；与人工比测数据的对比结果δ小于等于2σ，具体见《大坝安全监测自动化技术规范》（DL/T 5211—2019）附录D。

5.7.2 系统验收

（1）监测自动化系统的试运行期为一年，试运行期满后应进行正式验收。

（2）验收一般包括现场施工检查，系统软硬件功能、性能检查、测试，以及相关资料的审查等。

(3) 系统验收前应提交相关资料及技术报告：①设计单位应提交监测自动化系统设计报告；②施工单位应提交监测自动化系统竣工报告；③工程监理单位（如有）应提交监测自动化系统工程监理报告；④运行管理单位应提交监测自动化系统试运行总结报告；⑤监测自动化系统安装调试技术总结报告；⑥系统硬软件设备清单、系统硬软件使用说明书。

5.7.3 主要考核指标

(1) 有效数据缺失率。有效数据缺失率是指在考核期内未能测得的有效数据个数与应测得的数据个数之比。错误测值或超过一定误差范围的测值均属无效数据。因监测仪器损坏且无法修复或更换而造成的数据缺失，系统受到不可抗力及非系统本身原因造成的数据缺失，不计入应测数据个数。统计时，计数时段长度可根据大坝实际监测需要取1天、2天或一周，最长不得大于1周。有效数据缺失率FR的计算式为

$$\mathrm{FR}=\frac{\mathrm{NF}_i}{\mathrm{NM}_i}\times 100\% \tag{5.1}$$

式中：NF_i 为缺失数据个数；NM_i 为应测得的数据个数。

(2) 采集装置平均无故障工作时间。采集装置平均无故障工作时间是指考核期内两次相邻故障间的正常工作时间。故障是指采集装置不能正常工作，造成所控制的单个或多个测点测值异常或停测。平均无故障工作时间MTBF的计算式为

$$\mathrm{MTBF}=\sum_{i=1}^{n}t_i/\left(\sum_{i=1}^{n}r_i\right) \tag{5.2}$$

式中：t_i 为考核期内，第 i 个测点或采集单元的正常工作时数；r_i 为考核期内，第 i 个测点或采集单元出现的故障次数，当第 i 个测点或采集单元在考核期内未发生故障时，取 $r_i=1$；n 为系统内测点或采集单元总数。

(3) 单测点比测指标。取某测点考核期自动化监测和人工比测相同或相近的时间的测值进行相关性分析，一般采用过程线比较或方差分析进行对比。过程线比较是取某测点相同时间、相同测次的自动化测值和人工测值，分别绘出自动化测值过程线和人工测值过程线，进行规律性和测值变化幅度的比较。方差分析是取监测点试运行期自动化监测和人工比测相同时间、相同测次的测值，分别组成自动化测值序列和人工测值序列，计算其标准差 σ_z、σ_r；再设某一时刻的自动测值为 X_{zi}，人工测值为 X_{ri}，则两者差值为

$$\delta_i=|X_{zi}-X_{ri}| \tag{5.3}$$

取 $\delta_i\leqslant 2\sigma$，其中均方差的计算公式为

$$\delta=\sqrt{\delta_z^2+\delta_r^2} \tag{5.4}$$

式中：δ_z 为自动化测量精度；δ_r 为人工测量精度。

(4) 短期测值稳定性。自动化系统短期测值稳定性考核主要通过短时间内的重复性测试，根据重复测量结果的中误差评价。

根据大坝结构和运行特点，假定在较短时间内库水位、气温、水温等环境量基本不变，则相关监测值也应基本不变。通过自动化系统在短时间内连续读 n 次（如 $n=15$），读数分别为 $x_1,x_2,\cdots,x_n$，由 n 次读数计算中误差，据此评价读数精度及测值稳定性。n 次实测数据算术平均值 $\overline{x}$ 的计算公式为

$$\overline{x}=\sum_{i=1}^{n}x_i/n \tag{5.5}$$

对短时间内重复测试的数据，用贝塞尔公式计算出短期重复测试中误差 σ，作为采集装置的精度，评价是否达到厂家的标称技术。其计算公式为

$$\sigma=\sqrt{\frac{\sum_{i=1}^{n}(x_i-\overline{x})^2}{n-1}} \tag{5.6}$$

5.8 大坝安全监测自动化系统实例

5.8.1 丹江口水利枢纽大坝安全监测自动化系统

（1）工程概况。丹江口水利枢纽位于湖北省丹江口市汉江与其支流丹江汇合处下游800m处，枢纽工程由挡水建筑物、泄洪建筑物、发电建筑物、通航建筑物、灌溉引水渠首建筑物等组成，是一座具有防洪、发电、灌溉、航运和养殖效益的大型水利工程。

枢纽设计正常蓄水位170m，坝顶高程176.6m，总库容290.5亿 m^3。挡水建筑物由混凝土坝和两岸土石坝组成，总长2494m。其中混凝土坝长1141m，最大坝高97m，河床坝段长582m，为宽缝重力坝，两岸联接坝段右岸长339m、左岸长220m，均为重力坝；左岸土石坝全长1223m，最大坝高56m；右岸土石坝长130m，最大坝高32m。主要监测项目有变形、渗流、应力、应变及温度、库区地壳形变等。

（2）监测项目。

1）水平位移观测。河床中的直线形坝段采用引张线法，位于两岸的联接坝段采用前方交会法、坝顶视准线法和精密导线法。共布置有四条引张线，分别位于101m高程和159m高程。

2）垂直位移观测。对于坝基垂直位移观测，在每一坝段基础灌浆廊道中心线与坝段中心线的交点处，设垂直位移测点一个；19号～31号坝段上游面防渗板的基础廊道内相间一个坝段设一个测点。坝顶垂直位移测点设在7号、10号、15号、18号、21号、27号、31号、35号等坝段上，位于坝顶中央部位，测点埋设普通水准点标志。

3）挠度观测。采用一线多点式正垂线进行观测，共设置10条正垂线，每条正垂线上一般自上而下设置2～3个测点。

4）坝基扬压力观测。坝基扬压力观测的原则是纵向全面观测与重点横断面观测相结合，共布置测孔136个，全断面观测10处。

5）坝基渗透压力观测。重点坝段的渗压观测剖面选在坝段中心线左右，从上游面至下游面依上密下疏的原则布点。为了解坝面排水管的减压效果，在排水管前后另设渗压测点。

6）坝基渗漏量。坝基渗漏量观测是在坝基排水孔中进行的，根据各个不同地质单元配合帷幕进行布置，全坝共设排水孔494个，其中19号～31号坝段是主要渗漏区，为重点观测坝段。

7）应力、应变及温度监测。混凝土的应力、应变观测包括混凝土坝体应力、应变，

钢筋应力，混凝土自生体积变形等项目，均采用埋设差动式电阻应变计和应力计的方法进行；温度观测包括了坝体与基础温度观测、库水温度观测。

8）土石坝监测。水平位移观测重点是观测坝顶心墙平面位置的变化，在坝体纵坡变化较大、土层厚、圆曲线的顶部及折点等部位均布置测点，坝坡处水平位移的测定用视准线法，坝顶处采用单三角形法；垂直位移观测在坝顶、上游面（150m、160m 高程）、下游面（160m、154m 高程）各布设一排测点，左岸共计 83 个测点，右岸共计 6 个测点，按二等水准测量的要求施测，设立固定测站，循固定路线进行；渗流监测以左岸土石坝为重点，设立土石坝浸润线、坝基渗水压力、山体地下水、渗流量、渗流水透明度等观测项目；压力观测主要有土压力、孔隙水压力、混凝土防渗墙应力等观测项目。

（3）系统组成。丹江口水利枢纽大坝安全监测自动化系统主要由综合管理客户端、信息查询系统、数据库管理系统三部分组成，如图 5.7 所示。各部分主要功能如下：

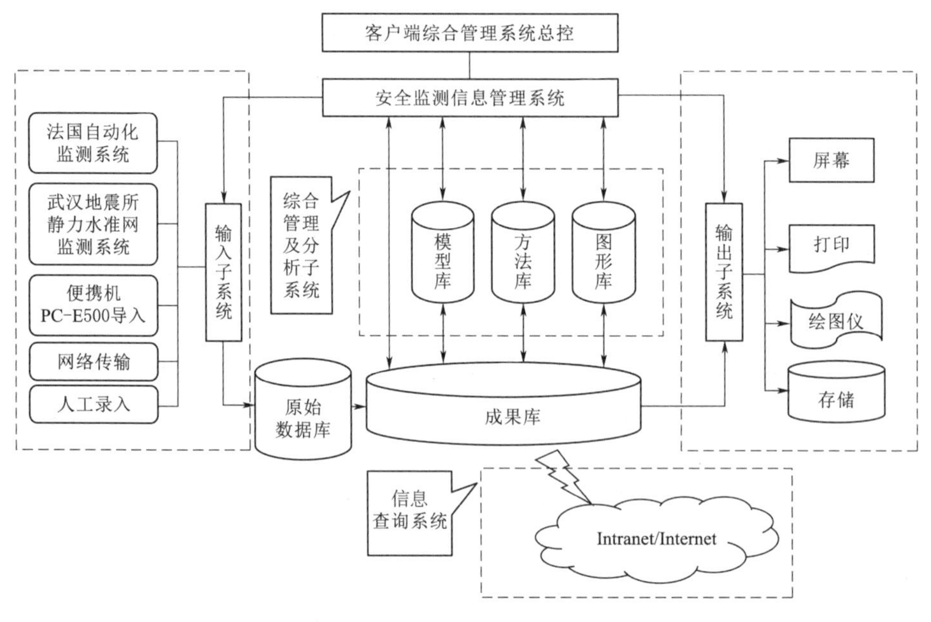

图 5.7　丹江口水利枢纽大坝安全监测自动化系统组成结构示意图

1）综合管理客户端：可以运行在局域网内任何一台 PC 机上，多个客户端程序可以在互不干扰的同时运行在多台工作站上；为整个系统提供主要操作界面，由输入子系统、输出子系统、综合管理及分析子系统三个子系统实现系统的主要功能。

2）信息查询系统：可以运行在局域网内任何一台装有浏览器的工作站上，实时查询大坝安全监测信息，如成果测值、测点参数信息、测点过程线等。

3）数据库管理系统：负责对大坝观测信息进行存取、检索等管理。此部分主要包含始测值数据库、成果测值数据库、测点参数库、图形库、模型库、人工巡视检查信息库、方法库等。

（4）技术优势。

1）引进了许多观测新技术、新设备，如用精密导线测定非直线形转弯坝段的水平位移，引进法国大坝自动监测装置，应用 EMD－S 型遥测垂线坐标仪观测大坝变形等。

2）采用了多层分布式应用技术，使得系统具有更好的可扩展性、可维护性和安全性。在多用户的情况下，可以减小系统的网络流量，提高系统的运行效率。

3）在设计安全监测数据库时，充分考虑到了实际监测系统中不同的实体型和它们之间的联系，减少了数据冗余，能够有效保证数据的完整性和安全性。

5.8.2 鹊山水库大坝安全监测自动化系统

（1）工程概况。鹊山水库位于济南市天桥区黄河北岸济南段北展区末端，总库容 4600 万 m^3，兴利库容 3930 万 m^3，堤顶高程 32.24m，最大坝高 9.6m，坝长 11.63km，坝顶宽 7m。大坝安全自动化监测包含表面位移、内部位移、地下水位、库水位和降雨量等监测内容。

（2）监测方案。大坝表面位移监测共设 12 个监测点，1 个基准站，分布在坝顶，间隔 1km；固定式测斜仪共布置 12 个，分布在表面位移监测点附近；渗压计共布设 48 个，分 12 个断面，每个断面 4 个点；浮子式水位计布设在水面平稳、受风浪和泄流影响较小、便于设备安装和观测的机房附近；雨量计分布在控制中心楼顶。

（3）系统组成。鹊山水库大坝安全监测自动化系统由三部分组成：数据采集子系统、数据传输子系统、数据分析及管理子系统（监控中心），如图 5.8 所示。其中数据采集子系统由安装在水库坝体表面、内部以及其他区域的各项监测设备组成；采集的原始数据通过由无线信号搭建而成的数据传输子系统进行传输；原始数据流传到监控中心软件进行自动解算、分析。

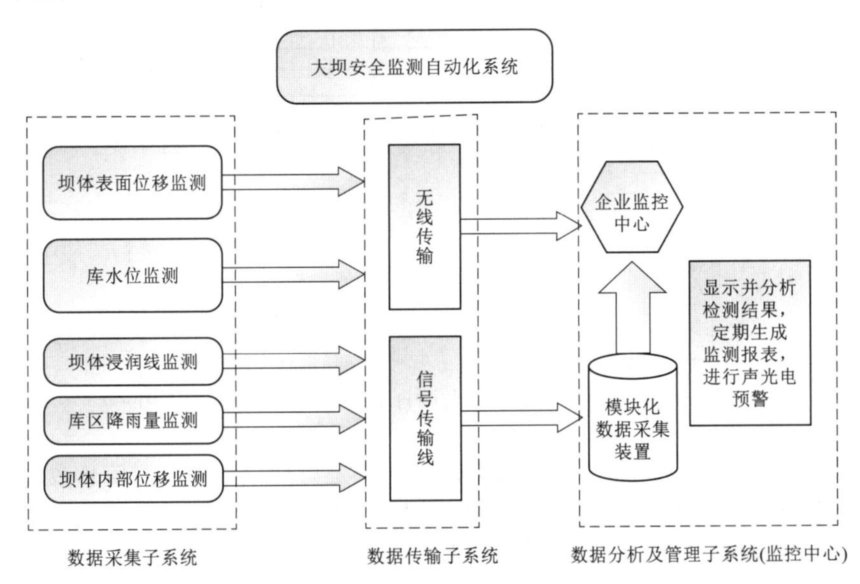

图 5.8 鹊山水库大坝安全监测自动化系统组成结构示意图

（4）技术优势。①监测系统可实时、准确获取水库表面位移、库水位、浸润线、降水量和坝体内部位移等检测数据；②采用无线通信技术，可将采集的原始数据实时传输至监控中心；③系统实时自动存储、解算、显示监测数据，减少人工干预，节省人工成本；

④系统采用模块化架构，兼容多类传感器设备。

5.8.3　珊溪水库大坝安全监测自动化系统

（1）工程概况。珊溪水利枢纽位于浙江温州市，是一个以防洪为主，兼顾供水、发电、旅游和渔业等综合利用的大型水利枢纽工程。主要枢纽建筑物由混凝土面板堆石坝、溢洪道、电站厂房及引水隧洞等组成。最大坝高132.5m，坝顶长度448m。在左岸山坡设开敞式溢洪道，溢洪闸共5孔，每孔净宽12m，总库容为18亿m^3，正常蓄水位达124m。

（2）监测项目。对于珊溪水利枢纽变形监测，布置了坝区高程控制网和平面控制网，同时布置了比较全面和多样的原型观测仪器设备；大坝观测项目包括坝体外部变形、坝体内部变形；混凝土面板监测项目有面板挠度、应力、应变，及温度、接缝变形；渗流观测项目有坝基渗透压力、接缝渗透压力；溢洪道有边坡变形观测、水力学观测、厂房后边坡变形观测等。

（3）监测系统。如图5.9所示，监测系统结构主要包括五部分：信息查询维护子系统、二维可视化子系统、三维可视化子系统、模型分析子系统、预报预警子系统。各部分主要功能如下：

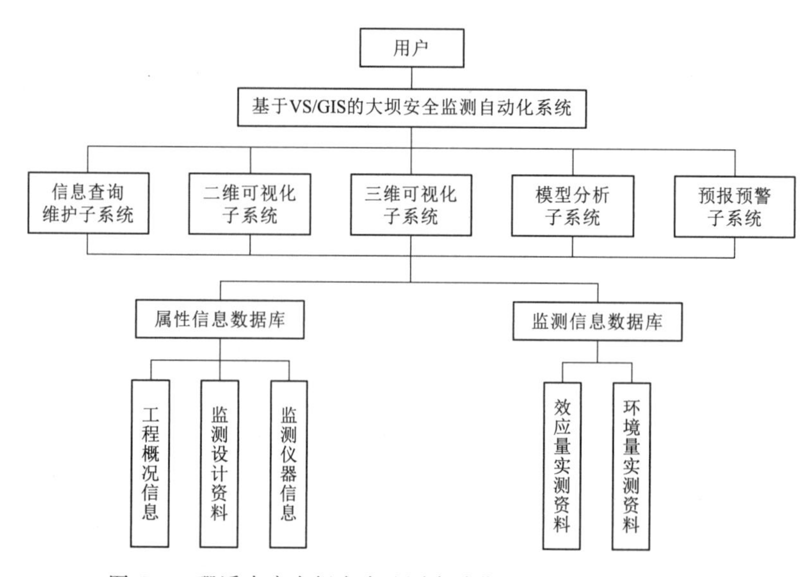

图5.9　珊溪水库大坝安全监测自动化系统组成结构示意图

1）信息查询维护子系统。系统的数据信息主要是属性信息和监测信息数据。属性信息包括工程概况信息、监测设计资料及监测仪器信息等，是由底图所承载的。监测信息则包括效应量实测资料和环境量实测资料，是由监测仪器测得的。运用GIS强大的信息存储、处理功能，能够对系统的属性信息进行查询与维护。因此本系统主要是在系统上利用ArcMap进行属性数据的编辑与删除等操作，并通过ArcGIS与外部数据库的链接编辑监测数据。

2）可视化子系统。可视化子系统包含二维可视化子系统和三维可视化子系统，具有以下功能：①地图基本浏览功能，实现了包括全图显示、地图的放大缩小、地图漫游等

GIS的基本功能；②属性查询功能，在系统中应用识别工具，直接点击要素，查询其所处位置，则显示要素基本属性信息；③查找要素功能，使用查找工具可以在指定的图层中搜索全部字段或某特殊字段的某要素，选择要素后在系统中高亮显示；④地图量测功能，使用量测工具实现了距离和面积的精确测量，通过捕捉功能可以使点、线精确定位；⑤超链接功能，通过超链接将属性信息的查询扩展到了更多的数据形式，包括图片、视频、网站等，直接应用超链接工具，点击设置了超链接功能的要素，则实现超链接功能；⑥鹰眼功能，在主地图中进行放大、缩小、移动等操作，系统主界面左下方的鹰眼图中也会跟着发生相应的变化，通过鹰眼功能可以更清楚地了解当前主地图在整幅地图中的位置；⑦三维模型展示，能够加载三维场景，并实现场景的放大、缩小、平移、通览全图、场景飞行等基本功能，更形象、更直观地将大坝构造及监测点的设置展示给用户。

3）模型分析与预报预警子系统。大坝监测分析工作包括定性和定量分析两大类。监测模型是分析工作中的重要工具。系统设置了监测模型分析功能，可根据工程需要嵌入不同监测模型的模块。本系统通过调用监测模型分析模块，对监测数据进行建模分析和预测。在可视化子系统的监测数据显示窗口中，通过单击数据分析按钮，即可实现系统与监测模型插件的连接。通过调用监测数据进行建模计算，将实测值与模型拟合值比较分析，对大坝的安全状况进行监测及预警预报。

（4）技术优势。①结合ArcGIS和专业建模软件SketchUp建立大坝三维地理信息模型，最大程度地重建并还原了大坝所处的三维环境，实现了大坝安全监测系统的三维可视化，能给用户带来真实的三维效果体验；②基于VS与GIS平台构建大坝安全监测系统，设计大坝安全监测系统的整体框架，解决系统的关键技术问题，实现了信息查询维护、可视化、监测数据建模分析和预报预警等主要功能；③采用Visual Basic语言，编程实现了多元统计回归模型和灰色GM（1，1）模型的建模计算，对监测数据作出合理的分析预测，并通过VS平台将编好的监测数据分析程序嵌入大坝安全监测系统，实现系统与监测数据分析程序间的无缝连接；④对不同的坝型，系统可以使用不同的插件连接数据库及分析模型，具有很好的通用性和扩展性。

思 考 题

（1）大坝安全监测自动化系统的类型有哪些？系统结构怎样构成？有什么特点？

（2）大坝安全监测自动化系统的硬件由什么组成？有什么功能？

（3）大坝安全监测自动化系统设计的原则是什么？各阶段设计的主要内容有哪些？

（4）大坝安全监测自动化系统的技术要求有哪些？

（5）大坝安全监测自动化系统的安全和调试的内容有哪些？

（6）大坝安全监测自动化系统的考核和验收的内容有哪些？

第6章 大坝安全监测资料分析

6.1 监测资料分析内容

大坝安全监测资料整理的方法和内容通常包括监测资料的收集、整理、分析、安全预报和反馈及综合评判和决策五个方面。

(1) 收集，包括监测数据的采集以及与之相关的其他资料收集、记录、存储、传输和表示等。

(2) 整理，包括原始观测数据的检验、物理量计算、填表制图、异常值的识别剔除、初步分析和整编等。

(3) 分析。通常采用比较法，作图法，特征值统计法和各种数学、物理模型法，分析各监测物理量值大小、变化规律、发展趋势，进行原因量和效应量间的相关关系和相关程度正分析，以及对水利工程的安全状态和应采取的技术措施进行评估决策。其中，数学、物理模型法有统计学模型、确定性模型、混合性模型，还有最近发展起来的模糊数学模型、灰色系统理论模型、神经网络模型等。在确定性模型和混合性模型中，通常要配合采用反分析方法进行物理力学模式的识别和有关参数的反演。

(4) 安全预报和反馈。应用监测资料整理和正、反分析的成果，选用适宜的分析理论、模型和方法，分析水利工程面临的实际问题，重点是安全评估和预报，补充加固措施和对设计、施工及运行方案的优化，实现对水利工程系统的反馈控制。

(5) 综合评判和决策。综合所收集的各种信息资料，应用系统工程理论方法，在整理、分析和反馈各单项监测成果的基础上，采用有关决策理论和方法（如风险性决策等），对各项资料和成果进行综合比较和推理分析，评判水工建筑物和水利工程的安全状态，制定防范措施和处理方案。综合评判和决策是反馈分析工作的深入和扩展。

本章主要对监测资料的收集、整理和分析等内容进行介绍，评判决策等内容见第7章，反馈和反分析等相关内容可参考相关研究生教材。

6.2 监测资料的整理和整编

监测资料的整理是将从现场观测到的原始资料数据计算加工成便于分析的成果资料。对年度监测资料或多年监测资料进行收集、整理、审定，并按一定规格编印成册，称为监测资料整编。在资料整理、整编的过程中，一般要对监测数据进行检验，再计算成相应的物理量，还要编制监测成果报表，通过绘图直观反映相应物理量的空间分布和时间变化，最后加以编制说明，装订成册。

6.2.1 原始监测数据的检验

原始监测数据是在现场通过监测仪器和相应的观测方法采集得到的数据，因此，在现场观测时应首先检查操作方法是否符合规定，并且各项数据在观测时都有相应的限差（见3.2.3节），不同观测量相应的限差也不同，各类观测量要满足观测限差要求，否则要重测。

数据中的粗差（疏失误差）采用物理判别法及统计判别法检验，应在数据采集后马上进行。根据相应的准则进行检查、判断和推断，对确定为异常的数据要立即重测，对无法重测的粗差值应予剔除。

数据中的系统误差采用相应的方法检验和鉴别，对检验出的系统误差要分析发生原因，并采取修正、平差、补偿等方法加以消除或减弱。

数据中的偶然误差通过重复性量测后，用计算均方根偏差的方法评定其实测值观测精度，尤其对于经过多个测量环节、多次计算的数据，要根据相应的观测环节进行精度分析，根据误差传递理论推算其最终间接得到的数据的最大可能误差，对其精度作出相应评价。

6.2.2 监测物理量计算

原始观测数据经过检验合格后，须根据相应的方法换算为监测物理量。水平位移包括准直法、正垂线监测、倒垂线监测的位移效应量。垂直位移监测中，水准基点、工作基点、测点的引测、校测、监测记录，按《国家一、二等水准测量规范》（GB/T 12897—2006）中的记录要求执行。渗流效应量计算包括扬压力和渗流量效应量计算。其中扬压力效应量计算包括扬压水位计算、扬压水柱计算和渗压系数计算。应力应变及温度监测效应量计算包括混凝土总应变计算、混凝土应力应变计算、单轴应力应变计算、接缝开合度计算、钢筋应力计算、混凝土压应力计算、温度计算以及根据实测单轴应力应变计算混凝土应力。

在上述监测物理量计算过程中，注意对多余观测数据换算时应先做平差处理，物理量的正负号按照有关规范确定。若规范中未统一规定的，应根据观测开始所定义的符号规定。

物理量计算应注意如下几点：①方法合理，计算准确；②计算公式正确反映转换量之间的物理关系，计算参数的选取要合理；③计算单位采用统一的国际单位；④计算有效数字位数应与采集仪器读数精度相匹配；⑤计算成果要经过全面校核、重点复核、合理性审查等，确保成果准确无误。

各次监测效应量的计算结果与其基准值有关，应慎重确定观测基准值，如：埋设在混凝土内部的监测仪器的基准值选取与混凝土的特性、仪器性能以及周围的温度有关。

【例6.1】和【例6.2】分别是钢弦式和差阻式传感器的物理量计算实例，可让读者深入认识物理量的计算问题。

【例6.1】表6.1展示了钢弦式钢筋计监测物理量的计算原理，根据钢筋计基本参数（G和K）、模数R和温度T的监测数据，计算得到钢筋应力F的值。注意：与2006-07-06对应的是第一次测量（基准值）；监测数据计算中要考虑温度补偿。钢筋计的数据计算公式为：$F=G(R-R_0)+K(T-T_0)$。其中，G、K、R和T的含义见表6.1；R_0和T_0分别是模数和温度的初值。

表 6.1　　钢弦式钢筋计监测数据计算表

仪器编号	20059668		设计编号	R19－7
直线系数 G	0.047767 kN/digit		桩号	坝左 0＋075.400
温度系数 K	－0.037 kN/℃		埋设高程/m	302.369
观测时间	模数 R	应力 F/kN	温度 T/℃	备注
2006－07－06	2716.6	0.000	38.5	基准值
2006－07－08	2694.7	46.776	37.0	以压应力为正
2006－07－09	2677.3	45.919	37.7	
2006－07－10	2659.0	45.053	37.5	
2006－07－11	2638.6	44.086	37.3	
2006－07－12	2642.0	44.263	36.9	

注　表中有下横线的数字为实测值；digit 为计数单位。

【例 6.2】表 6.2 展示了差阻式单向应变计监测物理量的计算方法，根据应变计基本参数、应变计串联电阻 R 和电阻比 Z 的实测数据和无应力计实测的自生体积变形 ε_g，计算得到混凝土应变值。监测物理量计算中要考虑温度补偿。计算公式已经在表格中列出。

6.2.3 监测成果报表编制及绘图

监测物理量数值包括环境因素变量数值和结构效应变量数值，输入计算机后生成相应的月报表和年报表，以及在重要情况下的日报表等。报表格式统一采用相应规范的格式。表格中资料中断处相应的格内应填以缺测符号“—”，并在备注栏内说明原因。

对于各类监测物理量需绘制图形，以直观反映它们随时间的变化过程线和空间分布图，以及相关图和过程相关图。变化过程线一般包括单测点、多测点过程线，以及同时反映环境量变化的综合过程线；空间分布图包括一维分布图、二维等值线图或立体图；相关图包括点聚图、单相关图及复相关图；过程相关图应依时序在点位间标出变化轨迹及方向。

6.2.4 监测资料整编

监测资料整编的时段一般为一个日历年，每年整编工作须在次年汛前完成。整编对象为水工建筑物及其地基、边坡、环境因素等各监测项目在该年的全部监测资料。整编工作主要将上述资料进行汇集，并对观测情况进行考证、检查、校审和精度评定，编制整编观测成果表及各种曲线图，编写观测情况及资料使用说明，将整编成果刊印成册等。

对观测情况考证的项目有：各观测点平面坐标、高程、结构、安设情况、设置日期、起测时间以及基准值的考证，仪器仪表率定参数及检验结果的考证，监测参考基面高程考证，基准点稳定性考证等。

整编时对观测成果所做的检查主要是合理性检查。检查各观测物理量的计（换）算和统计是否正确、合理，特征值数据有无遗漏、谬误，有关图件是否准确、清晰，并通过将监测值与历史测值对比，与相邻测点对照以及与同一部位几种相关项目间数值的对应关系，检查工程性态变化是否符合一般规律等。对检查出的不合理数据，应作出说明。

观测成果校审主要是在日常校审基础上的抽校、对时段统计数据的检查、对成果图表

表 6.2　差阻式单向应变计监测数据计算表

设计编号	S3-B-78	出厂编号	03-149	埋设日期		2004-05-21		混凝土线膨胀系数 a/℃$^{-1}$	10.99×10^{-6}			
基准温度值 T_j/℃	30.1		温度系数 α/(℃/Ω)			4.45		温度修正值 b/℃$^{-1}$	11.3×10^{-6}			
电阻比基准值 Z_j/(0.01/%)	10023.5		零度电阻值 R_0/Ω			82.1		最小读数 f'/(0.01%)$^{-1}$	3.42×10^{-6}			
日期	电阻值 R/Ω	电阻变化 ($\Delta R=R-R_0$)/Ω	温度 ($T=\Delta R\alpha$)/℃	温度变化 ($\Delta T=T-T_j$)/℃	温度补偿值 [$\varepsilon'=(b-a)\Delta T$]/℃	电阻比 Z/(0.01/%)	电阻比变化 ($\Delta Z=Z-Z_j$)/(0.01/%)	总变形 $\varepsilon''=f'\Delta Z$	总应变 $\varepsilon_m=\varepsilon'+\varepsilon''$	自生体积变形 ε_g	应变 $\varepsilon=\varepsilon_m-\varepsilon_g$	备注
2004-05-27	86.67	4.57	20.3	−9.8	−3.0	10030.8	7.3	25.0	21.9	−7.2	29.2	负值表示压应变
2004-05-28	86.61	4.51	20.1	−10.0	−3.1	10030.3	6.8	23.3	20.1	−4.9	25.0	
2004-05-30	86.01	3.91	17.4	−12.7	−3.9	10035.5	12.0	41.0	37.1	6.6	30.5	
2005-05-17	83.79	1.69	7.5	−22.6	−7.0	10021.0	−2.5	−8.6	−15.5	−21.9	6.4	

注　表中数字为已知的应变计参数及其监测数据，有下横线的数字为实测值。

格式的统一性检查、对同一数据在不同表中出现时的一致性检查以及全面综合审查。

整编时须对主要监测项目的精度进行分析评定或估计，列出误差范围，以利于资料的正确使用。

整编中的观测说明一般包括观测布置图、测点考证表、仪器设备型号、参数等说明，观测方法、计算方法、基准值、正负号规定等简要介绍，以及考证、检查、校审、精度评定的情况说明等，尤其要注重工程存在的问题、分析意见和处理措施等是否正确。整编成果中，应编入整编时段内所有的观测效应量和原因量的成果表、曲线图以及现场检查成果。

整编成果的质量要求是项目齐全、图表完整、考证清楚、方法正确、资料恰当、说明完备、规格统一、数字正确。成果表中应根除大的差错，细节性错误的出现率不超过1/2000。

整编后的成果均应印刷装订成册。大型工程的观测整编成果还应存入计算机的磁盘或光盘，整编所依据的原始资料应分册装订存档。

6.3 监测数据的误差分析

监测资料是大坝及基础性态的真实反映，包含着大坝运行状态的宝贵信息，但监测系统实测的原始监测数据不可避免地存在误差或错误，不应直接使用，须经过分析和整理以消除明显的错误和各种误差，使其成为能够反映大坝及其基础性状规律的可靠信息，其中最主要的就是对监测数据进行误差处理，保证监测资料的信息可靠。

6.3.1 误差的来源

在监测过程中，误差产生的原因可以归纳为以下几个方面：

（1）监测仪器误差。用于监测大坝效应量的传感器和数据采集仪表本身存在误差，会引起监测数据误差。

（2）环境误差。环境误差是各种环境因素与规定的标准状态不一致，而引起的监测装置和监测效应量的变化所造成的误差。无论是传感器还是数据采集仪器都在标准环境条件下进行过标定，并以此标定成果为基础进行监测和效应量计算，而实际监测环境条件与标准条件会有不同。通常监测仪器仪表在规定正常工作条件下的误差称为基本误差，而超出此条件时的误差称为附加误差。

（3）方法误差。方法误差是监测方法不完善所引起的误差。任何监测方法都不尽善尽美，监测方法的不完善会引起监测误差。各类监测效应量的监测方法不同，带来的监测误差也不同。

（4）人员误差。人员误差是监测人员受分辨能力的限制、工作疲劳引起视觉器官变化、固有习惯以及由于精力上的因素，产生的一时疏忽等误差。

6.3.2 误差的分类

按照测量误差对观测结果的影响，一般可将误差可分为系统误差、偶然误差和粗差。

6.3.2.1 系统误差

系统误差是指在偏离规定监测条件下，多次监测同一量时绝对值和符号保持恒定的误差；或在该监测条件改变时，按某一确定规律变化的误差。它是由于监测设备、仪器、操作方法不完善或外界条件变化引起的一种有规律的误差。按对误差掌握的程度，系统误差可分为已定系统误差和未定系统误差，前者误差绝对值和符号确定，后者误差绝对值和符号不确定，但通常可估计出误差范围。按误差出现规律，系统误差可分为不变（恒定）系统误差和可变系统误差。前者根据误差绝对值和符号固定分为恒正系统误差和恒负系统误差；后者的误差绝对值和符号变化，按变化规律又可分为线性系统误差、周期性系统误差和复杂规律系统误差等。

在大坝安全监测中，量具不准引起的测长误差、差动电阻式仪器电缆氧化引起的误差以及压力表不准引起的扬压力监测误差等均为系统误差。监测中的系统误差通常对多个测点或多次测值都有影响，且影响值和符号有一定的规律。系统误差会使监测值增大或减小一个常数，使测值产生趋势性时效变化，或使测值产生周期性变化等。因此，除在监测中应尽量采取措施消除或减少系统误差外，还应在监测资料分析时努力发现和消除系统误差的影响。

6.3.2.2 偶然误差

偶然误差（又称随机误差）是实际监测条件下，多次监测同一监测量时，绝对值时大时小、符号时正时负，以不可预定方式变化着的误差。它是由若干偶然原因引起的微量变化的综合作用所造成，是一种随机误差。产生偶然误差的原因可能与监测设备、方法、外界条件、监测人员的感觉等因素有关。偶然误差对监测值个体而言似乎没有规律、不可预计和控制，但其总体服从统计规律，可以应用数理统计理论估计它对监测结果的影响。

在大坝安全监测项目中，每个测点的监测值都存在偶然误差，如：变形监测时，瞄准仪器十字丝与觇标中心不密切重合的照准误差，读数标时的读数误差；采用容积法监测渗漏水时的计时误差、水量读数误差等。偶然误差可能由环境温度变化和气流扰动引起的仪器微小变化、监测人员感觉器官临时的生理变化、空气中的折光变化等综合产生，普遍存在且一般难以消除。系统误差经消除后的残存值也可视为偶然误差。

6.3.2.3 粗差

粗差是一种在规定条件下超出预期的误差，是由某些不正常因素造成的与事实明显不符的误差。粗差一般是由观测人员的疏忽引起的，是一种错误数据，明显歪曲了测量结果，如仪器操作错误、记录错误、计算错误、小数点串位、正负号弄反等。监测分析时应认真检查以发现此类错误并予以剔除。

6.3.3 误差的识别与处理

如前所述，大坝原始监测资料存在误差，甚至还难免有错误，难以直接引用，须经过分析和整理，识别其中的误差并予以剔除，从而使其成为能够反映大坝及其性状规律的可靠信息。其中误差处理的关键在于误差识别，误差识别和剔除一般采用人工判断和统计分析两种方法。

6.3.3.1 人工判断法

人工判断法是通过与历史或相邻的观测数据相比较，或通过所测数据的物理意义判断数据的合理性。为能够在观测现场完成人工判断的工作，应把以前的观测数据（至少是部分数据）带到现场，做到在观测现场随时校核、计算观测数据。在利用计算机处理时，计算机管理软件应提供所有观测仪器上次观测数据的一览表，以便人工采集时参照，也可在观测原始记录表中列出上次观测的时间和数据栏，其内容可以由计算机自动给出。人工判断的另一主要方法是作图法，即通过绘制观测数据过程线或监控模型拟合曲线，以确定可能误差点。人工判别后，再引入包络线或 3σ 法判识。

该方法操作简易，适用于监测数据较少或较为明显的误差。但对于较复杂的异常测值，常难以得出明确的结论，并且在实际工作中耗时耗力、效率低下，要求分析者具有扎实的坝工理论知识、丰富的坝工经验和监测经验，主观因素影响较大，缺乏严格、客观的理论基础。

6.3.3.2 包络线法

将监测物理量 f 分解为各原因量（水压、温度、时效等）分效应 $f(h)$、$f(T)$、$f(t)$ 等之和，用实测或预估方法确定各原因量分效应的极大、极小值，即可得监控物理量 f 的包络线。然后，绘制相应的过程线图，比较监控物理量与预估监控物理量的最大、最小值，进而确定监测资料中的误差点，能够在人工判别的基础上进一步识别和处理监测资料中的误差。

$$\left.\begin{aligned}\max f=\max f(h)+\max f(T)+\max f(t)+\cdots\\ \min f=\min f(h)+\min f(T)+\min f(t)+\cdots\end{aligned}\right\}\tag{6.1}$$

6.3.3.3 统计分析法

3σ 法又称拉依达准则，它假设监测数据只含有随机误差，通过计算处理得到标准偏差，按一定概率确定误差区间，认为超过这个区间的误差就不属于随机误差，而是粗大误差，应予以剔除。3σ 准则如图 6.1 所示，其原理如下。

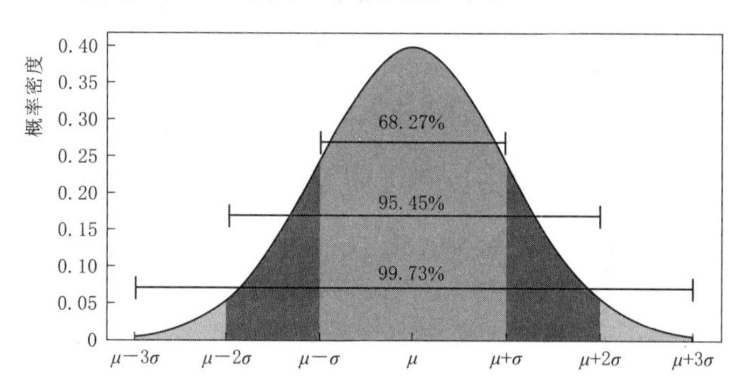

图 6.1 3σ 准则示意图

μ—均值；σ—标准差

假设进行了 n 次观测，所得到的第 i 个测值为 U_i $(i=1,2,\cdots,n)$，连续三次观测的测值分别为 U_{i-1}、U_i 和 U_{i+1} $(i=2,3,\cdots,n-1)$，第 i 次观测的跳动特征定义为

$$d_i=|2U_i-(U_{i-1}+U_{i+1})|\tag{6.2}$$

跳动特征的算术平均值为

$$\overline{d}=\left(\sum_{i=2}^{n-1}d_i\right)/(n-2)\tag{6.3}$$

跳动特征的均方差为

$$\sigma=\sqrt{\sum_{i=2}^{n-1}(d_i-\overline{d})^2/(n-3)} \tag{6.4}$$

相对差值为

$$q_i=|d_i-\overline{d}|/\sigma \tag{6.5}$$

如果 $q_i>3$ 就可以认为它是异常值，可以舍去或用插值方法得到它的替代值。该方法局限于服从正态或近似正态分布的监测资料处理，且当监测资料较少时用其进行误差处理不够可靠。因此，在监测资料较少的情况下，不宜采用该准则。

6.3.3.4 数学模型法

数学模型法根据已有的坝工理论和实践经验，利用监测资料序列建立定量描述监测效应量（如变形、渗流、应力等）与影响因子（如水位、温度、降雨等）之间统计关系或确定性关系的数学表达式，从本质讲也属于统计分析法。数学模型的建立方法详见 6.5 节。

该法能紧密结合影响监测效应量的影响因子，反映大坝监测效应量的本质属性，对粗差的检验具有明确的理论基础。但当监测资料精度较低或监测资料序列较短时，难以建立高精度的数学模型，结果可能失真。

6.4 监测资料的定性分析

6.4.1 过程线绘制和分析

以时间为横坐标，环境量或大坝效应量测值为纵坐标绘制测值过程线。考察测值过程线，了解该测值随时间的规律及变化趋势，分析其变化有无周期性，最大、最小值数值，一年或多年的变幅程度，各时期变化速率，有无反常升降，有无不利趋势性变化等。在效应量测值过程线图上还可以同时绘上环境因素过程线，如水位、温度、降水量等，以此了解测值和这些因素的变化是否相对应，周期是否相同，滞后多长时间，两者变化幅度的大致比例等。在同一图上可同时绘有多个测点或多个项目的监测值过程线，通过比较了解它们相互间的联系及差异所在。典型的过程线图如图 6.2～图 6.4 所示。

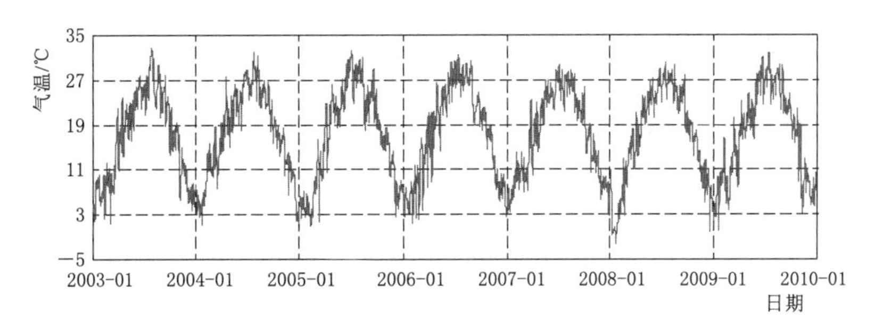

图 6.2 某坝址多年日平均气温变化过程线

6.4.2 特征值统计分析

对效应量、环境量测值集合进行特征值统计分析，以了解测值的变化范围以及与环境因素的关系等。特征值通常指算术平均值、均方根均值、最大值、最小值、极差、方差、标准差等，必要时还需统计变异系数、标准偏度系数、标准峰度系数等离散和

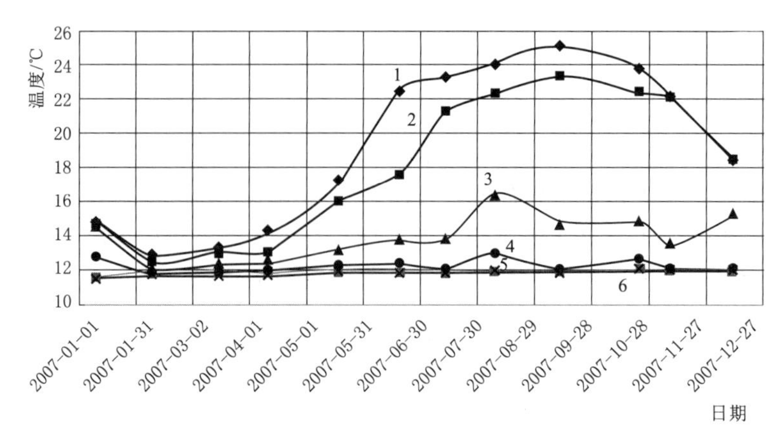

图 6.3　某大坝上游不同高程水温变化过程线

1～6—高程由高到低的6个侧点

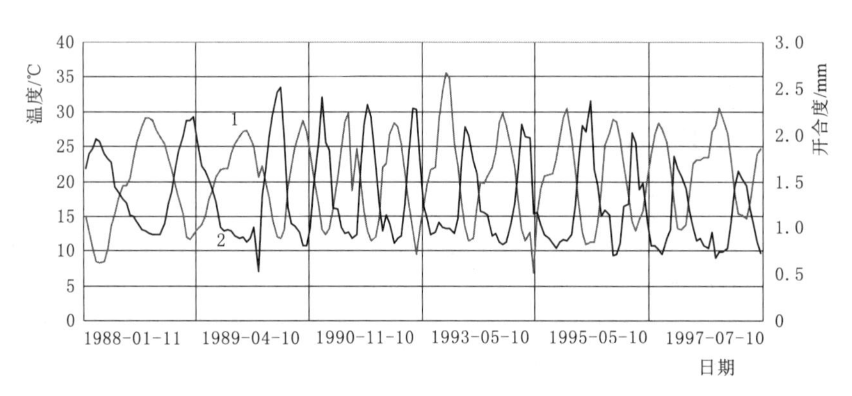

图 6.4　某拱坝横缝开合度（灌浆质量不好）及相应温度变化过程线

1—测点温度；2—测点开合度

分布特征。

6.4.2.1　环境量特征值统计

1. 水位特征值统计

水位特征值统计主要是对上、下游水位进行统计。

(1) 日平均水位计算。水位变化缓慢或等时距监测时，日平均水位采用算术平均法计算，即各次水位监测值之和除以监测次数。等时距监测即本日第一次到次日第一次监测的24h内各测次时距相等，0时到第一次监测与最后一次监测到24时的时距不要求相等。

水位日变化较大且不等时距监测时，采用面积包围法求算日平均水位，即由本日0时至24时水位过程线所包围的面积除以一日的时间求得。设各时距 $t_1, t_2, \cdots, t_n$ 间监测到水位值为 $H_0, H_1, H_2, \cdots, H_{n-1}, H_n$，则该日的平均水位 $\overline{H}$ 可用下式计算：

$$\overline{H}=\frac{1}{48}[H_0t_1+H_1(t_1+t_2)+H_2(t_2+t_3)+\cdots+H_{n-1}(t_{n-1}+t_n)+H_nt_n] \tag{6.6}$$

若该日0时或24时没有实测水位记录，则应根据其前后测次的水位和时间，用直线插补法求出0时或24时的水位后，再按式（6.6）计算。

（2）最高、最低水位及相应变化幅度统计。为了解大坝运行条件，对上、下游水位通常统计下列特征值：年、月、日平均值；年内最高、最低值及其出现日期，年水位变化幅度；超出某一高水位的日数及日期，低于某一水位的日数及日期。根据施工和蓄水期间监测资料分析需要，可以统计某一特定时段的水位平均值、变幅、最高值、最低值和变化速率等。

2. 气温特征值统计

气温是影响大坝工作性态的主要环境因素之一。它对大坝上下游水温、坝体温度和坝基温度有直接影响，从而影响到大坝的变形、应力以及渗流等效应量。气温特征值统计主要统计平均气温、最高气温、最低气温和变化幅度等，常用的气温特征值有：一年的日、月、旬、年平均气温，最高气温，最低气温和相应变化幅度；多年的日、月、旬、年平均气温，最高气温，最低气温和相应变化幅度。一般需要统计出年、月、旬平均气温（当年及多年），年内最高、最低气温值及其出现日期，年内气温极差（最高气温与最低气温差值），超出（或低于）某一气温的日数及日期。

（1）日平均气温计算。设一日内在各时间点i测得的气温序列为 t_i（$i=1,2,\cdots,24$），则日平均气温 $\overline{T}$ 有以下三种计算方法：

$$\overline{T}_1=\frac{1}{24}\sum_{i=1}^{24}t_i \tag{6.7}$$

$$\overline{T}_2=\frac{t_2+t_8+t_{16}+t_{20}}{4} \tag{6.8}$$

$$\overline{T}_3=\frac{t_{dmax}+t_{dmin}}{2} \tag{6.9}$$

式中：t_i 为 i 时的气温监测值；t_{dmax} 和 t_{dmin} 分别为日最高和最低气温测值。

式（6.7）的计算值最接近真实日平均气温，式（6.8）与式（6.9）的计算值差值小于0.5℃，式（6.9）最简便，计算值误差为0.3～1.0℃。

多年日平均温度则取多个年份每年该日的日平均温度求算术平均值。

（2）月、旬、年平均温度计算。设 t_{ji} 为某年 j 月 i 日的平均温度，m_j 为 j 月的天数，则 j 月的月平均气温：

$$\overline{T}_{m_j}=\frac{1}{m_j}\sum_{i=1}^{m_j}t_{ji} \tag{6.10}$$

j 月上旬的旬平均气温：

$$\overline{T}_{j1}=\frac{1}{10}\sum_{i=1}^{10}t_{ji} \tag{6.11}$$

j 月中旬的旬平均气温：

$$\overline{T}_{j2}=\frac{1}{10}\sum_{i=11}^{20}t_{ji} \tag{6.12}$$

j 月下旬的天数为 n_j，则相应下旬平均气温：

$$\overline{T}_{j3}=\frac{1}{n_j}\sum_{i=21}^{20+n_j}t_{ji} \tag{6.13}$$

年平均气温：

$$\overline{T}_y = \frac{1}{12}\sum_{i=1}^{12}\overline{T}_j \tag{6.14}$$

多年月、旬、年平均气温计算方法类似。

(3) 水温特征值统计。水温因受监测方法的限制，测次及监测数据远少于气温监测数据，统计时同样采用算术平均方法，统计出水温相应的平均值、最高值和最低值以及相应的出现时间等。

(4) 坝体温度特征值统计。坝体温度是坝体热状态的表征。坝体温度场的变化会引起坝体变形、渗流等效应量的变化。对于混凝土坝，尤其是混凝土拱坝，还会引起坝体温度应力改变。坝体温度变化对混凝土坝影响比较明显，一般只有混凝土坝有坝体实测温度，因此对温度的分析主要是混凝土坝温度分析。坝体温度特征值主要统计坝体不同时期的最高温度、最低温度、平均温度等。

3. 降雨量特征值统计

大坝渗流和岸坡地下水位变化与降雨有关，尤其是岸坡坝段的坝基扬压力，一般降雨量大，则扬压力增大。此外，大坝渗流的变化与降雨变化有一定的滞后现象，比如扬压力孔水位与前期降雨量有关等。降雨特征值主要统计最大降雨量及其出现日期、最大月降雨量及其出现月份和年降雨量。

6.4.2.2 效应量特征值统计

大坝安全监测效应量主要有变形、渗流、应力应变三类。变形有坝体变形、坝基变形、坝区变形、坝体接缝变形等；渗流有坝基扬压力、坝体渗压或渗流水位、坝肩地下水位、坝体及坝基渗流量等；应力应变有坝体混凝土应力应变、钢筋应力、锚杆应力等。它们都是在环境因素作用下产生的效应量，其量值大小和变化与相应的环境因素相对应。统计出大坝安全监测效应量在不同阶段的最大值、最小值以及相应发生时间、平均值等，以了解效应量的变化范围，及其对环境量变化的敏感程度等。特征值极值统计见表6.3。

表6.3　特征值极值统计表示例

测点	极大值	日期	极小值	日期	最大年变幅	年份	最小年变幅	年份	最大年平均值	年份	最小年平均值	年份

6.4.3 对比分析

对比分析是将效应量监测值与其历史极值、相同条件下测值、相关效应量及环境量测值、设计计算值、模型试验值、安全监控值及预测值进行比较，以对测值作出判断的一种方法。

1. 与历史测值比较

将测值与其历史测值比较，先与上次测值比较，属于连续渐变还是突变；与历史最大、最小值比较，是否有突破；与历史上同条件（环境量作用情况相近）的测值比较，差异程度和偏离方向（正或负）如何。如果测值较前次测值有突变，或者突破了历史极值，或者较历史上相同条件下测值偏离较大，则要分析原因。

2. 与相关的资料对照

与测值相关的资料主要有相邻测点的同类效应量测值资料、相邻点的其他效应量测值资料、相应的环境量测值资料等。

(1) 与相邻测点的同类效应量测值资料比较，检查其差值是否在正常的范围内，分布是否符合历史规律。与能相互印证的其他效应量测值比较，检查其有无不协调的异常现象。例如在混凝土重力坝坝踵基岩面同时布置有基岩变形、坝体与基岩接缝变形、坝基面压应力等效应量监测项目，若测值资料反映出基岩变形为压缩变形，坝体与基岩接缝呈闭合状态，坝基面应力为压应力，则认为上述效应量测值之间是协调的，它们所反映的坝踵性态在性质上是一致的，其测值可以起到相互印证的作用。

(2) 与相应的环境量测值比较，主要检查效应量测值变化是否与环境量测值变化相对应。

图 6.5 为某心墙土石坝下游坝壳料测压管水位与上游库水位的对比，两种物理量测值变化规律类似，都有年周期波动的趋势，但二者变化并不完全同步，测压管水位相对于库水位的变化有一定的滞后性。

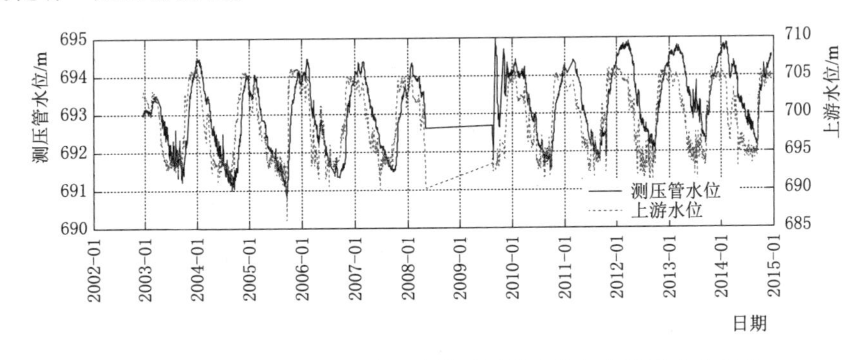

图 6.5 某心墙土石坝下游坝壳料测压管水位与上游库水位对比

3. 与设计计算值和模型试验值比较

设计计算值和模型试验值与大坝安全监测值在量值上存在差异，比较时主要检查其变化和分布趋势是否相近。进行数值比较时，应注意设计计算工况和模型试验以及大坝安全监测效应量计算基准取值时相应工况的影响，并进行相应的变换处理，使两者具有可比性，再比较数值差别程度，测值是偏大还是偏小等。

4. 与规定的安全监控值和预测值比较

将监测值与相应的安全监控值比较，检查测值是否超限；与预测值比较，检查差值是偏于安全还是危险等。

通过上述对比分析初步判为异常的测值，若在现场，应先检查计算有无错误，量测系统有无故障，如未发现疑点，应及时重测一次，以验证测值的真实性。经多方比较判断，确信该监测量为异常值时，应及时报告。

6.4.4 分布图比较分析

以横坐标表示测点位置，纵坐标表示测值绘制的台阶图或曲线为测值沿空间的分布图。考察测值的分布图，可以了解监测量随空间而变化的情况，得知其分布有无规律，最大、最小数值出现在什么位置，各测点之间特别是相邻测点间的差异大小、是否有突变等；对于图上同时绘有坝高、弹性模量、地质参数的分布图，可以了解测值分布是否与它们有对应关系以及关系如何。对于图上绘出的同一项目不同时期的多条分布线，可以由它了解测值的演变情况。而对于绘有同一时间多个项目测值的分布线簇，可对比它们的同异而判知各项目之间关系是否密切，变化量是否同步等情况。

常见的分布图有坝前水温分布图、坝体温度分布图、混凝土坝基扬压力分布图、混凝土坝体及坝基排水量分布图、坝体变形分布图以及坝体应力分布图等。图6.6为某土石坝典型日的水平位移分布图。

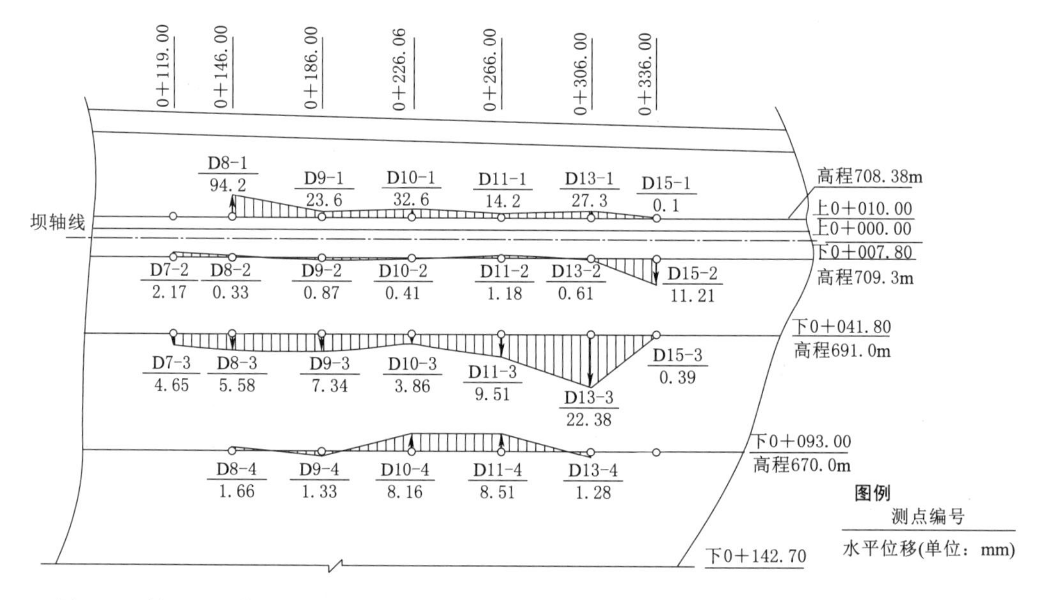

图6.6 某土石坝典型日的水平位移分布图（低水位为691.02m；时间为2000年7月7日）

6.4.5 相关图比较分析

以纵坐标表示测值，横坐标表示环境量因素，所绘制的散点加回归线的图则为测值与环境因素的相关图。图6.7为某土石坝上游坝壳测压管水位与上游库水位相关关系图。

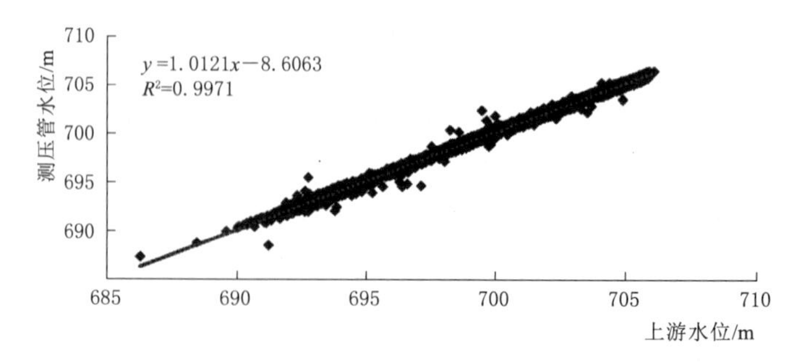

图6.7 测压管水位与上游库水位相关关系图

在相关图上把各次测值依次用箭头相连，并在点据旁标上观测时间，称为过程相关图。在过程相关图上可以看出测值随时间的变化过程、环境因素变化影响以及测值滞后于环境因素的变化程度等。测值与环境因素的相关图上把另一环境因素标在点据旁（如在水位-位移关系图上标出温度值），则可以看出该环境因素对测值变化的影响情况。当影响明显时，还可以绘出该因素等值线，这就是复相关图，表达了两种环境因素与测值的关系。考察测值和环境量之间的相关图、复相关图或过程相关图，除可了解效应量与环境量因素之间的直观关系外，还可以从各年度相关线（或点据）位置的变化情况，发现测值有无系统的变动趋向、有无突出异常点等。

6.5 安全监测的统计模型

大坝与坝基的监测物理量大致可以归纳为两大类：第一类为荷载集，如水压力、泥沙压力、温度（包括气温、水温、坝体混凝土和坝基的温度）、地震荷载等；第二类为荷载效应集，如变形、裂缝开度、应力、应变、扬压力或孔隙水压力、渗流量等。通常将荷载集称为自变量或影响因子（用 $x_1,x_2,\cdots,x_k$ 表示），荷载效应集称为因变量（用 y 表示）。

在实际坝工问题中，影响一个事物的因素往往是复杂的。例如大坝位移，除了受库水压力（水位）影响外，还受到温度、渗流、施工、地基、周围环境以及时效等因素的影响；扬压力或孔隙水压力受库水压力、岩体节理裂隙的闭合、坝体应力场、防渗工程措施以及时效等影响。因此，在寻找因变量与因子之间的关系式时，不可避免地要涉及许多因素。实践证明，仅靠理论分析计算很难得到与实测值完全吻合的结果，但脱离基本理论的分析，也难以解析工程中存在问题的力学机制，因此两者是相辅相成的。合理的方法是根据对大坝和坝基的力学和结构理论分析，采用确定性函数和物理推断法，科学选择统计模型的因子及其表达式，然后依据实测资料用数据统计法确定模型中的各项因子的系数，建立回归模型。借此推算某一组荷载集时的因变量，并与其实测值比较，以判别建筑物的工作状况，对建筑物进行监控。同时，分离方程中的各个分量，并用其变化规律分析、估计大坝与坝基的结构性态。

本节以混凝土坝和土石坝的变形和渗流统计模型的建立过程为例进行讲解，其他监测项目的统计模型请参考相关资料。

6.5.1 混凝土坝变形的统计模型

6.5.1.1 变形统计模型的因子选择

众所周知，在水压力、扬压力、泥沙压力和温度等荷载作用下，大坝任一点产生一个位移矢量 δ，其可分解为水平位移 δ_x、侧向水平位移 δ_y 和竖直位移 δ_z，见图 6.8。

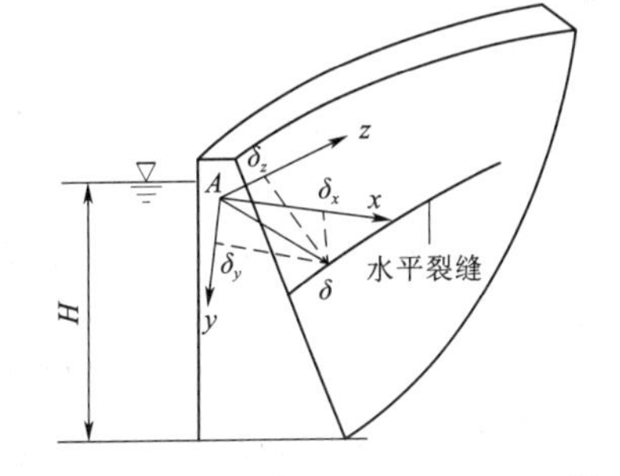

图 6.8 位移矢量及其分量示意图[2]

按其成因，位移可分为三个部分：水压分量（δ_H）、温度分量（δ_T）和时效分量（δ_θ），即：

$$\delta(\delta_x \text{或} \delta_y \text{或} \delta_z)=\delta_H+\delta_T+\delta_\theta \tag{6.15}$$

从式（6.15）看出，任一位移矢量的各个分量 δ_x、δ_y、δ_z 具有相同的因子，因此下面重点研究引起位移 δ_x（以下简称 δ）的因子选择。

1. 水压分量 δ_H 的因子选择

在水压作用下，大坝任一测点产生水平位移（δ_H），它由三部分组成（图 6.9）：库水压力作用在坝体上产生的内力使坝体变形而引起的位移 δ_{1H}；在地基面上产生的内力使地基变形而引起的位移 δ_{2H}；库水重作用使地基面转动所引起的位移 δ_{3H}。即

$$\delta_H=\delta_{1H}+\delta_{2H}+\delta_{3H} \tag{6.16}$$

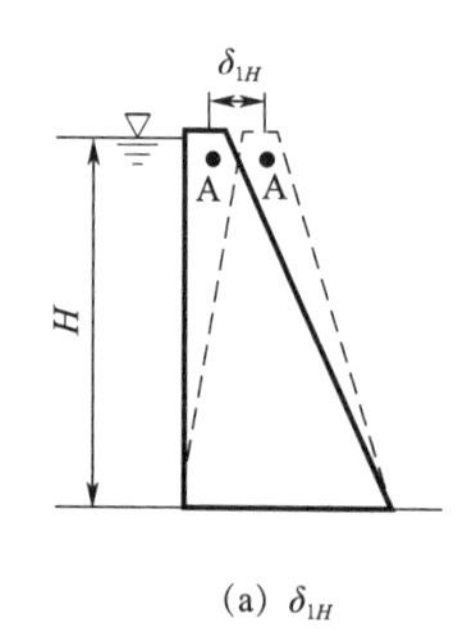

(a) δ_{1H}

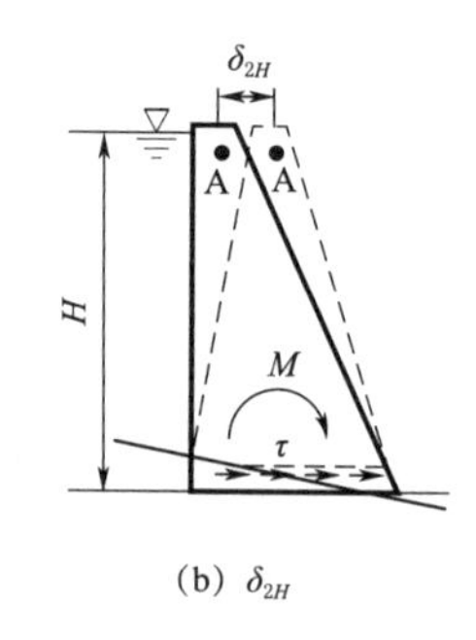

(b) δ_{2H}

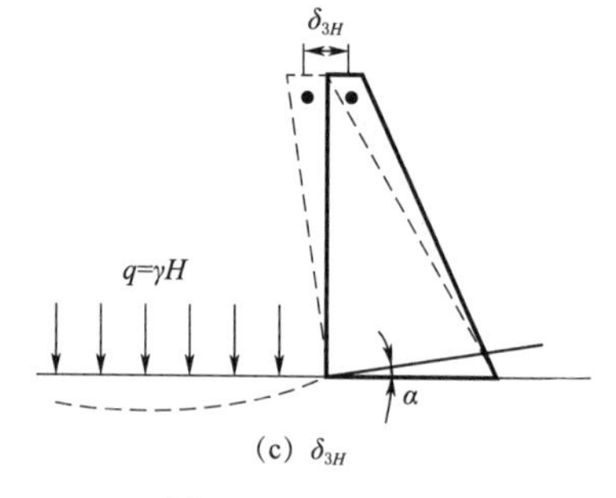

(c) δ_{3H}

图 6.9 δ_H 的三个分量 δ_{1H}、δ_{2H}、δ_{3H}[4]

下面按不同坝型，分别计算 δ_{1H}、δ_{2H}、δ_{3H}。

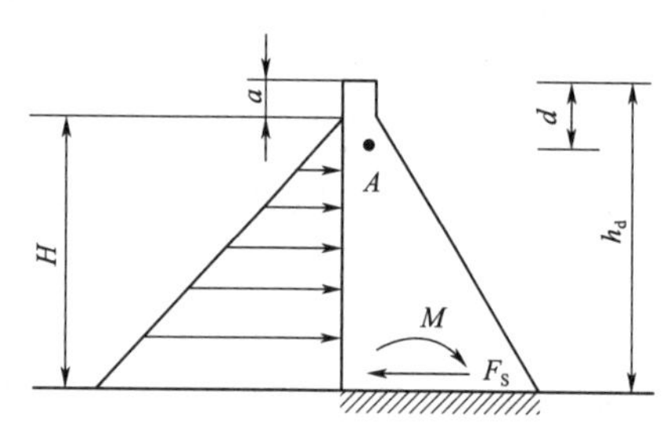

图 6.10 δ_{1H}、δ_{2H} 的计算简图[4]

（1）重力坝。库水压力依靠悬臂梁传给地基。因此，作用在梁上的荷载 $q=\gamma H$（即与 H 呈线性分布）。

1）δ_{1H}、δ_{2H} 的计算公式。为简化计算，将重力坝剖面简化为上游铅直的三角形楔形体，如图 6.10 所示。在库水压力作用下，坝体和地基面上分别产生内力（M、F_S），使大坝和地基产生变形，因而使监测点 A 产生位移。应用工程力学分析和演绎，最后选择 δ_{1H}、δ_{2H} 的因子表达式分别为

$$\delta_{1H}=\sum_{i=1}^{3}a_iH^i \tag{6.17}$$

$$\delta_{2H}=\sum_{i=2}^{3}a_iH^i \tag{6.18}$$

2）δ_{3H} 的计算公式。上游库水重引起库盘变形，使任一监测点产生水平位移 δ_{3H}［图 6.9（c）］。严格地讲，推导库水重引起的位移 δ_{3H} 十分复杂，因为库区的实际地形、地质都十分复杂。为简化起见，作下列假设：库底水平，水库等宽，如图 6.11 所示。作此假定，基本满足分析要求。因为库盘变形引起的位移主要受靠近大坝处的地基变形的影响，而在这部分的水库可近似视为库底水平和等宽。

在上述假设下，可按无限弹性体表面作用均匀荷载 $q=\gamma_0 H$ 的弹性理论解答，首先求得坝踵处坝基面的转角 α［图 6.9（c）］，在考虑渗流水作用的转角修正后，经分析和演绎得，库基变形产生的转角 α 使坝体任一点的水平位移 δ_{3H} 为

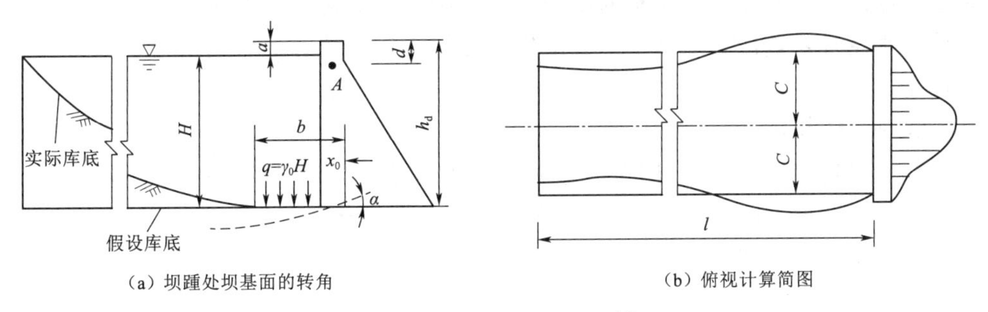

图 6.11 δ_{3H}的计算简图[4]

$$\delta_{3H}=\alpha(h_{\mathrm{d}}-d)=\frac{\gamma_0(1+\mu_{\mathrm{r}})H}{\pi E_{\mathrm{r}}}\ln(C_0+\sqrt{C_0^2+1})(h_{\mathrm{d}}-d) \tag{6.19}$$

由式（6.19）看出，δ_{3H}与α及H成正比。

3）水压分量δ_H的表达式。通过上面分析，对于重力坝上任一监测点，由库水压力作用产生的水平位移$\delta_H(\delta_H=\delta_{1H}+\delta_{2H}+\delta_{3H})$与水深$H$、$H^2$、$H^3$呈线性关系，即

$$\delta_H=\sum_{i=1}^{3}a_iH^i \tag{6.20}$$

4）扬压力和泥沙压力对位移的影响。扬压力为上浮力，使坝体产生弯矩和减轻自重，从而使坝体产生变形；泥沙压力则加大坝体的压力和库底压重，也使坝体产生变形。两者对位移的影响如下：

a. 扬压力。坝基渗透压力可简化为上游$0.5\Delta H$（$\Delta H=H_1-H_2$），下游为零；浮托力在坝基面上均匀作用H_2。坝体扬压力在上游为水深（$y-a$），在排水管处为零（图 6.12）。

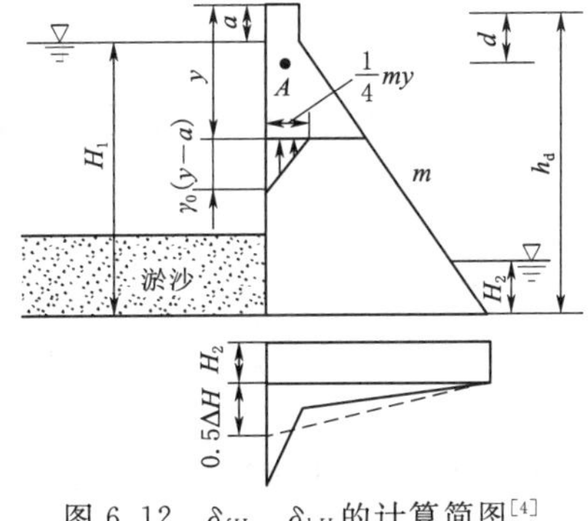

图 6.12 δ_{fH}、δ_{bH}的计算简图[4]
δ_{fH}—坝基扬压力引起的监测点A的水平位移；δ_{bH}—坝身扬压力引起的监测点A的水平位移

用工程力学分析和演绎，并考虑扬压力滞后库水位，坝基扬压力引起监测点A的位移选择监测位移时的库水位与监测前j天的平均库水位之差（$\Delta\overline{H}_j$）作为因子，即

$$\delta_H=a_{\mathrm{f}}\Delta\overline{H}_j \tag{6.21}$$

式中：a_{f}为$\Delta\overline{H}_j$对应的回归系数。

而坝身扬压力引起监测点A的水平位移与上下游水头差ΔH^2呈线性关系。同时，考虑上游水位的动态变化，扬压力要滞后库水位，有些工程采用监测位移时的库水位与监测前j天的平均库水位之差（$\Delta\overline{H}_j$）的平方作为因子，即

$$\delta_H=a_{\mathrm{b}}(\Delta\overline{H}_j)^2 \tag{6.22}$$

式中：a_{b}为$(\Delta\overline{H}_j)^2$对应的回归系数。

b. 泥沙压力的影响。在多沙河流中修建水库，坝前逐年淤积，加大坝体的压力和库底压重。在未稳定前，一方面泥沙逐年淤高；另一方面淤沙固结，使内摩擦角加大，减小

侧压系数。因此，泥沙压力对位移的影响十分复杂。在缺乏泥沙淤积资料和泥沙容重时，此项无法用确定性函数法选择因子。为简化，可把泥沙对位移的影响由时效因子来体现，不另选因子。

（2）拱坝和连拱坝。

1）梁或支墩的分配荷载。拱坝由于水平拱和悬臂梁的两向作用，水压力分配在梁上的荷载 p_c 呈非线性变化。同样，连拱坝由于拱筒的两向作用，有少部分荷载通过拱筒的梁向作用传给地基，大部分由拱筒传给支墩，该部分荷载 p_c 也呈非线性变化（图 6.13）。因此 p_c 通常用水深 H 的二次或三次式来表达：

$$p_c = \sum_{i=1}^{2(3)} a_i H^i \tag{6.23}$$

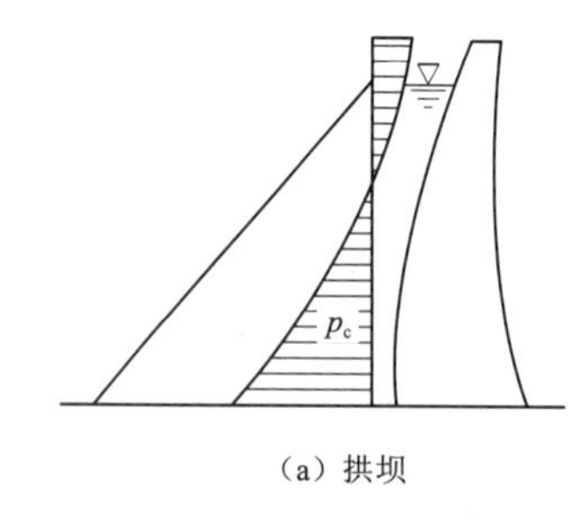

（a）拱坝

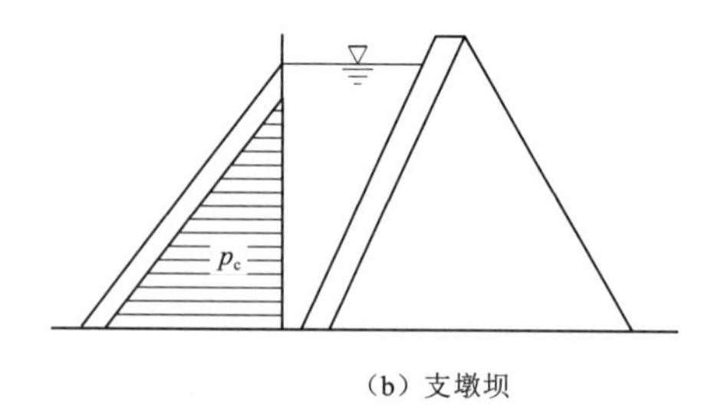

（b）支墩坝

图 6.13 梁或支墩的分配荷载[5-6]

2）水压分量的表达式。由于 p_c 与 H 成二次或三次曲线关系，因此与分析重力坝的原理相同，推得 δ_{1H} 分别与 H、H^2、H^3、H^4（或 H^5）呈线性关系，而 δ_{2H} 分别与 H^2、H^3、H^4（或 H^5）呈线性关系，δ_{3H} 仍与 H 呈线性关系，写成通式为

$$\delta_H = \sum_{i=1}^{4(5)} a_{1i} H^i \tag{6.24}$$

3）其他因素的影响。①扬压力：拱坝和连拱坝的扬压力对位移影响较小，一般不考虑，若需考虑，计算公式同重力坝。②泥沙压力的分析和处理同重力坝。③坝体变形重调整的影响。

拱坝在持续荷载作用下，坝体应力重分布产生可恢复的调整变形。根据石门拱坝的分析成果，选择测值前的月平均水深（H_1）作为因子，即

$$\delta_{4H} = \sum_{i=1}^{3} a_{2i} H_1^i \tag{6.25}$$

（3）水压分量 δ_H 的表达式。综上讨论，δ_H 的数学表达式可归纳为表 6.4。

表 6.4　　δ_H 的数学表达式

坝型	库水压力	坝基扬压力	坝身扬压力
重力坝	$\sum_{i=1}^{3} a_i H^i$	$a_f \Delta\overline{H}_j$	$a_b (\Delta\overline{H}_j)^2$
拱坝	$\sum_{i=1}^{4(5)} a_{1i} H^i + \sum_{i=1}^{3} a_{2i} H_1^i$	$a_f \Delta\overline{H}_j$	$a_b (\Delta\overline{H}_j)^2$

2. 温度分量的因子选择

温度分量 δ_T 是由坝体混凝土和岩基温度变化引起的位移。因此，从力学观点来看，δ_T 应选择坝体混凝土和岩基的温度计测值作为因子。温度计的布设一般有下列两种情况：坝体和岩基布设足够数量的内部温度计，其测值可以反映温度场；坝体和岩基没有布设温度计或只布设了极少量的温度计，而有气温和水温等边界温度计。下面分别讨论这两种情况下 δ_T 的因子选择。

(1) 有内部温度计的情况。

1) 用各温度计的测值作为因子。用有限元计算温度时，整个结构物的平衡方程组为

$$\boldsymbol{K}\boldsymbol{\delta}_T = \boldsymbol{R}_T \tag{6.26}$$

变温结点等效荷载列阵 $\boldsymbol{R}_T$ 为

$$\boldsymbol{R}_T = \frac{\alpha E}{1-2\mu}\left(\sum_{i=1}^{n} N_i \Delta T_i\right)[1 \quad 1 \quad 1 \quad 0 \quad 0 \quad 0]^{\mathrm{T}} \tag{6.27}$$

式 (6.26) 和式 (6.27) 中：$\boldsymbol{K}$ 为劲度矩阵；$\boldsymbol{\delta}_T$ 为温度列阵；E、α、μ 为弹性模量、线膨胀系数和泊松比；N_i 为形函数；ΔT_i 为结点变温值。

从式 (6.26)、式 (6.27) 看出：劲度矩阵仅取决于尺寸和弹性常数。因此，在变温 T 作用下，大坝任一点的位移 δ_T 与各点的变温值呈线性关系。所以当有足够数量的混凝土温度计时，可选用各温度计的测值作为因子，即

$$\delta_T = \sum_{i=1}^{m_2} b_i T_i \tag{6.28}$$

2) 用等效温度作为因子。当温度计支数很多时，用各温度计的测值作为因子，则使回归方程中包括的因子很多，从而大量增加监测数据处理的工作量。如图 6.14 (a) 所示，有 30 支温度计 ($m_2=30$)，连同水压因子 ($m_1=3\sim5$) 和时效因子 ($m_3=1\sim6$)，则样本数至少要取 340～410，数据处理工作量较大。若用等效温度作为因子，如图 6.14 (b) 所示，温度因子 $m_2=16$，则样本数为 200～270，可使其工作量减小。

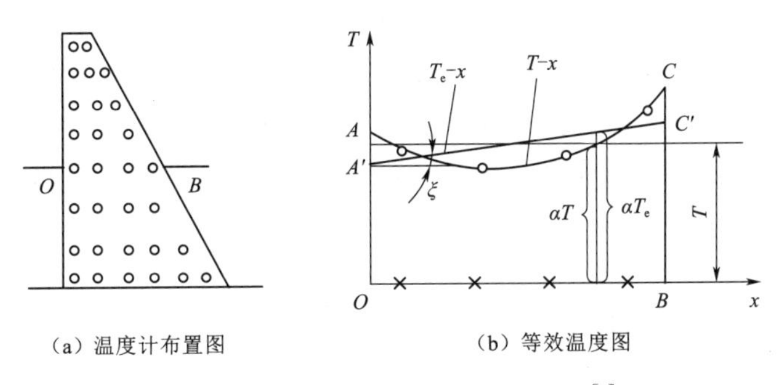

(a) 温度计布置图　　(b) 等效温度图

图 6.14 温度计布置和等效温度图[4]

a. 等效温度的概念。将图 6.14 (b) 中任一高程处的温度计测值绘出的温度分布图 $OBCA(T-x)$，用等效温度 $OBC'A'(T_e-x)$ 代替。代替的原则为：两者对 OT 轴的面积矩相等。等效温度 $OBC'A'$ 可用平均温度 $\overline{T}$ 和梯度 $\beta=\tan\xi$ 代替，这样每层温度计测值用 $\overline{T}$、β 代替，使温度因子从 30 个减小为 16 个。

b. δ_T 的统计模型。采用等效温度代替温度计测值后，温度分量 δ_T 的统计模型为

$$\delta_T = \sum_{i=1}^{m_2} b_{1i}\overline{T}_i + \sum_{i=1}^{m_2} b_{2i}\beta_i \tag{6.29}$$

c. $\overline{T}$、β 的确定。根据圣维南（Saint - Venant）假定，平面变形后仍保持平面，即应变呈线性分布，因此：

$$\varepsilon = A_1 x + B_1 \tag{6.30}$$

由等效温度分布线 $T_e - x$，得各点的应变：

$$\varepsilon = aT_e$$

两式相等得

$$T_e = \frac{A_1}{\alpha}x + \frac{B_1}{\alpha} \tag{6.31}$$

因为

$$\varepsilon' = \alpha(T_e - T) = \alpha\left(\frac{A_1}{\alpha}x + \frac{B_1}{\alpha} - T\right) \tag{6.32}$$

根据无外荷载作用下，$\sum Y=0$，$\sum M=0$ 的条件，得

$$\left.\begin{aligned}\int_0^B E_c\varepsilon'\mathrm{d}x &= 0\\ \int_0^B E_c\varepsilon' x\mathrm{d}x &= 0\end{aligned}\right\} \tag{6.33}$$

式中：E_c 为混凝土弹性模量。

并令 $A_T = \int_0^B T\mathrm{d}x$，$M_t = \int_0^B Tx\mathrm{d}x$，斜率 $\beta = \frac{A_1}{\alpha}$。

由式（6.31）求得

$$\beta = \frac{12M_t - 6A_tB}{B^3}, \quad T = \frac{A_t}{B} \tag{6.34}$$

式中：A_t 为原温度分布的面积；M_t 为 A_t 对 OT 轴的面积矩；B 为截面宽度。

当温度计较少，用上述公式计算的 A_t、M_t 误差较大时可用拉格朗日（Lagrange）内插公式，求出细等矩的温度值，然后用辛普森（Simpson）公式求出 A_t、M_t。为了简化电算程序，可用矩形条块近似求解，在 β 不大时，能满足工程精度要求，则 A_t、M_t 的计算公式为

$$\left.\begin{aligned}A_t &= 0.5\sum_{i=0}^{n-1}(T_{i+1}+T_i)(x_{i+1}-x_i)\\ M_t &= 0.25\sum_{i=0}^{n-1}(T_{i+1}+T_i)(x_{i+1}-x_i)(x_{i+1}+x_i)\end{aligned}\right\} \tag{6.35}$$

（2）无温度资料的情况。当混凝土水化热已散发，坝体内部温度达到准稳定温度场时，此时位移变化仅取决于边界温度变化，即上游面和水接触，下游面与空气接触。一般水温和气温作简谐变化，则混凝土内部的温度也作简谱变化，但是变幅较小，而且有一个相位差。因此，选用多周期的谐波作为因子，即

$$\delta_{T_i}=\sum_{i=1}^{m3}\left(b_{1i}\sin\frac{2\pi it}{365}+b_{2i}\cos\frac{2\pi it}{365}\right)\tag{6.36}$$

式中：m_3 一般取 1、2；$i=1$ 为年周期；$i=2$ 为半年周期；b_{1i}、b_{2i} 为参数；t 为监测日至始测日的累计天数。

（3）有水温和气温资料时温度因子的选择。

a. 用前期平均温度作为因子。当有水温和气温资料时，考虑边界温度对坝体混凝土温度的热传导影响，不同部位的混凝土温度滞后边界温度的相位角不同，以及变幅随离边界距离增大而衰减。同时考虑温度与混凝土温度呈线性关系，因此可以选用监测前 i 天（或旬）的气温和水温的均值（T_i）或监测前 i 天的气温和水温与年平均温度的差值作为因子，即

$$\delta_T=\sum_{i=1}^{m_2}b_iT_i\tag{6.37}$$

式中：b_i 为参数。

选用 T_i 需根据各坝的具体情况，如某重力坝选择 $i=5$、20、60、90，某连拱坝选取 $i=1$、2、3、4。

b. 用水深因子反映水温因子。一般情况下，各层水温 W_{wj} 与水深 H_j 成指数函数关系：

$$T_{wj}=(T_{sw}-T_{fw})e^{-CH_j^N}+T_{fw}\tag{6.38}$$

式中：T_{sw}、T_{fw}为库表、库底水温，其值与当地气温有关；C、N 为指数，对某一水库其值为常数；H_j 为水深（即离水面的深度）。

将式（6.38）的 $e^{-CH_j^N}$ 展开成幂级数，则 T_{wj} 与 H_j 的 i($i=1$，2…)次方呈线性关系。取三项($i=1$、2、3)，则

$$T_{wj}=\sum_{i=1}^{3}b'_iH_j^i\tag{6.39}$$

因此，水温引起的位移为

$$\delta_{TW}=\sum_{i=1}^{3}b_iH^i\tag{6.40}$$

比较式（6.20）和式（6.40），水温引起的温度分量与水压引起的位移分量形式相同。因此，在统计分析中，有时水压分量与温度分量很难分离，它们之间呈现一定的相关关系。气温引起的温度分量仍可应用式（6.37）。

c. 用气温因子反映水温因子。根据水温监测资料分析，水深（离水面）每增加 10m，水温比气温的相位滞后 7～15d；对某连拱坝的水温和气温的统计分析表明，水深每增加 10m，水温滞后气温的时间为 15d，因此，用前 i 天的气温代替水温，然后用式（6.37）计算温度分量 δ_T。

d. 温度分量 δ_T 的表达式。由上述分析，δ_T 的数学表达式归纳为表 6.5。

表 6.5　　δ_T 的数学表达式

情况	周期项	水深因子反映水温因子	气温因子反映水温因子
只有气温资料	$\sum_{i=1}^{2}\left(b_{1i}\sin\frac{2\pi it}{365}+b_{2i}\cos\frac{2\pi it}{365}\right)$	$\sum_{i=1}^{3}b_iH^i$	$\sum_{i=1}^{m_2}b_iT_i$
有混凝土温度资料	$\sum_{i=1}^{m_2}b_iT_i$ 或 $\sum_{i=1}^{m_2}b_{1i}\overline{T}_i+\sum_{i=1}^{m_2}b_{2i}\beta_i$		

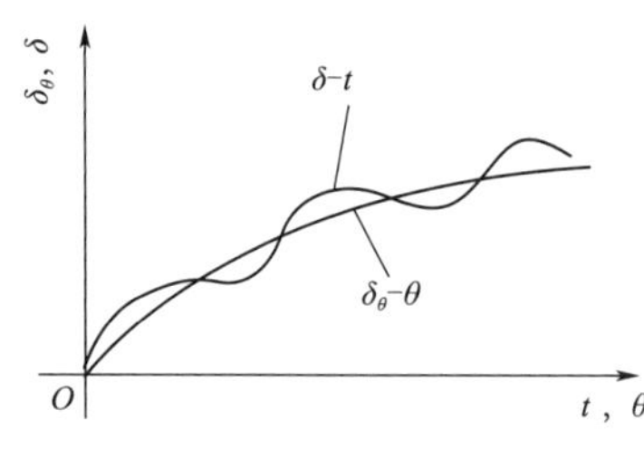

图 6.15　时效位移 δ_θ 的变化规律[4]

3. 时效分量的因子选择

大坝产生时效分量的原因复杂，它综合反映坝体混凝土和岩基的徐变、塑性变形以及岩基地质构造的压缩变形，同时还包括坝体裂缝引起的不可逆位移以及自生体积变形。一般正常运行的大坝，时效位移 δ_θ 的变化规律为初期变化急剧，后期渐趋稳定（图 6.15），下面介绍时效位移一般变化规律的数学模型及其选择的基本原则。

（1）时效位移 δ_θ 的数学模型。

1）指数函数。设 δ_θ 随时间 θ 衰减的速率与残余变形量（$C-\delta_\theta$）成正比，即

$$\frac{\mathrm{d}\delta_\theta}{\mathrm{d}\theta}=c_1(C-\delta_\theta) \tag{6.41}$$

上式解为

$$\delta_\theta=C[1-\exp(-c_1\theta)] \tag{6.42}$$

式中：C 为时效位移的最终稳定值；c_1 为参数。

2）双曲函数。当测值较稀时，采用上述模型将产生较大误差，为此用下列方程描绘 δ_θ：

$$\frac{\mathrm{d}\delta_\theta}{\mathrm{d}\theta}=C(\xi+\theta)^{-2} \tag{6.43}$$

式中：ξ 为参数。

其解为

$$\delta_\theta=\frac{\xi_1\theta}{\xi_2+\theta} \tag{6.44}$$

式中：ξ_1、ξ_2 为参数。

3）多项式。将式（6.42）展开为幂级数，则 δ_θ 可用多项式表示：

$$\delta_\theta=\sum_{i=1}^{m_3}c_i\theta^i \tag{6.45}$$

式中：c_i 为系数。

4）对数函数。将式（6.42）用对数表示，则 δ_θ 为

$$\delta_\theta=c\ln\theta \tag{6.46}$$

式中：c 为系数。

5）指数函数（或对数函数）附加周期项。考虑混凝土和岩体的徐变可恢复部分，徐

变采用波伊廷-汤姆森（Poynting - Thomso）模型，并设水库水位和温度呈周期函数变化，则可推得 δ_θ 的下列模型：

$$\delta_\theta = c_1(1 - e^{-k\theta}) + \sum_{i=1}^{2}\left(c_{1i}\sin\frac{2\pi i\theta}{365} + c_{2i}\cos\frac{2\pi i\theta}{365}\right) \tag{6.47}$$

式中：c_1、k、c_{1i}、c_{2i} 为系数。

6）线性函数。当大坝运行多年后，δ_θ 从非线性变化逐渐过渡为线性变化。因而 δ_θ 可用线性函数表示：

$$\delta_\theta = \sum_{i=1}^{m_3} c_i\theta_i \tag{6.48}$$

式中：c_i 为系数；m_3 为分段数。

（2）选择时效位移的基本原则。由实测资料 $\delta - t$，根据其变化趋势或分离出的时效位移分量（$\delta - \delta_H - \delta_T$），合理选用上述 δ_θ 的数学模型。如某连拱坝选用式（6.46）和式（6.48），即 $\delta_\theta = c_1\theta + c_2\ln\theta$，以及式（6.47），某重力坝选用式（6.46）和式（6.48），某拱坝采用式（6.46），而 θ 分两个时段：开始蓄水和首次达到较高水位。某重力拱坝也采用式（6.46），并考虑低、平、高水位等重大影响变形的日期。

6.5.1.2 模型系数的求解方法

上述统计模型中的系数，如 a_i、b_i（或 b_{1i}、b_{2i}）、c_i 等都是未知的，需要根据坝体变形的监测资料进行估计。目前，大坝安全监测统计模型的建模方法包括多元回归分析、逐步回归分析、差值回归、正交多项式回归等方法，详见参考文献 [16]。

6.5.1.3 应用实例

以陈村重力拱坝为例：8 号、18 号、26 号坝段的坝顶水平位移的统计模型选用 5 种形式，这里列出 M_{I}、M_{II} 两种：

$$M_{\text{I}}: \quad \hat{\delta} = a_0 + \sum_{i=1}^{4} a_i H^i + a_5 \overline{H}_{30} + \sum_{i=1}^{7} b_i T_{ui} + \sum_{i=8}^{14} b_1 T_{di} + c_1\ln\theta + dJ \tag{6.49}$$

$$M_{\text{II}}: \quad \hat{\delta} = a_0 + \sum_{i=1}^{4} a_i H^i + \sum_{i=1}^{7} b_i T_{ui} + \sum_{i=8}^{14} b_i T_{di} + c_1\ln\theta + dJ \tag{6.50}$$

用模型 M_{II} 分析垂线监测资料（1973 年 11 月 8 日—1982 年 12 月 27 日），用逐步回归分析法得到最佳回归方程［式（6.51）］，模型的复相关系数为 0.93，剩余均方差为 1.15mm。

$$\begin{aligned}\hat{\delta} = &-2.590 + 5.337\times10^{-8}(H^4 - 1.376\times10^8) - 0.047(T_{u1} - 14.200) - \\ &0.217(T_{u30} - 15.05) - 0.288(T_{u90} - 20.39) + 0.592(T_{d90} - 20.39) - \\ &0.517(T_{d120} - 22.26) + 1.002(\ln\theta - 6.967) - 0.908(J - 0.43)\end{aligned} \tag{6.51}$$

式中：H 为水深；H_{30} 为监测时的库水位与监测前 30d 的平均库水位的差值；T_{u1}、T_{u30}、T_{u90} 为坝上气温计当天测值，前 30d、90d 测值的平均值；T_{d90}、T_{d120} 为坝下气温计前 90d、120d 测值的平均值；J 为裂缝开合度；θ 为时间，以 d 计。

水压、温度和时效的分析与前面相同，这里不再赘述。由于该拱坝在 105m 等高程处有较大范围的水平缝，裂缝开合度和位移之间相互影响，使回归模型中包含有裂缝的因子 J。

6.5.2　混凝土坝渗压的统计模型

混凝土坝渗压监测包括两部分内容：一部分是坝身孔隙水压力，另一部分是坝基扬压力。二者都是由渗透水引起的荷载，对大坝的稳定、变形、应力都有一定的影响。坝高100m左右的重力坝，坝基面上作用的扬压力大约是坝身重量的20%。因此整理分析坝体、坝基扬压力的监测资料，对验算大坝的稳定和耐久性，监视大坝的安全，了解坝身混凝土的抗渗性能以及坝基的帷幕、排水效应和坝基情况的变化等均有重要意义。本节仅以坝身渗压统计模型为例，简要介绍混凝土坝渗压统计模型。

6.5.2.1　影响因素分析

坝体混凝土是一种弱透水性材料。它在水压力作用下，会产生渗透现象，表现为渗透压力和漏水量。这种渗透可分为均匀渗透和不均匀渗透两种类型。

（1）均匀渗透。当坝体混凝土质量良好、密实均匀，接缝都做了防渗处理时，水通过微细的孔隙入渗，这种微细孔隙对于每座混凝土坝都是难以避免的。这是因为水泥颗粒周围的黏着水由于水化作用而蒸发，因而产生孔隙；拌和及浇注时混入少量空气而产生空隙；混凝土骨料级配组合中存在少量空隙；温度应力、局部应力引起细微裂缝等。这些孔隙和裂纹大多是封闭和中断的，故密实的混凝土渗透系数很小（可以小于0.2×10^{-11}cm/s)，渗透速度很慢，渗透压力逐渐发展，历时较长。

（2）不均匀渗透。当坝身混凝土质量不良时，存在若干张开或贯通的裂缝。如：浇筑不良产生的蜂窝和冷缝；骨料或埋设构件（钢管、钢筋）间的空隙；水平施工缝结合不好存在的空隙；坝体横缝止水不佳，有渗漏路径；较大的温度裂缝和冰冻龟裂等。这些裂隙会形成一些不规则的渗漏途径，导致大量的渗漏，产生较大的孔隙水压力和较多的渗漏水。

一般混凝土坝都是均匀渗透。质量不佳的除了有均匀渗透外，还有不均匀渗透，甚至可能以不均匀渗透为主。在坝体内设置排水系统能有效地排除渗流水、降低渗透压力，在坝的上游面浇筑特别密实的抗渗性好的混凝土，也可起到减渗作用。

上述是影响坝身孔隙水压力的内因（坝体结构因素）。此外，还有以下主要外因（荷载因素）：

（1）上游库水压力。它是孔隙压力变化的主要因素。

（2）下游水压力。它对低高程的下游处的孔隙水压力有一定影响。

（3）坝体混凝土温度。当混凝土温度降低时，裂隙增大，渗透加剧。靠近上游表面处混凝土温度变化对入渗裂隙的影响较明显，这部分混凝土温度主要受水温影响。

（4）时效影响。坝体在外荷载作用下产生的应力会改变坝体内的孔隙，使坝体渗流状态改善或恶化。此外，渗透压力传递和消散对渗流也会产生影响。

6.5.2.2　坝体渗压的统计模型

以某重力拱坝坝体渗压计监测资料为例，讨论坝体坝基渗流情况，以此建立坝体渗压的统计模型。根据影响因素分析，渗压值主要受水压、温度和时效等因素影响，即可以表示为

$$P_i=P_H+P_T+P_\theta \tag{6.52}$$

式中：P_i为坝内任一点的总渗透压力；P_H为由库水位变化引起的渗透压力分量；P_T为由

温度变化引起的渗透压力分量；P_θ为由渗透压力传递和消散引起的时效分量。

众所周知，混凝土材料渗透系数较小，骨料级配与散粒体也有所不同，其渗透方程比较复杂，因此，它除了与 H 的一次方有关外，可能还与 H 的更高次方有关，因此取至四次式。温度和时效采用与扬压力统计模型相同的因子形式（参见参考文献［16］）。因此，得到渗透压力的统计模型如下：

$$P = a_0 + \sum_{i=1}^{4} a_i H^i + b_1 T + c_1 \theta + c_2 \ln\theta \tag{6.53}$$

式中：H 为水深，即上游库水位与坝底高程之差；T 为混凝土温度；θ 为从起始日起算，每增加 1d，θ 增加 0.01；a_0 为常数项。

6.5.3 土石坝变形的统计模型

影响土石坝变形的因素有坝型、剖面尺寸、筑坝材料、施工程序及质量、坝基的地形、地质以及水库水位的变化情况等。由于这些因素错综复杂，有些因素难以定量描述，因此，从理论上分析土石坝变形监测量（以下简称变形）统计模型的因子选择，在国内外还属探索阶段。本节对此仅作初步研究。

6.5.3.1 沉降的统计模型

沉降是指在荷载作用下，沿竖直方向发生的位移。其主要分三个阶段：初始沉降、固结沉降和次固结沉降。初始沉降是建筑物及其基础发生的压缩变形，这部分沉降在填筑过程中发生，土石坝在施工期发生的沉降主要部分就是初始沉降。固结沉降是由于土体固结，土颗粒间的孔隙水逐渐排出而引起的沉降，一般土石坝竣工后蓄水 1～2 年内的沉降属固结沉降，其中透水性强的土石坝固结完成较快，初始沉降和固结沉降难以分开。次固结沉降是土体中颗粒骨架在持续荷载作用下发生的蠕变所引起的，土石坝经过正常蓄水后的沉降主要是次固结沉降。大量的监测资料分析表明，土石坝在施工过程中，随填筑土石料的重量增加而产生的固结变形占相当大的部分。竣工蓄水后，随蓄水位的周期循环，其变形有逐渐收敛的趋势。在坝型、坝高、筑坝材料和填筑方法以及边界条件等一定的情况下，土石坝的沉降量在施工期主要与筑坝高度和含水量有关；而在运行期主要受固结影响，其中在最初 1～2 年内沉降增加较快，而后渐趋稳定；同时，还受库水位变化和气温的影响。

根据上面的分析，土石坝沉降的统计模型应分施工期和运行期两种情况。

（1）施工期。根据图 6.16 的规律以及透水区的沉降影响因素，施工期的沉降主要与

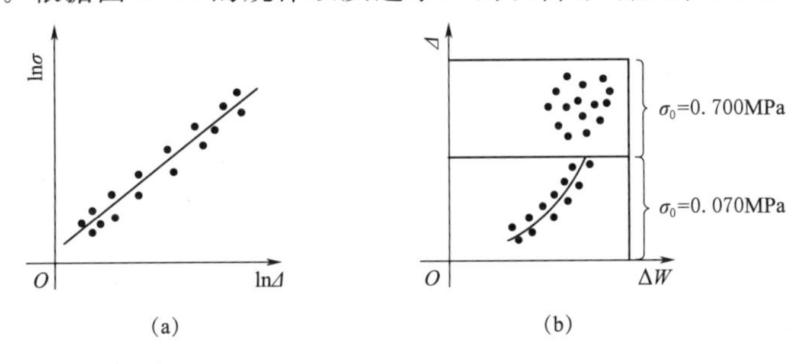

图 6.16 沉降与竖直荷载和含水量的关系[4]

ΔW—施工含水量与最佳含水量的差值

竖直荷载重量（即填土高度）和含水量有关，即与有效应力有关。因此，其统计模型可选用下列表达式：

$$\Delta = b_{11} + b\ln\sigma \tag{6.54}$$

式中：Δ 为压缩率，其值为 Δ_δ/δ，δ 为固结管横梁间的垂直距离，Δ_δ为压缩量；σ 为有效应力。

（2）运行期。土石坝的沉降主要由固结引起，同时也受库水位和温度等的影响，其中固结引起的沉降也反映时效的特性。

1）固结引起的沉降。土石坝沉降随时间衰减，如果考虑渗流滞后及土体的蠕变性质，则 δ_θ可用下列表达式表示：

$$\delta_\theta = \begin{cases} c_1\theta + c_2\ln\theta \\ \dfrac{\theta}{c_1\theta + c_2} \\ \sum\limits_{i=0}^{n} c_i\theta^i \\ c_1 e^{c_2/\theta} \end{cases} \tag{6.55}$$

2）水压引起的沉降。水库蓄水后，坝体在水的作用下主要产生三个方面效应——水压力、上浮力和湿化变形。如果考虑库水压作用时间对徐变的影响，式（6.56）中还要附加前 i 天的平均水深作为因子，则水压分量可用下式表示：

$$\delta_H = \sum_{i=0}^{3} a_{1i}H^i + \sum_{i=1}^{m_1} a_{2i}\overline{H}_i \tag{6.56}$$

3）温度引起的沉降。温度变化使得土体线胀变化引起的沉降很小。但是，在高寒地区负温引起土体冻胀，由此引起的沉降量比较显著。由于冰冻期的出现、时间长短以及负温值基本上成年周期变化，因而土石坝因冻胀引起的沉降量也基本上成年周期性变化，为此可用一个时间周期函数来表示这部分沉降量与温度的关系。而任一周期函数只要满足狄利克雷（Dirichlet）条件，就可以展开成傅里叶（Fourier）级数。因此，温度分量可用温度的线性项和三角函数之和来表示：

$$\delta_T = \sum_{i=1}^{m_2} b_1 T_i + \sum_{i=1}^{m_3}\left(b_{1i}\cos\frac{2\pi it}{365} + b_{2i}\sin\frac{2\pi it}{365}\right) \tag{6.57}$$

式中：T_i为监测当天温度，以及前 i 天的平均温度；t 为从某天起算的时间，d；m_2、m_3取 9～10。

综上所述，运行期沉降的统计模型为

$$\delta_v = b_0 + \sum_{i=1}^{3} a_{1i}H^i + \sum_{i=1}^{m_1} a_{2i}\overline{H}_i + \sum_{i=1}^{m_2} b_1 T_i + \sum_{i=1}^{m_3}\left(b_{1i}\cos\frac{2\pi it}{365} + b_{2i}\sin\frac{2\pi it}{365}\right) + c_1\theta + c_2\ln\theta \tag{6.58}$$

式中：δ_v 为运行期沉降量。

6.5.3.2 水平位移的统计模型

根据沉降的成因及其影响因素分析，土石坝在施工期主要产生沉降，同时附带产生水平位移。在运行期由于水压力或渗透力的水平分力作用，产生水平位移；同时，在土体的固结和次固结过程中，由于侧向膨胀，在产生沉降的同时还引起水平位移。在初次蓄水期，因土体湿化，上游坡的水平位移指向上游，库水位升高并持续一定时间，水平位移指向下游，水位下降后位移又向上游回弹。由于土的变形特性，水平位移在第一次蓄水的1～2年内是比较大的，如斜墙坝可以达到最终值的70%～85%，然后随蓄水位的周期循环显示出逐渐收敛的趋势。因此，水平位移主要受时间、水位等因素的影响。对温度影响的分析与对沉降的影响分析相同。综上所述，水平位移可基本采用式（6.58）的模型。

6.5.4 土石坝渗压的统计模型

土石坝的浸润线高低直接影响边坡稳定，是安全监测中的必测项目。为了监测浸润线，通常在土石坝的典型横断面上，从上游向下游布置若干测压管。下面介绍浸润线测压管水位的统计模型。

土石坝浸润线测压管水位的实测资料分析表明，其主要受上下游水位、降雨以及筑坝材料的渗透时变特性等的影响，即

$$h=h_u+h_d+h_p+h_\theta \tag{6.59}$$

式中：h 为测压管水位；h_u 为上游水位分量；h_d 为下游水位分量；h_p 为降雨分量；h_θ 为时效分量。

下面讨论各个因子的选择。

6.5.4.1 上游水位分量

根据土石坝渗流分析（详见参考文献［3］），在不渗水地基上矩形土体的浸润线方程为

$$h_i=\sqrt{H_u^2-\frac{2q}{k}x_i} \tag{6.60}$$

式中：h_i 为离上游面 x_i 距离的浸润线高程（即测压管水位）；H_u 为上游水位；k、q 为分别为渗透系数和单宽渗流量。

对某一测压管，x_i、k 为定值，所以测压管水位与库水位的一次方成正比。然而上游库水位在变动，有一个渗流过程，使测压管水位滞后于库水位。因此，用前期库水位 $\overline{H}_{ui}$ 表示。即

$$h_u=\sum_{i=1}^{m_1}a_{ui}\overline{H}_{ui} \tag{6.61}$$

式中：a_{ui} 为上游水位分量的回归系数；$\overline{H}_{ui}$ 为监测日前 i 天的平均库水位。

6.5.4.2 下游水位分量

一般下游水位变化较小，用监测日当天的下游水位作为因子，即

$$h_d=a_dH_d \tag{6.62}$$

式中：a_d 为下游水位的回归系数；H_d 为监测日的下游水位。

6.5.4.3 降雨分量

在土石坝坝顶和下游面上，在降雨过程中，一部分雨水入渗坝体，这取决于降雨强度、雨型及土石坝的材料。与此同时，入渗引起测压管水位的变化（即浸润线）也有一个

滞后过程。因此，用前期降雨量$\overline{p}_i$作为因子，即

$$h_p = \sum_{i=1}^{m_2} d_i \overline{p}_i \tag{6.63}$$

式中：d_i 为降雨分量的回归系数；$\overline{p}_i$ 为前期降雨量。

6.5.4.4 时效分量

土石坝竣工蓄水后，引起土体结构颗粒的变化。与此同时，坝前逐渐淤积形成自然铺盖等。这些因素对测压管水位的影响有一个时效过程，可用下式模拟：

$$h_\theta = c_1\theta + c_2 \ln\theta \tag{6.64}$$

式中：c_1、c_2 为时效分量回归系数；θ 为蓄水初期开始的天数除以 100。

6.5.4.5 土石坝浸润线测压管水位的统计模型

综上所述，土石坝浸润线测压管水位的统计模型为

$$h = a_0 + \sum_{i=1}^{m_1} a_{ui} \overline{H}_{ui} + a_d H_d + \sum_{i=1}^{m_2} d_i \overline{p}_i + c_1\theta + c_2 \ln\theta \tag{6.65}$$

思 考 题

(1) 监测资料的分析内容有哪些？常用的分析方法有哪些？

(2) 监测数据的误差来源有哪些？试对检测数据的误差进行分类。

(3) 怎样对监测数据的误差进行识别和处理？

(4) 试述监测资料定性分析的方法。

(5) 监测资料有哪些特征值？怎样对特征值进行分析？

(6) 什么是大坝安全监控的回归模型？其作用是什么？

(7) 试述混凝土坝变形监测的统计模型的因子选取原则。

(8) 试述土石坝渗流监测统计模型的因子选取原则。

第7章 大坝安全评价

7.1 概述

大坝安全评价是根据设计、施工、运行全过程中积累的历史资料，采用多种理论和方法，综合评定大坝的实际工况能否满足现行规程、规范和设计文件的要求。大坝安全评价目前常用的主要方法如下。

1. 基于监测资料的安全评价

如果仅基于监测资料进行安全评价，目前主要运用单测点数学模型（统计模型、确定性模型和混合模型）并通过拟定安全监控指标研究大坝安全问题。单测点数学模型只能反映单个测点所在部位的某一项目的结构性态，在反映大坝整体结构性态方面还存在着一定的局限性。

2. 基于结构计算分析的安全评价

采用材料力学法、结构力学法、水力学法、土力学、有限元法等结构计算方法，分析大坝结构的应力、变形、渗流等，并与规范允许值、监测值进行对比分析，以便进行结构安全性态的评价。

3. 基于规范的安全评价

我国现行的水库大坝安全评价体系是在多年实践和认识判断的基础上形成的，并已经法规化和标准化。我国大坝按照主管部门的不同主要分为水库大坝和水电站大坝。水库大坝以防洪、灌溉为主，由国务院水行政主管部门会同国务院有关主管部门对全国的水库大坝安全实施监督，县级以上地方人民政府水行政主管部门会同有关主管部门对本行政区域内的大坝安全实施监督。各级人民政府及其水库主管部门对其所管辖大坝的安全实行行政领导负责制，各级水利、能源、建设、交通、农业等有关部门是其所管辖大坝的主管部门。而水电站大坝以发电为主，电力企业是水电站大坝运行安全的责任主体。国家能源局负责大坝运行安全综合监督管理，其派出机构具体负责本辖区大坝运行安全监督管理，国家能源局大坝安全监察中心负责大坝运行安全技术监督管理服务。对于水电站大坝，大坝安全定期检查（简称大坝定检）是大坝安全监察的一项重要制度，是确保大坝安全运行的重要举措。而水库大坝评价体系以大坝工程安全为核心，对于建设期完工的水库大坝，在蓄水验收及投入运用前要进行蓄水安全鉴定；对于处于运行期的水库大坝，则需要定期或根据需要进行安全鉴定。

基于规范的传统评价体系具有以下优点：体系完善，有相应的法规、标准为依据；采用确定性的评价方法，安全评价内容明确；评价体系工作分工明确；评价方法可操作性强，可对单一评价项目进行评价，易被接受。

4. 基于风险的安全评价

目前，国际上综合考虑不确定因素及后果危害的风险方法已成为人们重新审视和评价大坝安全的新视角。风险评价强调评价过程的系统性、逻辑性、透明性，与评价对象的广泛性、动态性，评价对象包括工程自身与受影响的对象（尤其是下游），方法具有多样性。风险评价的优点：通过系统性的全面分析，对工程安全的各个环节进行识别判断，将不确定性处理透明化；为群坝风险比较或单一大坝不同部分的风险比较提供基础，可以实现全部荷载条件下的评价；能够反映工程安全和大坝溃决之间的内在联系，为结构优化和降低风险提供指导框架；将工程安全与溃坝后果联系起来，为决策管理及公共安全政策制定提供基础。

以下对大坝安全的监控指标拟定、大坝安全鉴定和大坝风险分析的基本内容进行介绍。

7.2 大坝安全的监控指标拟定

科学合理地拟定监控指标是综合分析和评价大坝等水工建筑物安全性态的重要手段之一，对准确识别险情、保障大坝安全具有重要意义。安全监控指标拟定的主要任务是：根据大坝等水工建筑物已经抵御和经历荷载的能力，评估与预测抵御可能发生荷载的能力，从而确定某种荷载组合工况下监测效应量的安全界限值。但是，大坝安全状态的诊断是一项十分复杂的工作，这就需要寻找一种简单、快速而有效的方法。当前，制定安全监控指标，可以实现上述目标。当一座大坝制定安全监控指标后，只需将大坝的监测值与安全监控指标进行比较：若监测值小于安全监控指标，大坝是安全的；若监测值大于安全监控指标，大坝的安全可能存在问题，需立即寻找原因。若大坝存在问题可进行除险加固，确保大坝安全。通过大坝安全监控指标能及时发现大坝的安全隐患，大坝安全监控指标是识别大坝所处状态的科学判据。

7.2.1 数理统计法

7.2.1.1 置信区间估计法

该法的基本思路是根据以往的监测资料，用统计理论（如回归分析等）或有限元计算，建立监测效应量与荷载之间数学模型（统计模型、确定性模型或混合模型等）。用这些模型计算在各种荷载作用下监测效应量 $\hat{y}$ 与实测值 y 的差值（$\hat{y}-y$）。该值有 $100(1-\alpha)\%$ 的概率落在置信带 $\Delta=\beta\sigma$ 范围之内，如图 7.1 所示，而且测值过程无明显趋势性变化，则认为大坝运行是正常的，反之是异常的。此时，相应的监测效应量的监控指标 δ_m 为

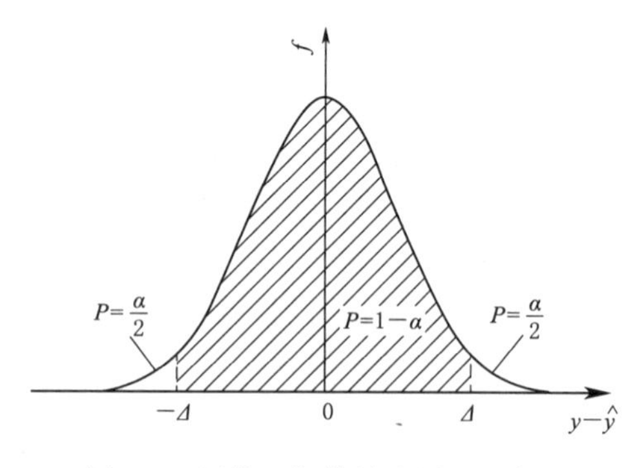

图 7.1 置信区间估计法原理示意图

$$\delta_m=\hat{y}\pm\Delta \tag{7.1}$$

该法简单，易于掌握，但存在如下缺点：

(1) 如果大坝没有遭遇过最不利荷载组合或资料系列很短，则在以往监测效应量 $\hat{y}$

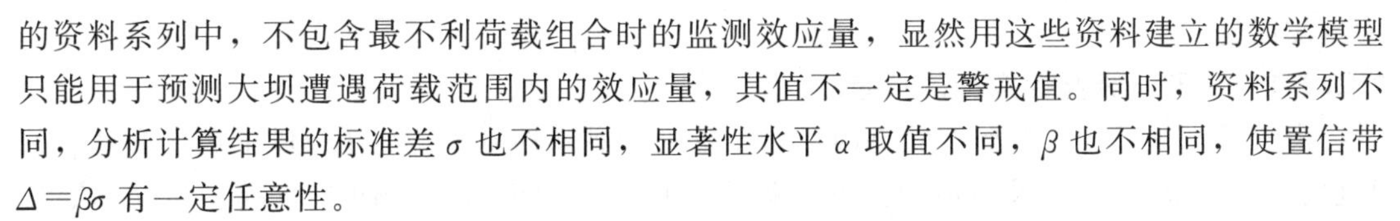

的资料系列中，不包含最不利荷载组合时的监测效应量，显然用这些资料建立的数学模型只能用于预测大坝遭遇荷载范围内的效应量，其值不一定是警戒值。同时，资料系列不同，分析计算结果的标准差 σ 也不相同，显著性水平 α 取值不同，β 也不相同，使置信带 $\Delta=\beta\sigma$ 有一定任意性。

(2) 没有考虑大坝失事的原因和机理，物理概念不明确。

(3) 没有考虑大坝的重要性（等级与级别）。

(4) 如果标准差较大，由该法定出的监控指标可能超过大坝监测效应量的真正极值。

7.2.1.2 典型监测效应量的小概率法

在以往实测资料中，根据不同坝型和各座坝的具体情况，选择不利荷载组合时的监测效应量 $\hat{y}_{mi}$ 或它们的数学模型中的各个荷载分量（即典型监测效应量）。由此得到一组样本：

$$y=\{\hat{y}_{m1},\hat{y}_{m2},\cdots,\hat{y}_{mn}\}$$

一般 y 是一个小子样样本空间，用小子样统计检验方法（如 A－D 法、K－S 法）对其进行分布检验。确定其概率密度函数 $f(y)$ 的分布函数 $F(y)$（如正态分布、对数正态分布和极值Ⅰ型分布等）。然后，采用以下公式计算样本均值 $\bar{y}$ 和方差 σ_y。

$$\bar{y}=\frac{1}{n}\sum_{i=1}^{n}\hat{y}_{mi} \tag{7.2}$$

$$\sigma_y=\sqrt{\frac{1}{n-1}\left(\sum_{i=1}^{n}\hat{y}_{mi}^2-n\bar{y}^2\right)} \tag{7.3}$$

令 y_m 为监测效应量或某一荷载分布的极值。当 $y>y_m$ 时，大坝将要失事，其概率为

$$P(y>y_m)=P_\alpha=\int_{y_m}^{\infty}f(y)\mathrm{d}y \tag{7.4}$$

求出 y_m 分布后，估计 y_m 的主要问题是确定失事概率 P_α（以下简称 α），其值根据大坝重要性确定。确定 α 后，由 y_m 的分布函数直接求出 $y_m=F^{-1}(y,\sigma_y,\alpha)$。如果 $\hat{y}_{mi}$ 是监测效应量的各个分量，那么将各个分量叠加才是极值。

方法评价如下：

(1) 该法定性考虑了对强度和稳定不利的荷载组合所产生的效应量，并根据以往监测资料估计监控指标，显然比置信区间估计法提高了一步。

(2) 当有长期监测资料，并真正遭遇较为不利荷载组合时，该法估计的 y_m 才接近极值，否则，只能是现行荷载条件下的极值。

(3) 对于确定失事概率 α 还没有相关规范，α 值选择带有一定的经验性。所以由此估计的 y_m 不一定是真实极值。

(4) 该法没有定量考虑强度和稳定控制条件。

7.2.2 结构计算分析方法

结构分析法的基本思路是从分析坝体强度、稳定等最不利荷载的控制条件入手，建立位移、应力、应变等监测效应量与荷载组合之间的显式函数关系，从而求出最不利荷载组合时的监测效应量，达到拟定安全监控指标的目的。以下以混凝土坝变形监控指标的拟定

为例加以说明。

7.2.2.1 变形一级监控指标的拟定

当混凝土坝处于一级监控状态时，其变形处于黏弹性阶段。为了反映混凝土和基岩的黏性流变，坝基和坝体采用不同的本构模型，坝基用伯格斯（Burgers）模型，坝体混凝土用广义开尔文（Kelvin）模型。其有限元平衡方程为

$$[K]\{\Delta\delta\}=\{\Delta R\}+\{R_0\} \tag{7.5}$$

式中：$[K]$为刚度矩阵；$\{\Delta\delta\}$为结点位移变化量；$\{\Delta R\}$为结点荷载变化量；$\{R_0\}$为荷载初始值向量。

其中，Burgers 模型和 Kelvin 模型中的参数采用反演值或者现场试验值。计算工况采用正常荷载组合工况，如正常高水位＋温降＋扬压力、正常高水位＋温升＋扬压力、设计洪水位＋温升＋扬压力等。

7.2.2.2 变形二级监控指标的拟定

当混凝土大坝局部出现塑性状态时，大坝已进入二级监控。变形二级监控指标可应用三维黏弹塑性理论分析大坝在最不利荷载情况下的变形值而获得。由塑性力学可知，材料从弹性状态进入塑性状态时，应力分量之间所必须满足的屈服条件可采用德鲁克-普拉格（Drucker - Prager）准则，屈服函数 F 可表达为

$$F=\frac{\alpha}{3}I_1+\sqrt{J_2}-K \tag{7.6}$$

式中：I_1 为第一应力不变量；J_2 为第二偏应力不变量；α、K 为材料参数。

其中

$$\left.\begin{aligned}\alpha&=\frac{3\tan\varphi}{\sqrt{9+12\tan^2\varphi}}\\K&=\frac{3c}{\sqrt{9+12\tan^2\varphi}}\end{aligned}\right\} \tag{7.7}$$

式中：c 为材料的黏聚力；φ 为内摩擦角。

当 $F<0$ 时，材料处于弹性状态；$F=0$，$\mathrm{d}F>0$ 时，表示加载；$F=0$，$\mathrm{d}F<0$ 时，表示卸载；$F=0$，$\mathrm{d}F=0$ 时，表示中性变载。

大量的原位监测资料分析表明：塑性变形还与时间有关，采用反映混凝土和岩基的弹-黏弹-黏塑性等特征的六参数模型（图 7.2）进行模拟。该黏弹塑性模型的总应变等于各

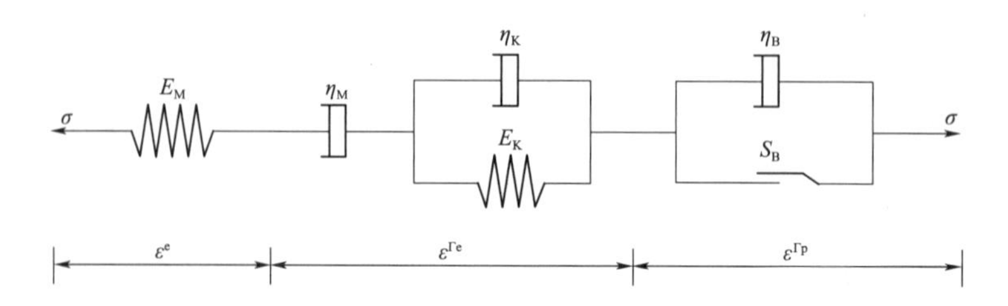

图 7.2 六参数弹-黏弹-黏塑性模型示意图

E_M、η_M—麦克斯韦（Maxwell）模型的弹性模量、黏滞系数；E_k、η_k—Kelvin 模型的弹性模量、黏滞系数；η_B—塑性黏滞系数；S_B—屈服应力

部分之和，即

$$\{\varepsilon\}_t=\{\varepsilon^{e}\}_t+\{\varepsilon^{\Gamma e}\}_t+\{\varepsilon^{\Gamma p}\}_t \tag{7.8}$$

式中：$\{\varepsilon^{e}\}_t$ 为 t 时刻的弹性应变；$\{\varepsilon^{\Gamma e}\}_t$ 为 t 时刻的黏弹性应变；$\{\varepsilon^{\Gamma p}\}_t$ 为 t 时刻的黏塑性应变。

其中，黏塑性应变增量为

$$\{\varepsilon^{\Gamma p}\}_t=\frac{1}{\eta_B}H\left(\frac{F}{F_0}\right)\frac{\partial Q}{\partial\{\sigma\}}\Delta t \tag{7.9}$$

式中：η_B 为塑性黏滞系数；F_0 为使系数无因次的值；Q 为塑性势函数；Δt 为时间步长；$H\left(\frac{F}{F_0}\right)$ 为开关函数。

$$H\left(\frac{F}{F_0}\right)=\begin{cases}0 & (F<0)\\ \dfrac{F}{F_0} & (F\geqslant 0)\end{cases}$$

采用相关流动法则，$Q=F$，由式（7.6）得

$$\{\Delta\varepsilon^{\Gamma p}\}_t=\frac{1}{\eta_B}H\left(\frac{F}{F_0}\right)\frac{\alpha}{3}\frac{\partial I_1}{\partial\{\sigma\}}+\frac{1}{2\sqrt{J_2}}\frac{\partial J_2}{\partial\{\sigma\}}\Delta t \tag{7.10}$$

黏弹性应变增量可采用 Burgers 模型的结果，则模型总应变为

$$\{\Delta\varepsilon^{\Gamma}\}_t=\begin{cases}\{\Delta\varepsilon^{\Gamma e}\}_t & (F<0\text{ 或 }F=0,\ \mathrm{d}F<0)\\ \{\Delta\varepsilon^{\Gamma e}\}_t+\{\Delta\varepsilon^{\Gamma p}\}_t & (F=0,\ \mathrm{d}F\geqslant 0)\end{cases} \tag{7.11}$$

7.2.2.3 变形三级监控指标的拟定

（1）拟定的技术路线。大坝在承受极限荷载处于临界破坏状态时，其处于三级监控，三级监控指标反映的是大坝的极限承载能力。当大坝处于临界破坏状态时，其变形已超过小变形范围，因此，用小变形情况下的力学模型将产生较大失真。采用位移非线性的大变形理论，并在此基础上进行黏弹塑性分析，模拟大坝失稳的过程，并求出其破坏前的最大变形。变形三级监控状况在实际工程中绝不允许发生。但有些高坝大库一旦失事将对国民经济及下游人民生命财产产生巨大影响时，有必要拟定变形三级监控指标，评估大坝极限承载能力，使管理和运行单位了解大坝的最大承受能力，以保证大坝安全。

（2）大变形黏弹塑性本构方程。大变形黏弹塑性的屈服准则、破坏准则、加卸载准则与小变形黏弹塑性在形式上相同，只要把其中的应力改用柯西（Cauchy）应力即可。本构方程也与小变形黏弹塑性本构方程在形式上类似，只需把其中的应力和应变分别改用 Cauchy 应力和焦曼（Jaumann）导数和变形率，应力偏量和等效应力分别改用 Cauchy 应力偏量和等效的 Cauchy 应力即可。

（3）大变形黏弹塑性有限元。本构方程采用更新的拉格朗日（Lagrange）法描述，建立增量型的虚功方程：

$$[K]\{\Delta U\}=\{\Delta R\}+\{\Delta F_E\} \tag{7.12}$$

式中：$[K]$为大变形下总体劲度矩阵，$[K]=\sum_{i=1}^{n}[\hat{B}]^{T}[D][\hat{B}]\mathrm{d}x\mathrm{d}y\mathrm{d}z$，$[\hat{B}]$为大变形下应变转换矩阵，$[D]$为弹性矩阵。

7.2.2.4　拟定方法

变形三级监控指标的拟定首先须进行材料参数敏感性分析，选择最不利荷载组合（应考虑所有可能荷载），且材料参数要在合理范围内取下限值，最后根据极限状态方程求得的位移即为三级监控指标。

7.3　大坝安全鉴定

对于水库大坝，大坝安全鉴定是对大坝的工作性态和运行管理进行综合评价和鉴定的工作。根据国务院发布的《水库大坝安全管理条例》第二十二条的规定，水利部制定了《水库大坝安鉴定办法》指导水库大坝的安全鉴定工作。现行水库大坝安全鉴定流程见图 7.3。

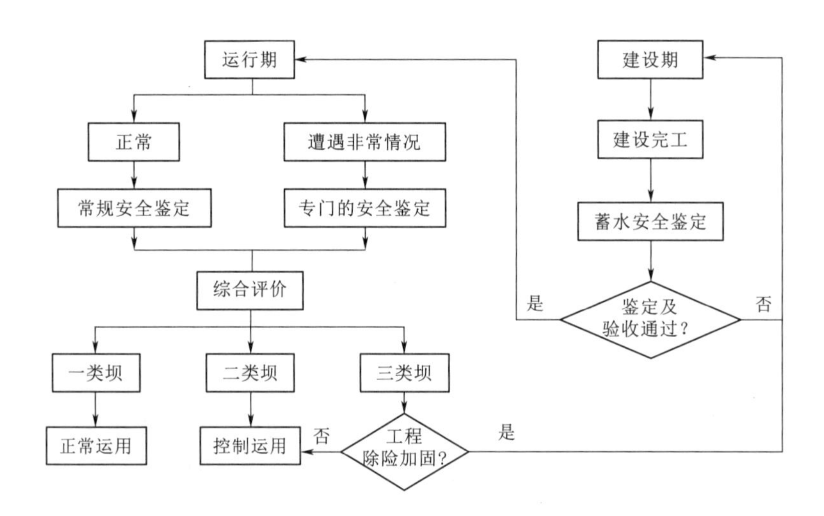

图 7.3　现行水库大坝安全鉴定流程

7.3.1　基本要求

水库大坝安全鉴定主要根据水利部制定的《水库大坝安鉴定办法》（水建管〔2003〕271 号）和《水库大坝安全评价导则》（SL 258—2017）等文件实施，相关规定适用于坝高 15m 以上或库容在 100 万 m³ 以上的已建水库大坝。坝高小于 15m（不含）、库容 10 万～100 万 m³的小（2）型，按《坝高小于 15 米的小（2）型水库大坝安全鉴定办法（试行）》（水运管〔2021〕6 号）执行。这里所称大坝包括永久性挡水建筑物以及与其配合运用的泄洪、输水、发电和过船建筑物。以下仅对大中型水库大坝安全鉴定的内容进行分析。水库大坝安全鉴定的基本要求如下：

7.3.1.1　分级负责

大型水库大坝和影响县城安全或坝高 50m 以上的中、小型水库大坝由省、自治区、直辖市水行政主管部门组织鉴定；中型水库大坝和影响县城安全或坝高 30m 以上小型水库大坝由地（市）级水行政主管部门组织鉴定；其他小型水库大坝安全鉴定意见由县级水

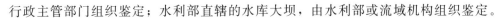

行政主管部门组织鉴定；水利部直辖的水库大坝，由水利部或流域机构组织鉴定。

7.3.1.2 按期鉴定

大坝管理单位及其主管部门必须按期对大坝进行安全鉴定。大坝建成投入运行后，应在初次蓄水后的5年内组织首次安全鉴定。运行期间的大坝，原则上每隔6～10年组织一次安全鉴定。运行中遭遇特大洪水、强烈地震，工程发生重大事故或影响安全的异常现象后，应组织专门的安全鉴定。无正当理由不按期鉴定的，属违章运行，导致大坝事故的，按《水库大坝安全管理条例》的有关规定处理。

7.3.2 安全鉴定内容

大坝安全鉴定工作通常包括：对大坝的实际运行状况进行现场的安全检查，并进行安全性的分析评价。

7.3.2.1 现场安全检查

水库大坝安全鉴定主管部门应组织现场安全检查。现场安全检查工作由安全鉴定主管部门主持，组织有关单位专家参加，大坝的运行管理单位密切配合，检查后，应编写出现场安全检查报告。现场安全检查内容按有关规范规定进行。

水库大坝安全鉴定过程中，发现尚需对工程补做探查或试验，以进一步了解情况并作出判断时，鉴定主管部门应根据议定的探查试验项目及其要求和时限，组织力量或委托有关单位进行。受委托单位应按要求提交探查、试验成果报告。

在对大坝安全进行分析评价和组织现场安全检查的基础上，专家组应认真审查，充分讨论，对大坝的安全作出综合评价，并评定大坝安全类别，提出安全鉴定报告书。大坝安全鉴定工作结束后，鉴定主管部门即应进行总结，并将总结和安全鉴定报告书报上级主管部门审查备案。全部资料成果均应存档，长期妥善保管。

7.3.2.2 大坝安全分析评价

大坝安全鉴定主管部门应组织设计、施工、运行管理单位，或委托大坝安全管理单位、科研单位、高等院校对大坝安全进行分析评价，提出报告。分析评价报告主要包括以下各项：

1. 工程质量评价

根据原设计、施工、运行管理、现场巡视检查、历史资料考证分析、补充勘探及试验成果、检测成果等，按现行设计与施工规范对工程质量进行综合分析评价。

各方面工程质量均达到规定要求，且运行中未暴露出明显质量问题，工程质量可评为“合格”；如工程质量基本满足规定要求，运行中暴露出局部质量缺陷，但尚不影响工程安全，工程质量可评为“基本合格”；工程质量不满足规定要求，且运行中暴露出严重质量缺陷和问题，安全检测结果大部分不满足设计和规范要求，严重影响工程安全运行的，工程质量应评为“不合格”。

2. 运行管理评价

运行管理评价包括对大坝运行、维修、安全监测等方面的评价，从管理机构、管理队伍、管理制度、运行情况、防汛交通与通信、工程维修养护、防洪调度、历年发生险情及除险加固情况、安全监测与检查等方面进行评述。

当运行、维修、安全监测三方面均达到要求时，大坝处于完整的可运行状态，评价为“好”；三方面大多满足有关要求，大坝运行基本正常，评价为“较好”；三方面大多达不到有关要求，大坝无法正常运行，评价为“差”。

3. 防洪安全复核

大坝的防洪标准和实际抗洪能力达到《防洪标准》（GB 50201—2014）的规定，定为A级；达不到GB 50201—2014的规定，但满足《水利枢纽工程除险加固近期非常运用洪水标准的意见》（水规〔1989〕21号）的要求，定为B级；达不到《水利枢纽工程除险加固近期非常运用洪水标准的意见》（水规〔1989〕21号）的要求，定为C级。

4. 结构安全评价

根据大坝现状表现或稳定计算，评价大坝结构强度、变形与稳定能否满足要求（表述大坝结构完整性及上下游坝坡、坝顶、排水反滤设施现状）；溢洪道结构是否完整和满足要求，能否安全泄洪；输水建筑物结构是否满足要求；消能设施是否满足要求。各类建筑物基本完建，能正常运行，综合评定为A，无重大险情且基本完建，仅局部维修处理的评定为B，其中有1处建筑物存在险情即可评为C。

5. 渗流安全评价

评价主要是根据现场安全检查、监测资料分析、计算分析进行。

当大坝防渗和反滤排水设施完善，设计与施工质量满足规范要求；通过监测资料分析和计算分析，大坝渗透压力与渗流量变化规律正常，坝体浸润线（面）或坝基扬压力低于设计值，各种岩土材料与防渗体的渗透比降小于其允许渗透比降；运行中无渗流异常现象时，可认为大坝渗流性态安全，评为A级。

当大坝防渗和反滤排水设施较为完善；通过监测资料分析和计算分析，大坝渗透压力与渗流量变化规律基本正常，坝体浸润线（面）或坝基扬压力未超过设计值；运行中虽出现局部渗流异常现象，但尚不严重影响大坝安全时，可认为大坝渗流性态基本安全，评为B级。

当大坝防渗和反滤排水设施不完善，或存在严重质量缺陷；通过监测资料分析和计算分析，大坝渗透压力与渗流量变化既往规律改变，在相同条件下显著增大，关键部位的渗透比降大于其允许渗透比降，或渗流出逸点高于反滤排水设施顶高程，或坝基扬压力高于设计值；运行中已出现严重渗流异常现象时，应认为大坝渗流性态不安全，评为C级。

6. 抗震安全评价

抗震安全评价依据《水工建筑物抗震设计标准》（GB 51247—2018）及有关设计规范进行。首先需要评价地震基本烈度，按规范规定地震基本裂度小于等于Ⅵ度，可不进行抗震安全评价。

当评价成果满足规范要求且采取的抗震措施有效时，可认为大坝或建筑物能抗御设防的地震，抗震安全性为A级；当评价计算成果等于或略低于规范要求的最小值，或抗震措施不够完善时，认为抗震安全性偏低，为B级；当评价计算成果小于规范要求的最小值且没有有效的抗震措施时，认为抗震安全不满足，为C级。

7. 金属结构安全评价

结合现场安全检查进行评价，必要时应对金属结构进行安全检测。评价主要复核金属结构布置是否合理，设计与制造、安装是否符合规范要求；金属结构的强度、刚度及稳定性是否满足规范要求；泄、输水建筑物的闸门与启闭机在现状下或紧急情况下能否安全运行和正常开启。

当金属结构布置合理，设计与制造、安装符合规范要求；安全检测结果为“安全”，强度、刚度及稳定性复核计算结果满足规范要求；供电安全可靠；未超过报废折旧年限，运行与维护状况良好时，可认为金属结构安全，评为A级。

当金属结构安全检测结果为“基本安全”，强度、刚度及稳定性复核计算结果基本满足规范要求；有备用电源；存在局部变形和腐（锈）蚀、磨损现象，但尚不严重影响正常运行时，可认为金属结构基本安全，评为B级。

当金属结构安全检测结果为“不安全”，强度、刚度及稳定性复核计算结果不满足规范要求；无备用电源或供电无保障；维护不善，变形、腐（锈）蚀、磨损严重，不能正常运行时，应认为金属结构不安全，评为C级。

8. 大坝安全综合评价

大坝安全综合评价是在现场安全检查和监测资料分析的基础上，依据防洪、结构、渗流、抗震、金属结构安全等复核计算结果，结合工程质量评价，并考虑溃坝后果及大坝运行管理情况，综合评定大坝安全类别。

（1）大坝安全分类应按照下列原则和标准进行：

1）一类坝：实际抗御洪水标准达到《防洪标准》（GB 50201—2014）的规定；无明显工程质量缺陷，各项复核计算结果均满足规范要求，安全监测等管理设施完善，维修养护到位，管理规范，能按设计标准正常运行的大坝。

2）二类坝：大坝现状防洪能力不满足GB 50201—2014和《水利水电工程等级划分及洪水标准》（SL 252—2017）的要求，但满足水利部颁布的水利枢纽工程除险加固近期非常运用洪水标准；大坝整体结构安全、渗流安全、抗震安全满足规范要求，运行性态基本正常，但存在工程质量缺陷，或安全监测等管理设施不完善，维修养护不到位，管理不规范，在一定控制运用条件下才能安全运行的大坝。

3）三类坝：大坝现状防洪能力不满足水利部颁布的水利枢纽工程除险加固近期非常运用洪水标准，或者工程存在严重质量缺陷与安全隐患，不能按设计正常运行的大坝。

（2）防洪能力、渗流安全、结构安全、抗震安全、金属结构安全等各专项评价结果均达到A级，且工程质量合格、运行管理规范的，可评为一类坝；有一项以上（含一项）是B级的，可评为二类坝；有一项以上（含一项）是C级的，应评为三类坝。

虽然各专项评价结果均达到A级，但存在工程质量缺陷及运行管理不规范的，可评定为二类坝；而对有一至二项为B级的二类坝，如工程质量合格、运行管理规范，可升为一类坝，但应限期对存在的问题进行整改，将B级升为A级。

（3）对评定为二类、三类的大坝，应提出控制运用和加强管理的要求。对三类坝，还应提出除险加固建议，或根据SL 605提出降等或报废的建议。

7.3.3　安全鉴定的具体实施

水库大坝的安全鉴定应逐个分别进行，鉴定工作由组织鉴定的主管部门负责主持，聘请有关专家组成专家组进行。

7.3.3.1　专家组成员

大型水库的安全鉴定专家组一般由 9 名以上专家组成，其中高级技术职称的专家不得少于 6 名。中型水库的专家组一般由 7 名以上专家组成，其中高级职称专家不少于 3 名。小型水库专家组一般由 5 名以上专家组成，其中高级职称专家不少于 2 名。专家组应包括下列各方面的人员：

(1) 大坝主管部门的技术负责人。

(2) 大坝运行管理单位的技术负责人和有关运行管理单位的专家。

(3) 有关设计和施工部门的专家。

(4) 有关科研单位或高等院校的专家。

(5) 有关大坝安全管理单位的专家。

专家组中应含有水文、地质、水工、机电、金属结构等各方面的专家。

大坝安全鉴定专家的资格应经上级大坝安全主管部门认可，认可办法另行规定。

7.3.3.2　安全鉴定基本程序

水库大坝安全鉴定包括大坝安全评价、大坝安全鉴定技术审查和大坝安全鉴定意见审定三个基本程序。其中大坝安全评价是大坝安全鉴定的主要技术工作。

如图 7.4 所示，大、中型水库大坝的安全鉴定工作应按下列基本程序进行，小型水库大坝的安全鉴定程序可适当简化。

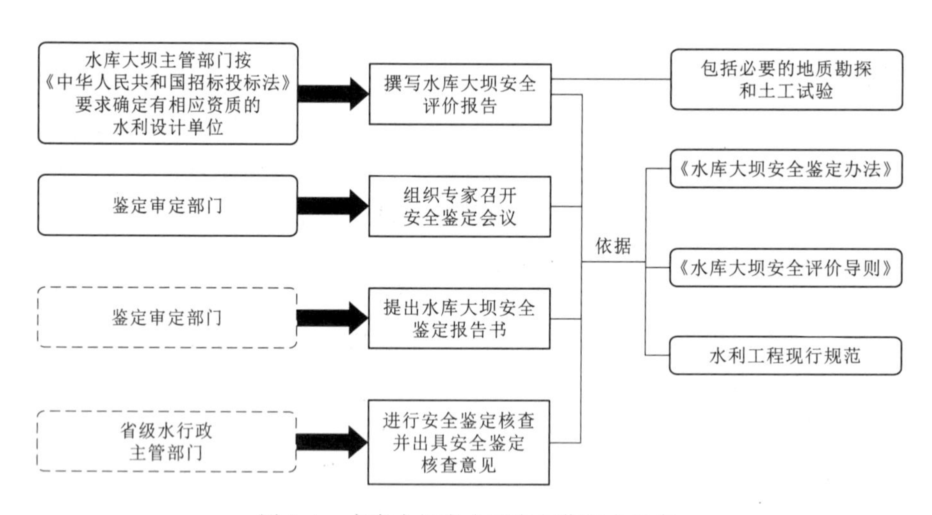

图 7.4　水库大坝安全鉴定工作基本程序

(1) 水库大坝的安全鉴定主管部门按《中华人民共和国招标投标法》要求确定有相应资质的水利设计单位，让其进行安全鉴定任务，编制大坝安全鉴定工作计划，并撰写水库大坝安全评价报告。

(2) 组织有关单位进行资料准备工作，对大坝安全进行分析评价，编写分项分析评价报告和大坝安全论证总报告。

(3) 组织现场安全检查；编写现场安全检查报告。

(4) 鉴定审定部门组建大坝安全鉴定专家组，审查安全分析评价报告、安全论证总报告和现场安全检查报告，召开鉴定会议，讨论并提出安全鉴定报告书。

(5) 省级水行政主管部门进行安全鉴定核查意见，编写安全鉴定总结，上报和存档。

7.4 大坝风险分析

传统大坝安全评价认为，满足工程安全即满足下游安全；基于风险的安全评价认为，大坝安全是满足适度风险下的大坝安全。风险是遭受损失、伤害、不利或毁灭的可能性，换言之，即某一特定危险情况发生的可能性和后果的组合。广义上，只要某一事件的发生存在着两种或两种以上的可能性，那么就认为该事件存在着风险。

大坝建成蓄水后，在其运行管理和安全监控中涉及诸多方面的不确定性，因此存在出现各种事故和灾害损失的风险因素。由于大坝一旦溃坝失事，不仅工程毁坏，而且可能会对下游地区的人民生命财产安全和社会经济发展造成重大甚至毁灭性的破坏，因此在对大坝的运行管理中引进风险概念具有重要意义。

大坝风险分析建立在大坝溃决概率分析和溃决所造成的溃坝损失估算的基础上，是以最优成本获得最大安全保障，对水库存在的风险进行识别、估计、评价、处理和决策的技术手段。

7.4.1 大坝风险分析内容

通常造成大坝风险的因素很多，其后果严重程度也各不相同，忽略或遗漏某些重要因素对于大坝设计和科学化管理是很危险的。然而，面面俱到地考虑每个因素，又会使问题复杂化。因此，在进行大坝风险分析时，首先进行风险识别，即把大坝运行中可能带来严重危害的风险因子识别出。其次，进行风险估计，即对风险的大小和危害的后果进行度量，给出危害发生的概率以及其造成的经济损失估值。最后，根据对系统进行的风险识别和风险估计的结果，结合风险事件承受者的承受能力，评价判断风险是否可以被接受，并根据具体情况采取减小系统风险的措施和行动，如工程技术措施和管理措施等。

综上可知，完整的大坝风险分析程序应由五部分内容组成：风险识别、风险估计、风险评价、风险减缓和风险决策。通过风险因素识别、风险分析和风险评估等，对大坝的安全状态、失事可能性以及一旦失事可能产生的生命与财产等各种损失进行评价，从而为大坝运行管理的科学性决策提供可靠依据。

7.4.1.1 风险识别

风险识别又称风险辨识，是风险分析的第一步，也是风险分析的一个重要阶段。风险识别就是要找出风险之所在和引起风险的主要因素，并对其后果作出定性的估计。能否正确地识别风险，对风险分析能否取得较好的效果有极为重要的影响。为了做好风险识别工作，必须有认真的态度和科学的方法。风险识别主要包括收集资料、分析不确定性、确定风险事件并归类、编制风险识别报告等，其过程如图 7.5 所示。

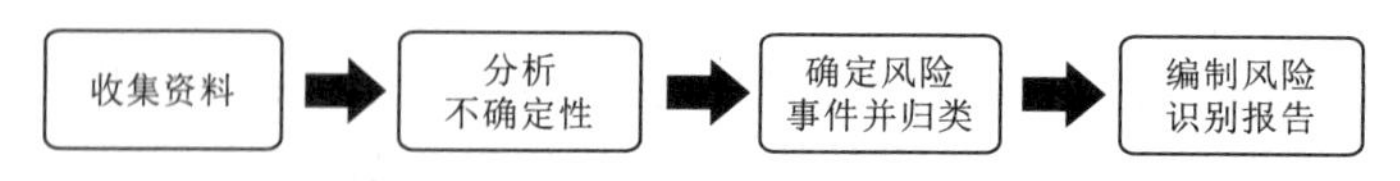

图 7.5 风险识别过程图

根据《水利水电工程（水库、水闸）运行危险源辨识与风险评价导则（试行）》（办监督函〔2019〕1486 号），水利工程的风险因素分为六个类别，分别是构（建）筑物类、金属结构类、设备设施类、作业活动类、管理类和环境类。

7.4.1.2 风险估计

风险估计是在风险识别的基础上，通过对所收集的大量资料加以分析，运用概率论和数理统计方法，对大坝风险发生的概率及其后果作出定量的估算。

因此，应对不同的大坝风险事件发生概率及其损失进行估计，求出不同程度的灾害损失的概率分布及可能遭遇的各种特大灾害损失值和相应的概率，使决策者对风险发生的可能性大小、损失的严重程度等有比较清晰的了解，以便作出更加科学合理的风险防范与风险减缓决策。

7.4.1.3 风险评价

风险评价是根据风险估计得出的风险发生概率和损失后果，把这两个因素相结合进行考虑，用某一指标决定其大小，如期望值、标准差或风险度等。再根据国家所规定的安全指标或公认的安全指标去衡量判别风险的程度，以便确定风险是否需要处理和处理的程度。

7.4.1.4 风险减缓

风险减缓就是根据风险评价的结果，选择相应可行的风险管理技术，以实现风险分析目标。风险管理技术分为控制型技术和财务型技术。前者指避免、消除或减少意外事故发生的机会，限制已经发生的损失继续扩大的一切措施，重点在于改变引起意外事故和扩大损失的各种条件，如回避风险、风险分散和工程措施等；后者则在实施控制技术后，对已发生的风险做出财务安排，其核心是对已发生的风险损失及时进行经济补偿，使其能较快地恢复正常的生产和生活秩序，维护财务稳定性。

7.4.1.5 风险决策

风险决策是风险分析中的一个重要阶段。对风险进行识别、风险估计和评价，对其提出若干种可行的风险处理方案，需要由决策者对各种处理方案可能导致的风险后果进行分析、作出决策，即决定采用何种风险处理的对策和方案。因此，风险决策从宏观上讲是对整个风险分析活动的计划和安排；从微观上讲是运用科学的决策理论和方法选择风险处理的最佳手段。

7.4.2 大坝风险分析方法

经过长期的研究发展，目前大坝风险分析已发展到定性与定量分析相结合的阶段。在资料调查收集的基础上，通过外推或主观估算得到基本数据，然后采用数理统计法、层次分析法等进行风险分析和处理。下面主要针对大坝风险分析中的三个核心部分，即风险识别、风险估计以及风险评价的具体方法进行阐述。

7.4.2.1 风险识别方法

风险识别的方法有很多种，主要包括分解分析法、检查表法、图解法、德尔菲法等。这些方法是建立在实践的基础上，通过掌握类似工程风险的资料和数据，或者通过专家问谈，或者采用问卷的形式，对工程风险的识别作出的总结。风险识别方法的特点见表7.1。

表 7.1　风险识别方法及特点

名称	特　点	名称	特　点
分解分析法	复杂事物分解简单、易于识别，或将大系统细化	图解法	采用流程图，罗列管理和实施过程，识别风险
检查表法	在系统分析的基础上，找出潜在因素，并列表	德尔菲法	遴选专家，征询意见，沟通交流，综合分析

这些方法中，图解法和德尔菲法（专家调查法）在使用范围上最为广泛，其中专家调查法依据工程领域专家或专家库的丰富知识和经验，通过问卷或函件形式进行问询，收集专家的意见。随后，进行资料的整理、归纳、总结，再反馈给专家，征询专家意见，经过多次交流和沟通，最终形成具有合理性、趋同性的意见，所识别的风险具有较高的可信度。

7.4.2.2 风险估计方法

现代数学，特别是计算机技术的飞速发展，为大坝风险理论技术的发展提供了极大的支持，促进了大坝风险理论研究的深入和应用的普及。目前风险估计方法很多，例如概率分析法、MC（蒙特卡罗）法、模糊数学分析方法、灰色系统分析方法、最大熵法、网络分析法等。

1. 概率分析法

同一事件在不同条件下所形成的概率变化状况用概率分布描述，确定了风险事件的概率分布，就能估计风险事件发生的概率、计算风险事件后果的数学期望和方差等。一般概率分布是根据历史资料确定的经验分布，该分布又称为样本分布，它获取的分布图往往是直方图。当样本达到一定数时，分布将趋于稳定状态，这些稳定的概率分布一般都归结到某种理论分布上去，如二次分布、泊松分布、贝努里分布、正态分布、均匀分布等等。

2. MC 法

MC 法在水利工程中应用广泛。由于水利工程荷载等因素的概率密度函数均较复杂，采用直接积分法难以求得解析解。鉴于此，可采用 MC 法统计试验计算风险概率，直接处理风险因素的不确定性。MC 法的关键在于将生成的伪均匀分布随机数转换为符合风险变量概率分布的随机数，其原理简单、精度高，但进行模拟的前提是要求各个风险变量之间相互独立，因此难以解决风险变量之间的相互影响，且计算结果依赖于样本容量和抽样次数，计算量大。MC 法对变量的概率分布假设很敏感，需要给出各个风险变量的概率分布曲线，这在统计数据不足时往往难以实现。

3. 模糊数学分析方法

风险的不确定现象常常是模糊的，所以模糊数学分析方法可以用于风险分析。1965年，美国控制论专家查德（Zadeh）发表了题为“模糊集”的论文，他首先提出了模糊集合的概念，给出了模糊现象的定量描述和分析运算，模糊数学宣告诞生。几十年来模糊数学理论得到了很大的发展，模糊数学分析方法如模糊评判、模糊优化、模糊决策、模糊控制、模糊识别和聚类分析等得到了广泛的应用。其中模糊评判就是根据给出的评价标准和实测值，经过模糊变换后对事物作出评价的一种方法。

7.4.2.3 风险评价方法

风险评价的步骤一般包括：确定评价对象，选择评价指标，通过极差变换和线性比例变换等方法对指标数据进行量纲归一化处理，确定权重系数，利用单一风险分析结果或专家评价结论建立评价模型，最终结合权重系数得出各个系统的综合评价值。在水利工程中常用的综合风险评价方法有层次分析法（AHP法）、模糊层次分析法（FAHP法）、主成分分析法、故障树和事故树等。

1. 层次分析法（AHP法）

层次分析法（AHP法）是由美国著名运筹学家萨蒂（T. L. Saaty）在20世纪70年代中期提出。它建立在系统工程理论上，是一种无结构、多准则的用于解决实际问题的方法。

运用AHP法首先是将问题层次化。根据所要分析问题的潜在风险和预期的目标，对问题先进行分析，得到多种元素，进一步判断元素间的相互关系、影响程度和隶属情况，对其进行聚集并组合，形成具有层次性的结构模型，最终基于这些因素按照从高层次到低层次的递进关系的相对重要性权值排序。

2. 模糊层次分析法（FAHP法）

AHP法的关键环节是建立判断矩阵，而判断矩阵的科学性、合理性会直接影响到AHP法的效果。通过分析，这种方法有着若干问题：①AHP法生成方案的主动性欠缺，因为它是针对已经确定的方案的大致评定；②检验判断矩阵是否具有一致性非常困难；③层次分析法最终得出的结果是粗略的方案排序，对于高精度的定量评价风险还有所欠缺。为了解决上述问题，研究人员将AHP法和模糊数学相结合，最终提出模糊层次分析法。

模糊层次分析法用于评价风险时，是将层次分析法和模糊综合评价法进行有机的结合，它常常用到数学中的模糊理论，和层次分析糅合在一起，对工程建设中风险问题的各种因素进行综合评判。模糊数学中常常用到模糊理论，它将模糊变换原理和最大隶属度原则结合在一起，考虑到影响工程建设的各种因素，用层次分析法进行计算，再用模糊综合评判理论对影响风险评价的各因素对象进行权重的分析。

7.4.3 风险分析步骤

对大坝进行风险分析的目的在于，以最少的成本实现对大坝结构及其一旦失事后可能危害地区的最大安全保障。根据上述内容可知，大坝风险分析一般包含的内容和步骤如图7.6所示。

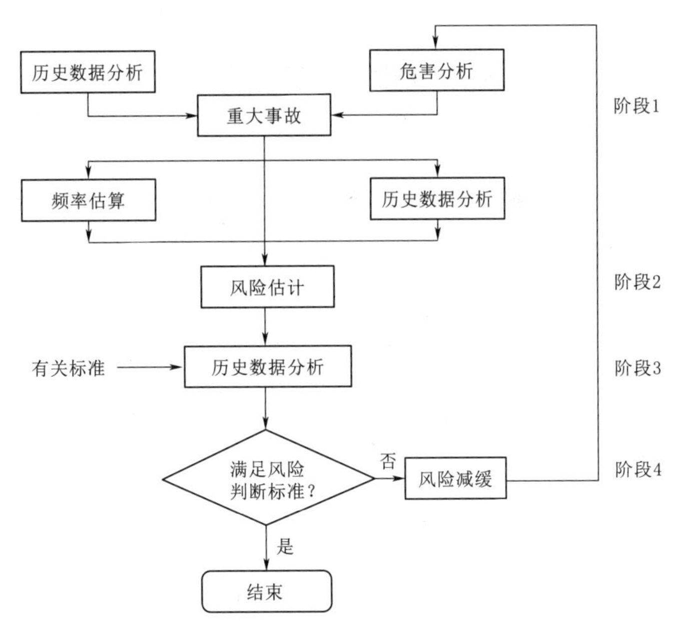

图 7.6　大坝风险与风险分析步骤

思　考　题

（1）大坝安全评价的方法有哪些？

（2）大坝安全监控指标的含义是什么？拟定的方法有哪些？

（3）大坝安全鉴定的基本要求和内容是什么？

（4）大坝安全鉴定如何实施？

（5）一类、二类和三类坝的分类标准是什么？

（6）大坝风险分析的程序和内容是什么？

（7）水利工程风险分析方法有哪些？

参 考 文 献

[1] 赵二峰. 大坝安全的监测数据分析理论和评估方法 [M]. 南京：河海大学出版社，2018.

[2] 索丽生，刘宁. 水工设计手册：第 11 卷　水工安全监测 [M]. 2 版. 北京：中国水利水电出版社，2013.

[3] 林继镛. 水工建筑物 [M]. 5 版. 北京：中国水利水电出版社，2009.

[4] 顾冲时，吴中如. 大坝与坝基安全监控理论和方法及其应用 [M]. 南京：河海大学出版社，2006.

[5] 李珍照. 大坝安全监测 [M]. 北京：中国电力出版社，1997.

[6] 杨杰，胡德秀，程琳，等. 水工建筑物安全与管理 [M]. 北京：科学出版社，2022.

[7] 向衍，荆茂涛. 水库大坝安全巡视检查指南 [M]. 北京：中国水利水电出版社，2021.

[8] 房纯纲，姚成林，贾永梅. 堤坝隐患及渗漏无损检测技术与仪器 [M]. 北京：中国水利水电出版社，2010.

[9] 吴中如，顾冲时. 重大水工混凝土结构病害检测与健康诊断 [M]. 北京：高等教育出版社，2005.

[10] 杨杰，李宗坤，林志祥，等. 水工建筑物安全监测与控制 [M]. 郑州：黄河水利出版社，2012.

[11] 赵志仁. 大坝安全监测设计 [M]. 郑州：黄河水利出版社，2003.

[12] 颜宏亮，闫滨. 水工建筑物 [M]. 北京：中国水利水电出版社，2012.

[13] 施斌，张丹，朱鸿鹄. 地质与岩土工程分布式光纤监测技术 [M]. 北京：科学出版社，2019.

[14] 国家电力监管委员会大坝安全监察中心. 岩土工程安全监测手册 [M]. 3 版. 北京：中国水利水电出版社，2013.

[15] 王德厚. 大坝安全监测与监控 [M]. 北京：中国水利水电出版社，2004.

[16] 吴中如. 水工建筑物安全监控理论及其应用 [M]. 北京：高等教育出版社，2003.

[17] 顾冲时，苏怀智. 综论水工程病变机理与安全保障分析理论和技术 [C] //《水利学报》编辑部. 2007 重大水利水电科技前沿院士论坛暨首届中国水利博士论坛论文集，2007：76-82.

[18] 潘琳，陈宏伟. 智能化大坝安全监测系统综述 [J]. 水电自动化与大坝监测，2013，37 (2)：58-60.

[19] 朱诗鳌. 瓦依昂坝留下的思考 [J]. 湖北水力发电，2006 (1)：75-77.

[20] 李庆斌，林鹏. 论智能大坝 [J]. 水力发电学报，2014，33 (1)：139-146.

[21] 李君纯. 沟后面板坝溃决的研究 [J]. 水利水运科学研究，1995 (4)：425-434.

[22] 吴中如. 中国大坝的安全和管理 [J]. 中国工程科学，2000 (6)：36-39.

[23] CHENG L，ZHENG D J. Two online dam safety monitoring models based on the process of extracting environmental effect [J]. Advances in engineering software，2013，57 (3)：48-56.

[24] 程琳，徐波，吴波，等. 大坝安全监测的混合回归模型研究 [J]. 水电能源科学，2010，28 (3)：48-56.

[25] 刘景青，李明平. 基于高密度电法的土石坝渗漏探测 [J]. 中国水能及电气化，2020 (2)：59-62.

[26] 赵汉金，江晓益，韩君良，等. 综合物探方法在土石坝渗漏联合诊断中的试验研究 [J]. 地球物理学进展，2021，36 (3)：1341-1348.

[27] 张杨，周黎明，肖国强. 堤防隐患探测中的探地雷达波场特征分析与应用 [J]. 长江科学院院报，2019，36 (10)：151-156.

[28] 方艺翔，李卓，范光亚，等. 监测资料、压水试验与综合物探法在某心墙坝渗漏识别中的应用研

究 [J]. 水利水电技术（中英文），2022，53（2）：87-97.

[29] 陈建生，张发明，张虎成. 龙羊峡大坝同位素示踪方法探测渗流场研究 [J]. 河海大学学报（自然科学版），1999（6）：1-6.

[30] 陈振飞. 丹江口水利枢纽大坝安全监测系统的研究与开发 [D]. 南京：河海大学，2002.

[31] 白崇宇. 基于 VS 与 GIS 的大坝安全监测系统开发与应用研究 [D]. 合肥：安徽合肥工业大学，2013.

[32] 应怀樵，沈松，李旭杰. 第三次工业革命与“软件制造”及“云智慧科技”[J]. 计算机测量与控制，2014，22（3）：646-649，673.

[33] 魏德荣. 大坝安全监控指标的制定 [J]. 大坝与安全，2003（6）：24-28.

[34] 李爱花，刘恒，耿雷华，等. 水利工程风险分析研究现状综述 [J]. 水科学进展，2009，20（3）：453-459.

[35] 王昭升，盛金保. 基于风险理论的大坝安全评价研究 [J]. 人民黄河，2011，33（3）：104-106.

[36] 盛金保，王昭升. 水利讲坛第十四讲：水库大坝安全评价 [J]. 中国水利，2010（4）：63-66.

[37] 刘贝贝，郑付刚，张岚. 棉花滩大坝水平位移安全监控指标的拟定 [J]. 红水河，2009，28（5）：97-102，106.

[38] 刘争宏，张龙，郑建国，等. 滑动测微管抗渗能力的测试装置及试验研究 [J]. 岩土力学，2020，41（7）：2504-2513.

[39] 龚晓南，贾金生，张春生. 大坝病险评估及除险加固技术 [M]. 北京：中国建筑工业出版社，2021.

[40] 李宏恩，马桂珍，王芳，等. 2000—2018 年中国水库溃坝规律分析与对策 [J]. 水利水运工程学报，2021（5）：101-111.